'레 바캉스' 가이드 북 컬렉션

EGYPT

LES VACANCES

PROLOGUE

본 가이드 북에는 현지에서 꼭 소지하고 있어야 할 정보를 담아 두었습니다. 특히 레스토랑, 카페, 호텔, 쇼핑 정보의 경우, 꼭 가보아야 할 곳만을 엄선하여 리스트를 제공합니다. 현지에서 레 바캉스 웹사이트를 이용하면, 각 도시에 대한 더 많은 레스토랑, 카페, 호텔, 쇼핑 정보를 추가로 얻을 수 있습니다.
www.lesvacances.co.kr

변화가 많은 현지 사정으로 인해 간혹 가이드 북에 실린 정보 업데이트가 늦어지는 경우가 있습니다. 특히 축제, 이벤트 정보는 수시로 바뀌기도 하지만, 출판 일정과 프로그램 진행 일정이 동일하지 않은 관계로 많은 정보를 제공할 수가 없는 실정입니다. 세계 각국의 현재 뉴스와 축제, 이벤트 정보를 실시간으로 업데이트하는 레 바캉스 웹사이트를 이용하면 보다 정확하고 다양한 정보를 얻을 수 있습니다.

현지 사정이나 레 바캉스의 귀책사유가 되지 않는 사유로 인해 발생한 직접적 또는 간접적 손해에 대해 레 바캉스는 법적 책임을 지지 않음을 밝힙니다. 이는 본사에 정보를 제공하는 관광청, 관광공사, 관광사무소 등 비영리 기관에도 적용됩니다.

투탕카멘의 황금 마스크

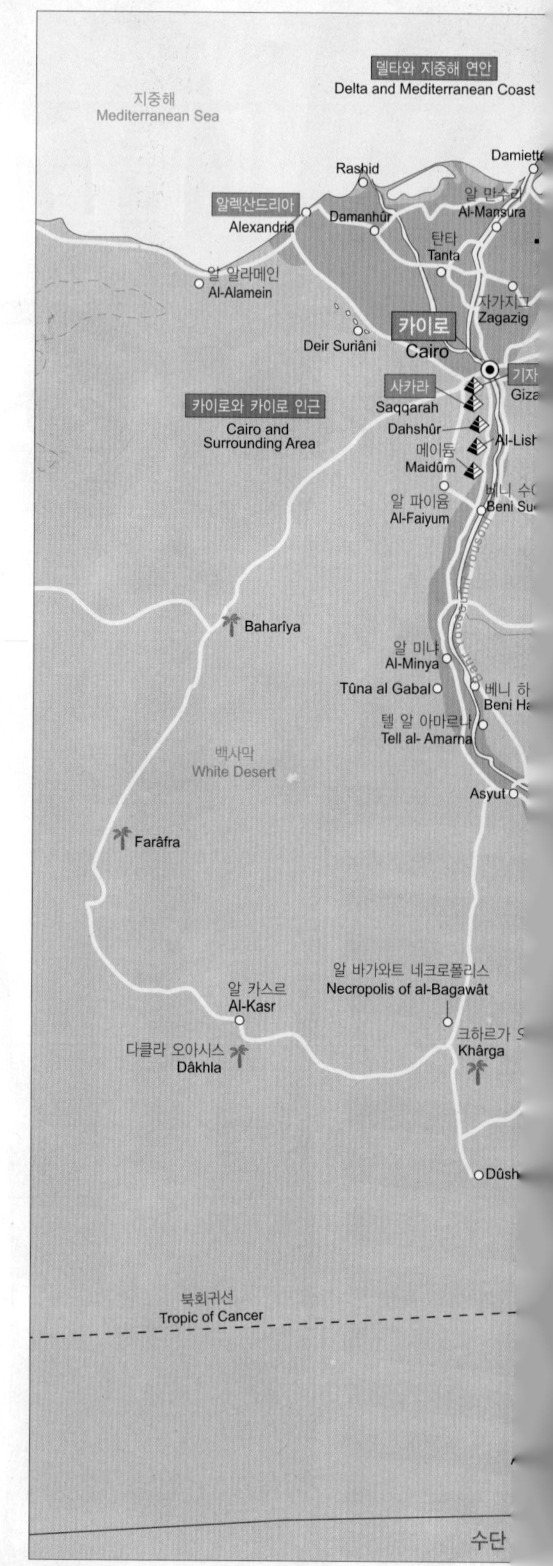
델타와 지중해 연안
Delta and Mediterranean Coast
지중해
Mediterranean Sea
Rashid
알렉산드리아
Alexandria
Damanhûr
알 만수라
Al-Mansura
탄타
Tanta
알 알라메인
Al-Alamein
자가지그
Zagazig
카이로
Cairo
Deir Suriâni
사카라
Saqqarah
카이로와 카이로 인근
Cairo and Surrounding Area
Dahshûr
메이둠
Maidûm
알 파이윰
Al-Faiyum
Baharîya
알 미냐
Al-Minya
Tûna al Gabal
텔 알 아마르나
Tell al- Amarna
백사막
White Desert
Asyut
Farâfra
알 바가와트 네크로폴리스
Necropolis of al-Bagawât
알 카스르
Al-Kasr
다클라 오아시스
Dâkhla
Khârga
북회귀선
Tropic of Cancer
수단

[이집트 전도]

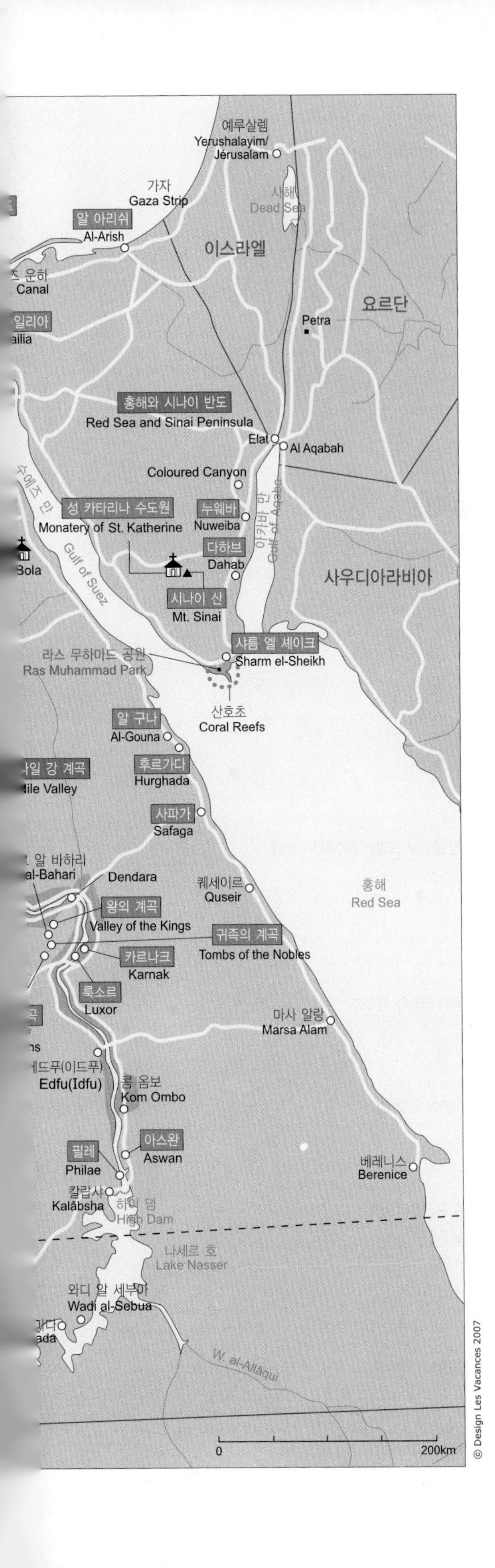

예루살렘
Yerushalayim/
Jérusalam
가자
Gaza Strip
사해
Dead Sea
알 아리쉬
Al-Arish
이스라엘
Canal
요르단
Petra
홍해와 시나이 반도
Red Sea and Sinai Peninsula
Elat
Al Aqabah
Coloured Canyon
수에즈 만
성 카타리나 수도원
Monatery of St. Katherine
누웨바
Nuweiba
아카바 만
Gulf of Aqaba
다하브
Dahab
Bola
Gulf of Suez
사우디아라비아
시나이 산
Mt. Sinai
샤름 엘 셰이크
Sharm el-Sheikh
라스 무하마드 공원
Ras Muhammad Park
산호초
Coral Reefs
알 구나
Al-Gouna
후르가다
Hurghada
Nile Valley
사파가
Safaga
알 바하리
Dendara
퀘세이르
Quseir
홍해
Red Sea
왕의 계곡
Valley of the Kings
귀족의 계곡
Tombs of the Nobles
카르나크
Karnak
룩소르
Luxor
마사 알람
Marsa Alam
Edfu(Idfu)
콤 옴보
Kom Ombo
아스완
Aswan
필레
Philae
베레니스
Berenice
칼랍샤
Kalâbsha
하이 댐
High Dam
나세르 호
Lake Nasser
와디 알 세부아
Wadi al-Sebua
W. al-Allâqui
0
200km

LES VACANCES
레 바캉스 가이드 북 컬렉션

이집트 EGYPT

2007년 11월 19일 초판 1쇄 인쇄
2007년 11월 26일 초판 1쇄 발행

Editorial
편집장 Editor-in-Chief | 정장진
편집 Editor | 김지현 신기연 권윤진 문정혜 표영소 김수희 외 30명

Photography
레 바캉스 자료 사진

Book Design
북 디자인 Designer | 김미연 김미자 김효정 외 5명
(주)초이스

Map Design
지도 디자인 Designer | 정명희 이연희 외 20명

펴낸 곳
(주)레 바캉스
주소 서울시 강남구 논현동 70-10 구산빌딩 7층
전화 02 546 9190 / 팩스 02 569 0408
웹사이트 www.lesvacances.co.kr

인쇄 연미술

레 바캉스 Les Vacances / 상표 출원번호 20037359 서비스표 출원번호 20033363

CONTENTS

LES VACANCES

CONTENTS

INFORMATION

SPECIAL

SIGHTS

INDEX

이집트 지도 이용법

• 주요 명소		• 항구		• 사원	
• 명소 중요도	★★★	• 선착장		• 피라미드	
• 지하철	M	• 버스터미널		• 오아시스	
• 기차역		• 공항		• 백화점	
• 박물관		• 레스토랑(R)	1	• 고속도로	580
• 대학		• 카페(C)	1	• 국도	152
• 극장	T	• 바/나이트(N)	1	• 지방도	751
• 우체국		• 호텔(H)	1	• 철도노선	
• 전화국		• 쇼핑(S)	1	• 트램노선	
• 성당		• 뷰티(B)	1	• 묘지	
• 주차장	P	• 극장/공연장(T)	1	• 좌표	A-Z,1-11
• 병원		• 스포츠(Sp)	1	• 녹지	
• 관광안내소	i	• 시장		• 방위	N

• 레 바캉스 시리즈, 〈이집트〉 편 참고문헌

단행본

Gilles Néret 외 5명, *Description de l'Egypte*, Germany, Taschen, 1994.

Le grand guide de l'égypte, Paris, Bibliothèque du Voyageur, 1998. 99쪽.

Jean-Yves Empereur, *Alexandrie Hier Et Demain*, France, Culture et Société, 2001.

Chantal Orgogozo, *La Grammaire des Styles 『L'Art Égyptien』*, France, Flammarion, 1984.

The Valley of the Kings and the Queens, Italy, English Edition, 2001.

Zahi Hawass 외 3명, *The Illustrated Guide to the Egyptian Museum in Cairo*, Italy, The American University In Cairo Press, 2001.

Neil Philip, *Mythes & Legends*, Larousse.

T.G.H. James, Ramsés Ⅱ, Paris, Gründ. 22, 134, 143, 149, 178, 184, 187쪽.

Joëlle Fayt, *L'Art De L'Antiquité*, France, Bordas, 1990.

Michel Dewachter, *L'Art Égyptien*, Paris, L' Aventurine, 2002.

Kent R. Weeks 외 3명, *La Vallée des Rois*, Paris, Gründ, 2001. 33, 43, 48, 49, 50,

51, 54, 63, 66, 76, 81, 82, 83, 85, 91, 109, 114, 120, 121, 131, 144,148, 150, 149, 159, 161, 182, 196, 200, 207, 211, 214, 218, 219, 222, 226, 230, 231, 232, 237, 238, 248, 265, 274, 294, 295, 301, 333, 350, 354, 259, 366, 378, 393쪽.

Markus Hattstein, Peter Delius, *Islam. Kunst und Architektur*, France, Könemann Verlagsgesellschaft mbH, 2000. 14, 17, 18, 19, 20, 21, 23, 148, 152, 156, 157, 188쪽.

Henri Stierlin, *Les Pharaons Batisseurs*, Paris, TERRAIL, 1992. 16, 49, 58, 59, 63, 71, 83, 90, 99, 100, 101, 107, 111, 117, 118, 119, 120, 133, 134, 154, 157, 159, 164쪽.

Henri Stierlin, *L'or des Phataons*, Paris, TERRAIL, 1993. 8, 14, 45, 61, 83, 94, 121, 125, 145쪽.

Henfi Gogaud, Colette Gouvion, *Voir L'Egypte*, CELIV, Espagne, 1976. 47쪽.

Alberto Siliotti, *Pyramides*, Paris, Gründ, 2005.

Jean-Louis de Cenival, *Egypte*, Italy, Office du Livre, 1964.

Isabella Brega, *Egypt*, Italy, White Star Publishers, 1998. 38, 55, 59, 65, 103, 105, 113, 122, 126쪽

Sergio Donadoni, *Thèbes*, Paris, Arthaud, 1999.

베로니카 이온스, *이집트 신화*, 심재훈 역, 한국, 범우사, 2003. 185, 164, 291, 292쪽.

파스칼 에스테용, 안네 바이스, *이집트*, 최윤정 역, 서울, 계림 북 스쿨, 2001.

사전

Sous la direction du professeur Roger Brunet, *L'Art religieux, abbayes, églises et cathédrales*, Paris, Larousse, 1978.

Le Petit Robert 2, Dictionnaire des noms propres, Paris, Le Robert, 1996.

월간미술, *세계 미술 용어 사전*, 월간 미술, 서울, 1998.

안연희, *현대 미술 사전*, 미진사, 서울, 1999.

- **Contributors** (관광청 담당자 이름은 생략)

  Egyptian Tourist Authority

신화와 삶이 공존하는 곳,

이집트를 찾아서

높이 140m의 거대한 피라미드와 수천 년 동안 그 앞에 버티고 서 있는 스핑크스, 수십 미터 높이의 오벨리스크와 손가락으로 다 가리키기도 어려울 정도의 수많은 석상들, 그리고 왕의 계곡 곳곳에 묻혀 있는 미라와 상형문자……. 보는 이를 압도하는 거대한 유적과 유물 앞에 서면 수천 년 전 이집트 인들이 복종했던 절대 권력의 힘이 떠오를 것이다. 미라를 만났을 때에는 영원한 생명에 대한 욕구와 그 욕구가 낳은 부질없는 집착의 허망함을 느낄 것이고, 상형문자 속에서는 선사와 역사를 구분하는 말과 글의 중요성을 새삼 깨달을 것이다.

이집트는 하나가 아니다. 전설 속의 고대 이집트가 있으며, 세계의 관광지로 변하면서 공해에 찌든 가난한 현대의 이집트가 있다. 수천 년의 시간적 거리를 뛰어넘어, 신도 아니고 동물도 아닌 인간에 대한 사색에 젖게 하는 또 다른 이집트도 있다. 카이로 공항에 발을 디딘 여행자는 이 세 가지 이집트를 모두 만나보게 된다. 깊이 느끼고 생각하는 여행, 그래서 자신의 삶이 깊어지고 세상을 보는 눈이 새로워지는 여행, 레바캉스의 〈이집트〉 편은 이런 여행을 원하는 이를 위해 만든 책이다.

이집트는 방문자의 상상력을 최대로 끌어낸다. 피라미드는 왜 네 꼭지점이 정확하게 동서남북을 향하도록 지었는지, 그 앞에는 스핑크스가 꼭 버티고 앉아 있는지, 이집트 조각에 등장하는 자칼이나 황소, 풍뎅이는 무엇을 상징하고 그 연원을 어디에 두고 있는지…….

하지만 이집트가 피라미드와 미라의 나라인 것만은 아니다. 이집트는 알렉산드로스 대왕의 정복 이후 세워진 알렉산드리아를 중심으로 그리스 문명을 받아들인 고대 지중해 문명권의 중심지 중 하나이기도 하다. 오늘날의 이집트는 1500년간 지속돼 온 이슬람 국가이다. 신화의 세계, 그리스 문명, 이슬람의 삶이 층층이 겹쳐 있는 국가가 이집트이다.

레 바캉스 가이드 북 컬렉션의 〈이집트〉 편은 총 3개의 섹션으로 구성된다. 〈Information〉에는 교통, 숙박, 축제, 실용정보 등 이집트 여행에 필수적인 정보를 담았다. 〈Special〉은 이집트의 역사 외에도 그리스 로마 신화보다 몇 천 년을 앞선 이집트 신화의 세계를 소개한다. 이 부분은 여행 중에 읽어도 좋고 떠나기 전이나 여행을 마치고 돌아와서 읽어도 많은 도움이 될 것이다. 〈Sights〉는 이집트 전체의 중요한 유적지와 박물관, 그리고 주요 관광 명소에 대한 안내다. 현지에 도착해서 해당 페이지를 열면 눈 앞에 펼쳐지는 유적과 유물에 대한 호기심을 충족시켜 줄 내용들이다. 이 모든 내용이 해당 관광 명소의 지도와 함께 실려 있다.

사카라

EGYPT
INFORMATION

LES VACANCES

EGYPT **INFORMATION**

지 리

[나일 강의 저녁 풍경. 나일 강은 이집트 지형을 특징짓는 가장 큰 요소이다.]

이집트의 위치 · 지형

위치

아프리카 북부에 위치한 이집트는 북으로는 지중해와 닿아 있고 남동쪽으로는 홍해와 면해 있다. 국경을 맞대고 있는 나라를 보면 서쪽으로는 리비아가 있고 남쪽으로는 수단이 있으며, 시나이 반도를 경계로 이스라엘과 사우디아라비아와도 맞닿아 있다. 옛날부터 이러한 지정학적 위치로 인해 이집트는 아랍, 아프리카, 서구 유럽 등과의 교역과 문물 교류의 구심점 역할을 했다. 이집트 인들은 그래서 자신들의 조국 이집트를 '마스르 움 엘 두니아' 즉, '세계의 어머니'라고 부른다.

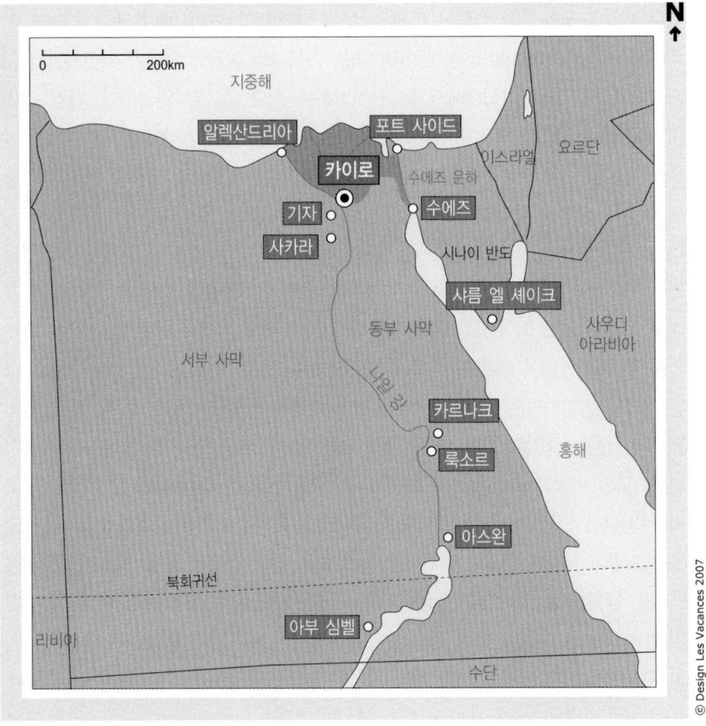

[이집트의 위치와 지형]

지형

이집트의 지형을 특징짓는 가장 큰 요소는 나일 강이다. 청(靑)나일과 백(白)나일로 나뉘어지는 나일 강은 전체 길이가 6,700km에 달하는 세계에서 가장 긴 강이다. 이집트 인구의 거의 대부분이 이 나일 강을 따라 형성된 계곡에 모여 살고 있다. 수도 카이로에서 시작되어 지중해 연안까지 장장 200km에 걸쳐 형성되어 있는 비옥한 델타, 즉 삼각주 평야는 수천 년 동안 이집트의 거의 모든 것을 지배하며 왕조의 흥망성쇠를 좌우해 온 곡창지대였다.

1971년 아스완 하이 댐이 건설되기 이전까지 나일 강은 단순한 강이 아니라 하나의 신이었고 절대자였다. 이는 고대 이집트 달력을 봐도 알 수 있는데, 7월 중순경 본격적으로 시작되는 나일 강의 범람에 맞추어 7월 19일을 신년의 출발점으로 삼았다. 또한 세금도 나일 강 유역 곳곳에 서 있는 흔히 닐로메트로로 불리는 수위 측정계의 눈금에 따라 부과되었다. 나아가 고대 이집트 신화와 궁정의 문장 등을 보면 나일 강에 사는 악어, 따오기 등이 신으로 등장하고 나일 강의 대표적 식물군인 파피루스와 연꽃은 각각 하(下)이집트와 상(上)이집트를 상징하기도 했다. 고대 이집트에서는 이러한 나일 강의 중요성 때문에, 매년 8월 중순경이 되면 파라오들이 아름다운 처녀를 골라 신부 차림을 하게 한 다음 강에 던지는 제사를 지냈다고 한다. 이 처녀가 이른바 '나일 강의 신부'인데, 이는 기독교와 아랍의 지배가 확산되면서 점차 사라졌다. 이는 이집트에서 물이 차지하는 중요성을 잘 일러준다. 나일 강의 87%에 달하는 물이 경작에 사용되는데, 이는 아스완 댐이나 강에서 자연 기화하는 수증기의 양은 제외한 수치이다. 물 문제는 늘어나는 인구 및 도시화 문제와 맞물려 이집트 정부의 사활이 걸린 문제인데, 아스완 댐도 이런 관점에서 건설된 것이다. 하지만 통계에 의하면, 인구 증가로 인해 1950년에는 1인당 3,000m²에 달했던 물이 1997년에는 불과 3분의 1 수준인 900m²로 줄어들었다고 한다. 물 부족은 그대로 식량 위기로 이어졌고, 이 문제를 해결하기 위해 현재의 나일 강 계곡을 따라 인공 운하를 만들어 카르가, 다클라, 파라프라 등의 오아시스를 경유하는 제2의 나일 계곡을 건설하려는 토쉬카Toshka 개발 계획이 추진되고 있다. 투기꾼들은 이미 인근의 땅을 사들이고 있고 설계는 끝난 상태인데, 2017년에 완공 예정이라고 하지만 더 오랜 세월이 걸릴 것으로 보인다. 이 프로젝트에는 비단 나일 강 유역만이 아니라 시나이 반도 개발 계획도 포함되어 있는데, 이 계획이 순조롭게 끝나면 약 300만 명이 시나이 반도로 이주할 것으로 보고 있다. 어쨌든 전체적으로 25만ha에 달하는 광활한 땅이 관개되어 경작지로 이용될 것으로 보인다. 또한 현재 35m 깊이로 아스완 댐 하상에 퇴적되어 있는 비옥한 충적토가 함께 흘러들어 새로운 나일 강 계곡은 소출이 높은 비옥한 땅을 제공할 것으로 기대된다. 이미 2000년에 30m 폭의 운하가 80km 정도 개설되었다. 하지만 현재는 자금 문제로 공사가 거의 중단된 상태다. 나일 강의 물 부족 문제는 비단 이집트만의 문제는 아니다. 남부의 이집트와 국경을 맞대고 있는 수단, 우간다, 에티오피아 등의 국가들에게도 나일 강은 중요한 수자원이기 때문이다. 수단은 이집트와 마찰을 빚을 때마다 나일 강 상류에 댐을 쌓거나 운하를 파서 물길을 돌려놓겠다는 위협을 하고 있는 실정이다. 또 이집트와 수단이 합의를 하면, 이번에는 에티오피아가 들고 나와 청나일 강의 물길을 바꾸겠다는 위협을 하곤 한다. 청나일은 나일 강 수량의 80%를 차지하는 가장 큰 수원이다. 1959년 체결된 이집트와 수단의 조약에 의하면 이집트는 1년에 550억m³의 물을 사용하고 수단은 120억m³의 물을 쓰기로 되어 있다. 하지만 조약에 명시된 물의 양을 이집트는 더 이상 지킬 수가 없는 상황에 처해 있다. 제2의 나일 계곡을 건설하려는 토쉬카 운하 건설이 끝나면 이 운하로 빠져나갈 물만 50억m³에 달할 것으로 추정되기 때문이다. 뿐만 아니라 늘어만 가는 인구로 인해 향후 50년 안에 현재 나일 강 유역에 사는 인구는 4배로 늘어날 것으로 예상되는데, 이는 심각한 물 부족 현상을 초래해 국제분쟁으로 이어질 수 있는 문제다.

이집트 지형의 또 다른 특징은 나일 강 좌우로 펼쳐진 농토 이외의 다른 땅이 모두 사람이 살 수 없는 사막이라는 데에 있다. 중간중간에 오아시스가 있기는 하지만, 나일 강 유역 이외의 지역은 거의 불모의 사막지대다. 이 거친 자연은 관광 자원으로 활용되기는 하지만 물이 없으면 아무것도 할 수 없는 곳이다. 이집트는 전체 국토의 97%가 사막이다. 하지만 이 사막의 모래는 매우 큰 일을 해내기도 했다. 만일 사막의 모래가 고대 이집트의 그 수많은 건축물과 기념물, 유물들을 수천 년 동안 덮고 있지 않았더라면 현재의 이집트에서 볼 수 있는 유적지들은 아마도 거의 폐허가 되어버렸을 것이다. 피라미드는 거대한 채석장이 되었을 것이고, 스핑크스와 오벨리스크는 이미 뿌리째 뽑혀 낯선 곳에 가서 서 있었을 것이다. 18세기 말 나폴레옹의 침공으로 시작된 서구 열강의 이집트 지배, 그리고 그 이전의 기독교 지배와 이슬람 지배에도 불구하고 피라미드가 살아남을 수 있었던 것은, 그나마 사막의 모래가 이를 가려 주고 있었기 때문이다.
이집트의 사막은 크게 리비아 사막, 아라비아 사막 그리고 시나이 사막으로 나뉜다. 리비아 사막은 나일 강 서쪽 일대의 사막지대이고 아라비아 사막은 그 반대편인 홍해 연안의 고산준령 지대이다. 시나이 사막은 수에즈 만을 지나 이스라엘과 사우디아라비아와 국경을 맞대고 있는 시나이 반도 전체를 일컫는다.

도표로 보는 이집트

공식 명칭	이집트 아랍 공화국 Arab Republic of Egypt
면 적	100만 1,450km² (전 국토의 5%에 해당하는 나일 계곡과 하류 삼각주 일대에 인구 집중)
인 구	약 8,000만 명 (2007년 기준) *인구 밀도 : 약 79.8명/km² (나일 계곡과 하류 삼각주 일대는 1,200명/km²)
수 도	카이로 Cairo *기타 주요 도시 : 룩소르, 알렉산드리아, 수에즈, 기자, 포트 사이드
정 체	공화제, 사회주의, 대통령 중심제 (임기 6년, 연임 가능)
공용어	아랍 어 (상류 계층은 영어, 프랑스 어 구사)
인 종	이집트 인, 베두인 족
종 교	이슬람 수니 파 (94%), 기타 콥트 기독교 및 소수의 가톨릭과 유대교도
통 화	이집트파운드 E£
1인당 GDP	약 4,200 US달러 (2006년 기준)
주요 천연자원	석유 (세계 20위), 천연가스 (세계 24위)

EGYPT **INFORMATION**

기 후

© Photo Les Vacances 2007

[이집트의 겨울은 한국의 늦봄이나 초가을처럼 쾌적한 편으로 여행하기 가장 좋은 계절이다.]

이집트 기후의 특징

알렉산드리아를 중심으로 한 지중해 일대는 지중해성 기후를 보이는 반면, 수도인 카이로 인근과 남쪽의 상이집트 쪽은 전형적인 사막형 기후를 보인다. 상이집트의 아스완과 누비아 일대는 무려 50℃까지 기온이 치솟기도 한다. 여름에는 지중해 인근을 포함해 견디기 힘들 정도로 덥다. 따라서 이집트를 관광하기 가장 좋은 계절은 11월부터 다음 해 2월까지의 겨울이다. 하지만 겨울이라고 해도 한국의 초가을이나 늦봄처럼 비교적 쾌적한 날씨를 보인다. 하지만 관광 시즌이기도 한 겨울에는 관광 요금이 일제히 상승되어 다른 계절보다 비싼 여행을 할 수밖에 없다.

겨울에는 조금 두툼한 옷을 준비할 필요가 있는데, 야간에는 기온이 많이 내려가기 때문이다. 시나이 반도의 해안과 홍해 해안에서도 겨울에는 물이 차가워 수영을 할 수가 없다. 그 외의 계절에는 모자, 선글라스, 자외선 차단제 등을 준비해야만 한다. 자외선 차단제를 파는 가게가 거의 없기 때문에 여행가기 전에 꼭 구입해서 갖고 가야 한다.

4, 5월인 봄에는 한두 차례 더운 사막의 모래바람이 불기도 하지만 1~2일 불다가 사라진다. 날씨가 본격적으로 더워지기 시작하는 것은 5월 중순부터인데, 이후 여름에는 견디기 힘들 정도로 덥다. 이집트 인들조차 아침 6시에 일어나 일을 시작할 정도다. 관광객들에게는 이 이른 시간이 가장 아름다운 이집트 풍경을 볼 수 있는 시간이다. 더운 기후로 인해 이집트 인들은 보통 오후 3시에서 5시 사이에는 낮잠을 즐기고 자연히 밤 늦도록 일을 하거나 놀면서 시간을 보낸다. 최근에는 냉방이 많이 보급되어 서구식 시간에 맞춰 일을 하지만 약 10년 전까지만 해도 오후 2시에 문을 닫고 저녁 8시에 다시 문을 여는 곳이 많았다. 몇몇 레스토랑에서는 과도하게

[알렉산드리아를 중심으로 한 지중해 일대는 지중해성 기후를, 카이로를 중심으로 한 지역은 사막형 기후를 보인다.]

에어컨을 틀기 때문에 밤에 외출하여 식사를 할 때는 스웨터 같은 것을 꼭 걸치고 나가야 한다. 이집트에는 가을이라고 부를 수 있는 계절이 없다. 10월까지 더위가 계속되다가 11월 중순경부터 바로 겨울로 들어간다. 그래서 10월이 가장 관광하기 좋은 달이다. 비는 겨울에 많이 오는 편인데, 사막형 기후이기 때문에 많이 온다고 해도 한 달에 두 세 차례 정도가 전부다.

* 이집트를 비롯한 세계 각국, 도시들의 '실시간 날씨', '7일간 날씨' 및 '10년 평균 기후'
  ⇨ 레 바캉스 웹사이트 참조

EGYPT **INFORMATION**

가는 방법

[카이로 공항. 카이로까지는 대한항공에서 직항편을 운행하고 있다.]

이집트로 가는 방법

한국에서 가기

대한항공에서는 주 3회(월, 수, 금) 카이로까지 직항편을 운행한다. 직항이라고는 하지만 두바이를 거쳐가는 항공편으로, 두바이까지 약 10시간 30분, 두바이에서 약 2시간 체류, 두바이에서 카이로까지 약 4시간 소요되는 일정이다. 이 밖에 싱가포르 항공, 카타르 항공, 터키 항공, 에미레이트 항공 등에서 각각 싱가포르, 도하, 이스탄불, 두바이를 경유하는 항공편을 운행하고 있다.

항공사별 연락처

■ **대한항공 Korean Air**

- 서울시 중구 서소문동 41-3 • ☎ 1588-2001
- kr.koreanair.com

■ **싱가포르 항공 Singapore Airlines**
- 서울 중구 소공동 50 동양화학빌딩 16층 • ☎ (02)755-1226
- www.singaporeair.com/kr

■ **카타르 항공 Qatar Airways**
- 서울 종로구 세종로 211 광화문빌딩 902호 • ☎ (02)3708-8571~3
- www.qatarairways.co.kr

■ **터키 항공 Turkish Airlines**
- 서울 중구 소공동 91-1 서울센터빌딩 904호 • ☎ (02)777-7054~5
- www.thy.com/ko-KR

■ **에미레이트 항공 Emirates**
- 서울 중구 다동 국제빌딩 6층 • ☎ (02)2022-8400
- www.emirates.com/korea/kr

* 그 밖에 유럽 및 중동, 미국, 캐나다, 호주, 뉴질랜드 등에서 이집트로 가는 방법
⇨ 레 바캉스 웹사이트 참조

[CHECK]

이스라엘과 아랍 국가를 동시에 여행하려면

이집트는 아랍 국가이긴 하지만 국경을 통해 자유롭게 이스라엘로 넘나들 수 있으며 이는 요르단의 경우도 마찬가지다. 하지만 이스라엘과 종교, 정치적 문제로 껄끄러운 상황을 연출하고 있는 일부 국가에서는 이스라엘로 입국한 흔적이 있으면 입국을 거부하기도 한다. 따라서 이스라엘 출입국 스탬프가 있는 여행객의 경우 예멘, 이라크, 시리아, 레바논, 수단, 사우디아라비아, 리비아 등은 여행할 수 없다. 이스라엘의 출입국 사무실은 여행자를 배려해 별지에 스탬프를 찍어주기도 하지만, 이스라엘과 맞닿은 이집트 쪽 국경 지역에서 스탬프를 잘못 받으면 이스라엘 입국이 거부될 수도 있다.

카이로 공항에서 시내 가기

카이로 공항에 도착한 승객들은 터미널 2를 통해 입국한 후 입국 심사장으로 나오게 된다. 이집트 비자는 자국에서 미리 발급받지 않아도 공항 내에서 즉시 내어 주는데, 인지세는 20달러 정도이며 세관을 통과하기 전에 구입해야 한다. 카이로 국제공항은 카이로 시내에서 북동쪽으로 약 20km 정도 떨어진 곳에 있으며, 공항에서 도심까지 갈 때는 버스나 택시를 이용한다.

버스

'CTA' 라고 적힌 356번 버스가 카이로 근교인 헬리오폴리스Heliopolis를 지나 카이로 중심에 있는 알 타흐리르Al-Tahrir 광장까지 운행한다. 356번 버스는 에어컨이

구비된 현대적인 시설의 버스로 공항에서 카이로까지 가는 버스 중 가장 많은 관광객들이 이용한다. 운임은 편도 2.5이집트파운드며 짐이 있을 경우 추가 요금이 붙는다. 356번 버스는 06:00~22:30 사이에 20분 간격으로 출발하며 시내까지 도착하는 데 걸리는 시간은 1시간 30분 정도이다. 356번 외에도 400번 버스가 카이로 중심가까지 운행한다. 요금은 25피아스트르. 버스 정류장은 터미널 2에서 나와 오른쪽에 있는 매점 근처에 있다. 356, 400번 버스 등이 터미널 1을 경유해 이곳으로 온다.

[대부분의 카이로 택시는 미터기 없이 운행하며, 승차 전에 가격을 협상한다.]

택시

택시로 공항에서 카이로 시내까지 이동하려면 보통 30~40이집트파운드(한화 약 5,000~7,000원)를 예상해야 한다. 시내까지는 보통 30분이 걸리며, 카이로의 택시는 미터기가 없이 승차 전에 가격을 협상하므로 바가지를 쓰지 않도록 주의해야 한다. 바가지를 쓰지 않는 가장 확실한 방법은 공항 내 관광안내소에 비치되어 있는 공식 요금표를 참고하여 승차하기 전에 기사와 요금을 협상하는 것이다.
간혹 택시 기사가 승객이 머물려는 호텔에 대해 "그 호텔에는 방이 없다." 또는 "더 이상 영업하지 않는다." 등의 말로 다른 호텔을 추천한다면 한번쯤 의심해 보아야 한다. 호텔을 소개해 주고 커미션을 받기 위해 거짓말을 하는 경우가 흔하기 때문이다.
이외에도 카이로 공항에서는 고급 호텔에서 저렴한 호텔에 이르기까지 관광객들을 유치하기 위해 경쟁적으로 픽업 서비스를 제공하고 있다. 보통 차 1대당 35이집트파운드 정도의 운임을 지불해야 하는데, 불법 합승을 하는 경우가 많으므로 주의하도록 한다.

[CHECK]

카이로 국제공항 Cairo International Airport

이집트 내에는 카이로, 알렉산드리아, 룩소르, 아스완 등 6개 도시에 국제공항이 있다. 그중 가장 규모가 큰 공항은 카이로 국제공항으로 카이로에서 북동쪽으로 20km 정도 떨어져 있으며 3km 간격을 두고 2개의 터미널을 가지고 있다. 그중 기존에 사용하던 건물인 터미널 1의 경우 국내선과 국제선이 번갈아 가며 쓰이는 데 반해, 새로 지은 터미널 2에서는 주로 국제선 항공기가 이착륙한다. 카이로 국제공항의 코드명은 CAI이다.

- Oruba Rd, Helliopolis, Cairo • ☎ (02)291-4255, 2266
- www.cairo-airport.com

EGYPT **INFORMATION**

국내 교통

© Photo Les Vacances 2007

[자동차로 가득한 카이로의 도로 풍경. 대부분 차들이 세게 달리기 때문에 특히 길 건널 때 조심해야 한다.]

비행기

이집트 내에서 국내선을 운행하는 항공사는 이집트 에어Egypt Air와 이집트 에어의 부속 항공사인 에어 시나이Air Sinai가 있다. 이 중 에어 시나이는 시나이 반도와 이스라엘 노선을 위해 특별히 운항되는 항공기로, 서비스나 비행기의 시설면에서는 이집트 에어와 큰 차이가 없다. 카이로에서는 룩소르Luxor, 아스완Aswan, 알렉산드리아Alexandria, 아부 심벨Abu Simbel, 후르가다Hurgadah, 샤름 엘 셰이크Sharm el-Sheikh로 가는 항공편이 운항된다. 운항 편수는 계절에 따라 변하지만, 가장 많이 이용되는 노선인 룩소르-카이로 노선의 경우 겨울 동안 일주일에 5~6편 정도가 운행된다. 성수기인 1월에서 4월 사이에는 미리 예약을 하지 않으면 좌석을 구하기가 힘들다. 항공권 예약 및 구입은 이집트 에어 또는 에어 시나이의 각 지점, 나일 힐튼 호텔, 카이로 시내의 여행사 등을 통해 할 수 있다. 이집트 내에서는 전화 예약만으로는 항공권을 구입할 수 없으므로 직접 방문해서 항공권을 구입해야 한다. 한국의 경우와 비교해 볼 때 이집트의 국내선 티켓은 비싼 편이 아니지만, 같은 항공편을 이용하더라도 외국인은 이집트 인이 지불하는 요금의 3배를 내야 한다. 5년 이상 이집트에 거주한 외국인에게는 예외적으로 이집트 인 요금이 적용된다. 이집트 에어를 통해 입국한 경우 국내 노선 이용 시 50% 정도가 할인된다.

기차

1등칸도 그리 비싸지 않게 이용할 수 있는 대표적인 대중교통수단이다. 이집트에서 장거리 여행 시 가장 쉽게 이용할 수 있는 기차는 버스나 택시보다 대중적이고 편리하다. 그러나 운행 노선이 다양하지 않고, 고급 에어컨 버스인 디럭스 버스보다 시설이 조금 떨어진다. 하지만 알렉산드리아, 룩소르 행 노선에는 디럭스 버스에 견줄 만한 시설을 갖춘 기차가 운행되고 있다.

객실 구분

이집트의 기차는 에어컨이 장착된 1, 2등칸 열차와 에어컨이 없는 2, 3등칸 열차로 나누어진다. 에어컨이 장착되지 않은 2, 3등칸 열차의 경우 일반 버스와 마찬가지로 혼잡하고 위험해 관광객들은 이용하지 않는 것이 좋다. 에어컨 시설을 갖춘 1, 2등칸 열차는 특급 열차Express Train에서 이용할 수 있는데, 최소한 하루 전에 표를 예약하는 편이 좋다. 특히, 성수기에 카이로와 룩소르, 아스완 등지를 여행하는 여행객들은 가급적이면 빨리 표를 예약해 두는 것이 좋다. 카이로에서 상이집트의 관광 명소인 룩소르와 아스완까지는 침대차가 운행되는데 사전에 예약을 해야만 한다(카이로에서 매일 저녁 8시 경에 출발하며 룩소르에는 다음 날 새벽 5시, 아스완에는 8시 정도에 도착한다. 돌아오는 열차는 아스완에서는 저녁 6시 30분, 룩소르에서는 9시 40분에 있다). 가격이 비싸지만 편안한 여행을 하려는 이들에게는 최상의 선택이다. 1등칸이 가장 추천할 만하다. 2등칸은 1등칸보다 요금이 저렴하지만 그리 편안한 여행을 기대하기 어렵다. 3등칸은 입석을 허용하고 열차 내에서 티켓을 팔기도 하는 서민용 객차다.

발권 · 승차

국제학생증을 소지한 경우 침대차를 제외한 모든 열차에서 30% 할인을 받을 수 있다. 티켓에는 아랍 어 표기만 있기 때문에 행선지, 기차번호, 발착시간, 좌석번호 등을 자세하게 확인해야 한다. 관광객을 노리는 암표상이나 표를 되팔겠다고 하는 사람들이 접근하는 경우가 있는데 조심해야 한다. 이들은 보통 투어나 호텔까지 잘 알아서 해 주겠다고 유창한 영어로 접근하곤 한다. 모든 것이 원칙적으로 불법이기 때문에 주의해야 한다.

개찰 절차는 없으며 열차 안에서 승무원이 표를 검사한다. 또 열차 안에서 자리를 찾아 주겠다고 표를 달라고 하는 사람들이 있는데 절대로 그들에게 표를 주어서는 안 된다. 모든 열차에서는 음료수를 파는데, 터무니없는 가격이면 응수하지 말아야 한다. 정상가격은 상당히 싸기 때문이다. 이집트의 기차는 대부분 정시에 출발하며 기차역이 혼잡해 플랫폼을 찾기 힘든 경우가 많으므로 역에서는 시간적 여유를 갖는 것이 좋다. 또한 에어컨 시설을 갖춘 기차를 장시간 타게 되면 감기에 걸리기 쉽기 때문에 겉옷 하나 정도는 준비해야 한다. 이집트 내 기차역의 표지판은 아랍 어로 표시되어 있어 승하차 시 기차시간과 열차번호Arabeyya Kam, 좌석번호Korsi

© Photo Les Vacances 2007

[카이로의 시내버스. 장거리 버스를 이용할 땐 에어컨 시설이 있는지 먼저 확인한다. 성수기엔 미리 예약할 것.]

Kam를 확인해야 실수가 없다.

버스

카이로와 이집트의 주요 도시 사이에는 하루에도 여러 편의 고속버스들이 운행된다. 나일 강을 따라 운행되는 단거리 노선인 시나이 반도 행, 이집트 서부의 오아시스 지역 행, 아부 심벨 행, 후르가다 행 버스는 기차보다 이용이 편리하다.

등급

이집트의 장거리 버스는 크게 디럭스 버스와 일반 버스로 나눌 수 있다. 그중 주요 도시 구간을 따라 운행되는 디럭스 버스는 에어컨 시설이 갖춰진 버스이다. 물론 버스 회사와 노선에 따라 버스 내의 서비스나 시설이 다소 차이가 날 수 있다. 반면 일반 버스의 경우 대부분이 완행이므로 목적지까지 오랜 시간이 소요되며, 여름에는 창문을 열고 달려도 몹시 덥다. 따라서 장거리를 가야 할 때에는 값이 조금 비싸더라도 에어컨이 있는 현대식 버스를 이용해야 편하게 갈 수 있다.

발권

성수기에는 주요 구간의 버스 티켓이 일찍 매진되므로 적어도 1~2일 전에는 예약해 두도록 한다. 버스에는 학생 할인이 없으며 일부 버스, 특히 중이집트 지방에서 정차하는 버스는 테러의 위험성을 고려해 외국인 탑승이 제한된다. 룩소르, 아스완 등지로 가는 버스는 대개 경찰차들이 에스코트를 해 준다. 차 안에서 제공하는 음료 등은 상당히 비싼 요금을 내야 하는 것들이다.

지하철

1987년 9월에 이집트 최초로 개통된 카이로의 지하철은 아랍 국가 최초의 지하철이다. 현재까지도 이집트에 건설된 유일한 지하철인 카이로의 지하철은 2개 노선이 운행 중이다.
카이로의 지하철은 아침 5시 30분부터 밤 12시까지 운행된다. 러시아워를 제외하고는 붐비지 않는다. 운행시간이 비교적 정확하고 시설도 깨끗해서 관광객들이 이용하기 편리하다. 특히, 여성들을 위한 여성 전용칸이 맨 앞 두 칸에 마련되어 있어 여성 여행객들이 이용하기 좋다. 지하철역은 빨간색으로 M이라고 표시되어 있어 쉽게 눈에 띈다. 운임은 정거장 수에 따라 다르지만 1이집트파운드 선이다. 카이로에서는 지하철역에서 흡연을 하거나 휴지를 땅에 버리면 엄청난 벌금을 물어야 한다. 또한 무게가 많이 나가는 큰 여행가방을 들고 승차하는 것도 금지되어 있는데, 이런 상황을 모르는 여행객들이 여행가방 때문에 지하철 입구에서 저지당하는 모습을 자주 볼 수 있다.

택시

택시는 이집트에서 버스를 이용하기 불편한 관광객들이 가장 많이 이용하는 교통수단으로 도시 내는 물론 인근 도시까지도 운행한다. 이집트의 택시는 도시마다 색깔이 다르며, 카이로의 택시는 검은색과 흰색이다. 반면 알렉산드리아의 택시는 검은색과 오렌지색으로 구분된다.
이집트에서는 택시 운전사가 영어를 못 하거나 길을 제대로 찾지 못하는 경우가 종종 있으므로 처음부터 정확한 목적지를 알려주어야 한다. 잔돈을 거슬러 주지 않으려는 일도 많기 때문에 거스름돈을 충분히 가지고 타는 것이 좋다. 합승이 일반적이므로 이미 사람이 타고 있더라도 목적지가 같을 경우 태워준다. 이집트의 택시는 미터기를 거의 사용하지 않는 편이어서 요금 협상을 잘 해야 한다. 많은 액수의 돈을 요구하는 경우에는 처음부터 다른 택시를 찾는 편이 낫다. 또한 하루에 5번 하는 이슬람 교도들의 기도 때문에 중간에 자주 선다는 것도 알아두는 것이 좋다. 야간에는 과속을 하는 기사들이 많으므로 이용을 피하는 것이 좋으며, 원칙적으로 중이집트와 상이집트에서는 택시들이 관광객을 태울 수 없다.

합승 택시

합승 택시는 일반 택시와는 별도로 운영되며, 목적지가 같은 손님들을 한꺼번에 태

ⓒ Photo Les Vacances 2007

[목적지가 같은 승객들을 한꺼번에 태우는 합승 택시]

운다. 일반 택시보다 조금 더 크며, 승차 정원은 9명이지만 더 많은 사람들을 태울 때도 있다. 합승 택시는 버스처럼 정해진 노선을 따라 운행되며 운임도 버스와 비슷하다. 합승 택시를 이용하면 일반 버스보다 이동 시간이 단축된다는 장점이 있는 반면에, 정원이 다 차야 출발하므로 출발 전까지의 대기시간이 길다는 단점이 있다. 합승 택시 정류장은 따로 없으며 버스 정류장이나 기차역 근처에 가면 큰 소리로 목적지를 외치는 합승 택시 기사들을 쉽게 볼 수 있다.

이집트에서 운전하기

이집트는 자국 내에서 외국차 운행을 허용하기 때문에 유럽에서 승용차를 갖고 들어올 수 있다. 그러나 4W지프나 카라반 같은 가족 차량은 엄청난 입국세를 물어야 한다. 입국 시에는 자동차등록증, 세관통과증, 국제면허증을 구비해야 하며 자동차 배기량에 따라 차등 적용되는 입국세를 내야 한다. 휘발유 가격은 1ℓ 당 한화로 500원 정도 한다. 이집트에서는 상당히 조심해서 운전을 해야 한다. 대부분의 승용차들이

교통법규를 지키지 않기 때문이다. 야간 운행은 금물이며 혹시 동물이나 기타 행인을 치였을 경우에도 그 자리에서 하차하지 말고 곧장 인근의 경찰서로 가야 한다.

렌터카 업체

Hertz
■ **카이로 공항** • ☎ (02)265-2430
■ **후르가다** • ☎ (065)444-146

© Photo Les Vacances 2007

[한때 운송수단이었던 펠루카는 이제 여행객들을 위한 관광상품으로 이용되고 있다.]

Avis
■ **카이로 공항** • ☎ (02)265-2429
■ **알렉산드리아(세실Cecil 호텔)** • ☎ (03)485-7400

Budget
■ **카이로 공항** • ☎ (02)265-2395

Eurocar
■ **카이로 공항** • ☎ (02)2667-2439

나일 강의 펠루카 Felucca
이집트에서만 볼 수 있는 펠루카는 목재를 이용하여 만든 나룻배의 일종이다. 높이 솟은 삼각형의 돛을 이용하여 움직이는 펠루카는 주로 나일 강을 오가는 데에 이용되었다. 펠루카는 한때 나일 강에서 생활용품을 실어 나르는 운송수단으로도 쓰였지만 오늘날에는 주로 관광객들의 교통수단으로 이용된다.

[CHECK]

테마별 여행

■ 펠루카 투어

나일 강의 경관을 볼 수 있는 투어 중에는 유명한 나일 강 크루즈 외에도, 이집트의 전통 나무배인

© Photo Les Vacances 2007 / Egyptian Tourist Authority

[아름답고 깨끗한 이집트 바다는 해양 스포츠를 즐기기에도 안성맞춤이다. 특히 대단위 리조트들이 모여 있는 홍해 연안이 인기다.]

펠루카를 타고 나일 강을 돌아보는 '펠루카 투어'가 있다. 투어는 반나절 코스부터 4일에서 일주일이 걸리는 아스완-룩소르 투어까지 기간과 종류가 다양하다. 투어를 마치고 나면 요금을 미리 지불했더라도 펠루카의 선장이나 가이드에게 약간의 팁을 주는 것이 관례다. 배에서 하루 이상 이동한다면 밤에는 기온이 상당히 떨어지니 담요나 침낭을 꼭 준비하는 것이 좋다.

■ 사막 투어

이집트의 사막 투어는 이집트 서쪽의 시와Siwa 오아시스 근처에서 주로 이루어진다. 시와 오아시스에서는 투어를 이용하는 관광객이 많은 만큼, 호텔은 물론 레스토랑을 통해서도 사막 투어 프로그램을 예약할 수 있다. 이곳에서는 당나귀나 낙타를 타고 사막을 잠깐 구경하는 일일 투어에서부터, 사막을 횡단해 리비아 국경지역까지 가는 일주일 투어까지 다양한 코스가 마련되어 있어 일정이나 예상에 따라 적절한 코스를 선택할 수 있다. 그중 관광객들이 가장 많이 이용하는 일일 투어는 바흐리야까지 지프나 낙타, 당나귀 등을 이용하는 것으로 도중에 크리스털 산Crystal Mountain(히말라야에 있는 산 이름), 검은 사막Black Desert, 흰 사막White Desert을 비롯한 아름다운 사막의 풍경을 볼 수 있다. 사막 투어는 참가하는 인원이 많을수록 가격이 저렴해지며, 예약하는 호텔이나 여행사에 따라서도 가격이 천차만별이므로 여러 곳에 문의하는 것이 좋다. 사막의 밤은 생각 외로 춥기 때문에 외투나 담요를 챙겨야 하며, 모래 바람에 대비해 입과 얼굴, 눈을 막을 스카프와 선글라스를 준비해야 한다.

■ 다이빙 투어

이집트의 바다는 아름답고 깨끗해 해양 스포츠를 즐기기 좋다. 특히 홍해 연안은 세계에서 가장 다이빙하기 좋은 곳으로 꼽히기도 한다. 현재 이집트의 홍해 연안에는 관광객과 함께 외국자본도 들어와 대단위 리조트가 성황을 이루고 있어 이집트이면서도 이집트답지 않은 분위기를 자아낸다. 시나이 반도의 남쪽을 따라 올라가는 남쪽 해안이 가장 인기 있지만, 인파가 몰리는 리조트로부터 떠나 조용히 바다를 즐기고 싶다면 시나이 반도의 북쪽 해안도 좋다.

■ 성지순례

성지순례 상품의 일정은 성경과 관련된 사건이 중심이므로 코스가 비슷한 편이지만 이집트만 순례하느냐, 인접 국가인 요르단이나 이스라엘을 포함하느냐에 따라 달라질 수 있다. 그중 이집트 성지순례의 경우 주로 카이로에서 시작하며 출애굽 일정을 따라 마라의 샘 등을 순례한 뒤 룩소르로 이동한다. 룩소르에서는 모세가 불꽃이 이는 나무를 발견한 시나이 산과 성 카타리나 수도원을 둘러본 다음, 다시 카이로로 돌아가 여러 교회를 관람하게 된다. 요르단과 이스라엘이 포함된 일정이라면 아라드, 예루살렘, 티베리아스 등의 성서상 중요한 도시들도 여행할 수 있다. 하지만 이 경우 이동 거리도 늘어나는 데다가 출국을 하기 위해 카이로로 돌아와야 하기 때문에 일정이 효율적인지를 고려해야 한다.

EGYPT **INFORMATION**

레스토랑

[주요 도시와 관광지의 고급 레스토랑은 영어 메뉴도 잘 갖추고 있다.]

외식 문화가 그리 발달하지 않은 이집트에서는 근사한 레스토랑을 찾기가 쉽지 않다. 그러나 최근 몇 년 사이 각종 레스토랑, 패스트푸드점, 간이 판매대가 많이 생겨나 서민적인 음식점부터 이집트 전통 요리를 주 메뉴로 하는 레스토랑, 퓨전 요리나 프랑스, 이탈리아 요리 전문점까지 다양한 음식을 즐길 수 있는 장소가 많이 생겨나고 있다.

이집트 내 레스토랑들은 거의 매일 영업하는데, 관광객을 상대로 하는 곳이 대다수이다. 특히, 카이로에는 외국 패밀리 체인 및 패스트푸드점인 칠리스Chili's, 티지아이 프라이데이TGI Friday's, 하디스Hardee's 등도 늘어가는 추세이다. 대부분의 고급 레스토랑에서는 12%의 서비스 이용료와 5%의 부가세가 부가되며, 커버 차지Cover Charge라는 테이블 세팅 요금이 1인당 1~4이집트파운드 정도 붙기도 한다.

레스토랑

이집트 내 주요 대도시와 관광지 주변에는 고급스러운 레스토랑이 많이 모여 있다. 고급 음식점에는 관광객을 위한 영어 메뉴가 있으며 대부분의 점원들과 영어로 의사소통이 가능하다. 이집트에 있는 고급 레스토랑들은 대부분 이집트 전통 요리는 물론 그리스 식 해산물 요리, 이탈리아 요리, 일본 요리를 비롯해 다양한 메뉴를 갖추고 있다. 이곳에서는 수프와 샐러드 등 전채에서 메인 요리까지 즐기는데 1인당 25~30이집트파운드 정도 든다.
최고급 호텔 내에 있는 레스토랑 역시 중국 요리, 프랑스 요리, 이탈리아 요리 등 동서양 각국의 요리를 전문으로 하는 곳이 대부분이다. 호텔 내 레스토랑에서는 분위기 있는 식사를 즐길 수 있는데, 정식은 60~100이집트파운드 선이다. 그 밖에도 나일 강이나 카이로의 이국적인 야경을 감상하며 호화로운 식사를 즐길 수 있는 디너 크루즈도 있다. 디너 크루즈를 이용하면 식사를 하면서 밴드의 음악 연주를 비롯한 다양한 볼거리를 즐길 수 있는데, 여행사, 관광안내소, 호텔에서 예약이 가능하다. 디너 크루즈의 가격은 150이집트파운드 정도이다.

패스트푸드점

이집트에는 요즘 들어 외국계 자본의 패스트푸드 체인점이 늘고 있으며 현재까지 생겨난 점포만 해도 200군데가 넘는다고 한다. 특히, 미국계 체인점인 피자헛이나 맥도널드, 켄터키 프라이드 치킨, 하디스 등은 관광도시를 중심으로 퍼져 있어, 이집트 식 요리가 입에 맞지 않거나 일반 음식점보다 깨끗하고 시원한 곳을 선호하는 젊은이들이 주로 찾는다. 패스트푸드점에서 세트 메뉴의 가격은 10이집트파운드 선이다.

간이 판매대

이집트 관광 중 잠깐 군것질을 하고 싶다면 음식의 양과 맛에 비해 가격이 저렴한 간이 판매대를 이용하면 편하다. 시내 도처에서 찾아볼 수 있는 간이 판매대에서는 양고기를 꼬챙이에 꽂아서 불에 구워 먹는 요리인 샤와르마Shawarma, 으깬 풋콩을 튀겨낸 야채 크로켓의 일종인 타메이야Tameyya, 타메이야를 빵에 넣은 샌드위치, 양고기 케밥 등을 맛볼 수 있다.

숙 박

[주요 관광지의 고급 리조트들은 독자적인 편의시설을 잘 갖추고 있다.]

캠핑

이집트 내에서는 캠핑장을 찾아보기가 힘든 편이며, 캠핑장이 있더라도 부대시설이 미비해 불편한 경우가 많다. 시와 오아시스나 다하브Dahab와 같은 지역에서는 약간의 이용료를 받고 여행자들에게 텐트를 치도록 허용하는 장소를 이용할 수 있다. 하지만 캠핑 금지 지역은 물론 한적한 지역에서는 기본적으로 캠핑하지 않는 것이 안전하다. 각 도시의 관광안내소에 문의하면 캠핑 가능 지역을 비롯해 캠핑과 관련한 정보를 얻을 수 있다.

유스호스텔

이집트에는 약 15개의 유스호스텔이 있다. 그중 카이로, 룩소르, 알렉산드리아 등에 있는 유스호스텔의 경우 가격은 저렴하지만, 시내에서 멀리 떨어져 있어 찾아가기 쉽지 않고 시설도 좋지 않은 편이다. 더 자세한 정보는 이집트 유스호스텔 연맹에 문의한다.

이집트 유스호스텔 연맹

- 1 Sharia al-Ibrahimy, Cairo • ☎ (02)354-0527
- www.egyptyha.com

호텔

이집트에서 호텔을 선택하는 방법에는 크게 두 가지가 있다. 첫 번째는 여행사나 인터넷 호텔 예약 사이트를 통해 예약하는 경우이고, 두 번째는 미리 선택한 호텔에 문의해 직접 예약하거나 해당 도시에 도착한 후 개인적으로 호텔을 찾는 경우다. 여행사를 통해 예약하는 호텔은 대개 1급 이상인 경우가 많아 양질의 서비스를 제공하며, 편리한 부대시설을 갖추고 있다. 반면 개별적으로 숙소를 구해야 한다면 해당 국가나 도시의 숙소 정보를 철저히 숙지하거나, 여행 일정과 경비 등에 따라 호텔을 선정해 가급적 빨리 예약해야 한다.

유명 관광지에 있는 호텔이라면 성수기 동안 만실일 가능성이 높지만, 비수기에는 처음부터 할인된 가격을 제시하거나 흥정을 통해 어느 정도 가격 조정이 가능하다.

이집트 내에는 가격이 저렴한 장급 호텔에서 최고급 호텔에 이르기까지 다양한 호텔이 있다. 별 1~2개의 호텔은 한국의 경우와 비교해 볼 때 비싸지 않으며 깨끗한 편이지만, 편의시설은 미비한 편이다. 통상적으로 선불로 계산하는데 전체 가격에 아침식사가 포함되는지 확인한다. 방을 점검할 때에는 문이 잘 잠기는지, 시트가 깨끗한지, 따뜻한 물을 사용할 수 있는지 등을 살펴본다. 가격이 저렴한 호텔에서는 화장실이나 샤워실이 공용일 경우가 많다. 시트와 담요의 경우 기본적으로는 하나씩 주어지지만 겨울철에는 여분의 이불을 대여할 수 있다.

별 3~4개짜리 호텔에는 대부분 에어컨과 TV, 욕조가 구비되어 있다. 일부 호텔의 경우 수영장과 카페, 레스토랑을 갖추고 있다. 전체 가격에 아침식사가 포함되는 경우가 많으나, 세금과 봉사료 등이 별도로 12% 정도 붙는다. 이집트에서는 배관으로 인한 문제가 자주 발생하므로, 중급 이상의 호텔이라 할지라도 세면대와 화장실, 욕조 등이 막히지 않았는지 미리 확인해야 한다. 대부분의 중급 호텔에서는 이집트파운드만 받지만, 신용카드 결제가 가능한 곳도 일부 있다.

별 5개의 최고급 호텔로는 소피텔Sofitel, 힐튼Hilton 등이 있다. 최고급 호텔의 경우 레스토랑과 바, 수영장을 갖추고 있으며 훌륭한 서비스를 제공한다. 객실 역시 고급스러우며, 내부에 미니바를 비롯한 각종 편의시설도 잘 갖추어져 있다. 일부 호텔에서는 시내 중심지까지 미니 버스를 운행하기도 한다. 단, 고급 호텔이라고 해도 체크아웃 시에는 계산서를 꼼꼼히 확인해 보는 것이 좋다. 결제 시에는 US달러와 이집트파운드를 모두 받으며, 마스터 카드나 비자 카드 등 신용카드 결제도 가능하다.

축제 · 이벤트

[이집트의 축제는 이슬람과 관계된 것이 대부분이다. 사진은 카이로의 무하마드 알리 사원.]

라마단 Ramadan

마호메트에게 코란이 내려진 것을 기념하는 기간인 라마단은 이슬람 력에서 아홉 번째 달을 지칭한다. 라마단은 마치 음력의 명절처럼 해마다 조금씩 다르다. 보통 9월에 시작돼 대략 한달 동안 진행된다. 어린이나 병자, 임신 중인 여성을 제외한 모든 이슬람 교도들은 이 기간 내내 금식을 해야 할 뿐 아니라 음식, 음료수, 흡연, 성관계를 금해야 한다. 라마단 기간의 금식은 기독교의 사순절과 달리 엄격하기 때문에, 일부 이슬람 교도들은 침을 삼키는 일조차 허락하지 않는다고 한다. 하지만 단식이 풀리는 일몰 후에는 함께 모여 식사를 즐기는데, 이때부터 축제 기간에 걸맞는 각종 행사가 벌어진다.

라마단 동안 금식을 하는 풍습은 아라비아 반도에서 이슬람 교가 발흥하기 전부터 전해져 오다가, 후에 종교적 행사로 제도화되었다. 라마단 기간 중의 금식은 신앙 간증, 기도, 메카 순례와 더불어 이슬람 교도들이 지켜야 하는 계율 가운데 하나이다.

이 기간에는 상점의 개장시간과 교통 스케줄이 변경되거나, 카페와 식당이 문을 닫는 일이 많아 관광객들이 불편을 겪기도 한다. 라마단 중에는 특히 금식으로 신경이 날카로워진 운전사들이 사고를 일으키는 일이 많아 교통수단의 경우 되도록이면 아침에 이용하는 것이 좋다.
하지만 라마단은 금식을 하는 기간일 뿐 아니라 풍성한 음식을 즐기며 축제를 벌이는 기간이기도 하다. 해가 진 다음 각 모스크에서 사이렌이 울리면, 회교사원의 첨탑인 미나렛에 램프 불이 켜지는 것으로 시작해 거리에 모여든 사람들이 음식을 나눠먹으며 라마단을 축하하기 시작한다. 대도시 광장의 카페에서는 저녁 동안 라이브 음악을 연주하는 한편, 소도시에서는 좌우로 몸을 흔들며 기도하는 전통적인 이슬람 의식인 지크르Zikr를 볼 수도 있다. 이슬람 교도가 아닌 외국인이라면 단식을 하지 않아도 좋지만, 공공장소에서 음식을 먹거나 담배를 피우는 등 다른 이들의 금식을 방해하는 행동을 삼가는 것이 좋다.

그 외의 이슬람 축제

라마단이 끝날 무렵에는 축제의 절정이라고 할 만한 향연인 이드르 피트르가 카이로에서 벌어진다. 그 밖에도 신의 명령에 따라 아들을 희생하려 했던 아브라함을 위한 축제인 이드르 아도하와 이슬람 교도들의 전통적인 휴일로 이른바 새해에 해당하는 라스 아스 사나, 마호메트의 생일인 마우리드 안 나비 등이 있다. 특히 이드르 아도하에는 신에게 아들 대신 양을 바쳤던 아브라함처럼 온 가족이 모여 양고기를 나누어 먹기 때문에, 도심 곳곳에서 끈에 묶여 있는 양을 볼 수 있다.

성인 경축일, 마우리드

이슬람 식 성인 경축일인 마우리드의 목적은 성인의 탄생일을 축하해 축복을 얻고자 하는 축일이다. 동시에 먼 곳에 떨어져 사는 친지들과 만나는 가족 모임의 날이기도 하다. 마우리드 동안에는 먼 곳에서 걸음을 옮긴 가족들이 함께 모여 결혼과 같은 중대한 사안에 대해 토론하는가 하면, 함께 춤추고 노래하며 기도를 하기도 한다.

시기

마호메트의 생일을 경축하는 날인 '마우리드 안 나비'를 제외하면, 마우리드는 대부분 성인의 모스크나 무덤 주위가 중심이 되는 지역 축제이다. 이슬람 력을 따르는 마우리드의 날짜는 해마다 달라진다. 특정 마우리드에 참석하고 싶다면, 현지인이나 관광안내소에 문의해 대략적인 날짜라도 확인하는 것이 좋다.

볼거리

마우리드 기간 동안 이슬람 교도들은 신과 하나되는 황홀경에 이르기 위해 몇 시간 동안 몸을 흔들며 기도하는 의식인 지크르Zikr를 행한다. 이외에도 마술, 곡예, 벨리

왕의 계곡, 람세스 3세 고분 벽화

댄스, 서커스 등 전통적인 오락거리를 즐길 수도 있다. 특히 거리에서 흘러나오는 특색 있는 전통 음악과 노래는 이집트 문화의 정수라고 할 만하다. 규모가 큰 마우리드는 대부분 카이로, 탄타, 룩소르를 중심으로 열린다. 그중 카이로에서는 호세인, 이사이이다 세나브, 이맘 알 샤피Imam al-Shafi'i, 탄타에서는 알 베다위Al-Bedawi, 룩소르에서는 아부 알 하가그Abu al-Haggag를 비롯한 크고 작은 마우리드가 벌어진다.

콥트 교 축제

© Photo Les Vacances 2007

© Photo Les Vacances 2007

[이집트 전통 공연과 벨리 댄스 등을 즐기고 싶다면 호텔 디너 쇼를 관람하는 것도 좋다.]

성인의 탄생을 축하하는 마우리드와 달리 이집트 기독교인 콥트 교의 경우 대부분 성자가 죽음에 이른 날을 기념일로 삼는다. 수도원 부지에서 주로 벌어지기 때문에, 콥트 교 수도원이 많은 중앙 이집트, 삼각주, 홍해 언덕 부근에서 열리곤 한다.

기독교의 일파인 콥트 교의 축제에는 크리스마스(1월 6~7일), 예수공현축일(1월 19일), 성 수태고지(3월 21일) 등이 있다. 그중 부활절을 비롯한 일부 축제일들은 콥트력으로 계산하므로 일반 달력의 날짜와 차이가 날 수도 있다. 콥트 교 축제 중 '미풍을 맡는 날'이라는 의미를 지닌 샴 알 네심Sham al-Nessim은 종교에 관계없이 모든 이집트 인들이 기념하는 날이다. 샴 알 네심이 되면 많은 이집트 인들이 봄 소풍을 나가곤 한다.

* 이집트를 비롯한 세계 각 국가, 도시의 최신 뉴스 및 이벤트 정보 ⇨ 레 바캉스 웹사이트 참조

EGYPT **INFORMATION**

실용정보

[룩소르 밤거리를 지나는 관광용 마차]

긴급 상황 발생 시 연락처

긴급 전화번호

- 관광 경찰 ☎ 126 • 경찰, 범죄신고 ☎ 122
- 앰뷸런스 ☎ 123 • 소방서, 화재신고 ☎ 125

긴급 의료

이집트에서 여행자들이 주로 겪는 건강상의 문제는 일사병, 탈수 증세나 설사, 그리고 식중독과 벌레 물림 등이다. 여행 중 병에 걸리지 않으려면 무엇보다 무리하게 일정을 짜지 않는 것이 중요하다. 또한 음식이나 수분 공급에는 항상 신경을 써야 한다.

병원

이집트의 의료 시설은 현대식 설비를 갖춘 종합병원부터 낙후된 지방의 작은 병원에 이르기까지 지역에 따라 큰 차이를 보인다. 신뢰할 만한 개인 병원은 대부분 카이로, 알렉산드리아 등의 대도시에 있다. 이집트에 있는 동안 외상이나 골절 등으로 인해 특별한 의료 조치가 필요하다면, 한국 대사관이나 영사관에 먼저 연락해 의사나 개인 병원, 또는 대학 병원을 추천 받는 것이 좋다. 아래는 카이로의 주요 병원 연락처이다.

■ **As-Salaam Hospital**

• Corniche al-Nil • ☎ (02)363-8050, 4196, 8424

■ **Anglo American Hospital**

• Sharia al-Hada az-Zuhriya, Gezira • ☎ (02)341-8630

■ **Misr International Hospital**

• 12 Sharia Sarayat • ☎ (02)3760-8261

약국

약국은 어느 도시에서나 쉽게 찾을 수 있다. 이집트의 약국에서는 의사의 처방전 없이도 약품 구입이 가능하며, 대부분의 약사들이 영어를 구사한다. 아래는 카이로의 주요 약국 연락처이다.

■ **Isaaf**

• 3 Sharia 26th of July • ☎ (02)743-369

■ **Zamalek Pharmacy**

• 3 Sharia al Dorr, Zamalek • ☎ (02)340-2406

신용카드 분실 시

아메리칸 익스프레스 American Express ☎ (02)570-3152

비자 카드 Visa Card ☎ (02)510-0200-866-654-0128

다이너스 클럽 Diners' Club ☎ (02)738-2638

신용카드 분실시에는 현지의 카드 회사뿐 아니라 한국의 카드 발급처와 가족들에게도 연락을 취해 이중으로 도난 및 분실신고를 하는 것이 안전하다.

[CHECK]

카드사별 한국 연락처

■ 아메리칸 익스프레스 American Express

• ☎ 1588-8300 • www.americanexpress.co.kr

■ 마스터 카드 Master Card
• ☎ (02)398-2200 • www.mastercard.com/kr
■ 비자 카드 Visa Card
• ☎ 00798-11-908-8212 • www.visa-asia.com
■ 다이너스 클럽 Diners Club
• ☎ 1577-6200 • www.dinersclub.com

외교통상부 영사콜센터

해외에서 발생한 사고 신고 및 접수 등을 위해 24시간 비상 체제로 운영한다.

• ☎ 국제전화 접속번호 + 800-2100-0404(무료) / 800-3210-0404(유료)
• www.0404.go.kr

대사관 연락처

주한 이집트 대사관

• 서울시 용산구 한남동 744-4 • ☎ (02)749-0787 • 토요일, 양국 공휴일 휴무
• 비자 접수시간 10:00~12:00, 발급시간 14:00~15:00

주이집트 대한민국 대사관

• 3 Sharia Boulos Hanna Dokki, Cairo, A.R.E
• ☎ (02)3761-1234~7 / F (02)3761-1238 • egypt@mofat.go.kr

* 기타 '해외 주재 이집트 대사관' 및 '이집트 주재 해외 대사관'에 대한 정보
⇨ 레 바캉스 웹사이트 참조

전화

국제전화

이집트에서 한국으로 전화하기

00(국제전화 접속번호)+82(한국 국가번호)+0을 뺀 지역번호+상대방 전화번호

■ 콜렉트 콜 (수신자 부담)

• KT ☎ 3655-082
• 데이콤 ☎ 3655-641

한국에서 이집트로 전화하기

국제전화 접속번호 + 20(이집트 국가번호) + 0을 뺀 지역번호 + 상대방 전화번호

■ **이집트 주요 도시 지역번호**

• 카이로 02 • 알렉산드리아 03 • 룩소르 095 • 후르가다 065

• 아스완 097 • 수에즈 062 • 누에바 069 • 포트 사이드 066

인터넷

© Photo Les Vacances 2007

[룩소르의 나일 강 풍경]

© Photo Les Vacances 2007

[이집트 물담배인 시샤를 피우고 있는 사람들]

최근 들어 이집트에서는 카이로, 알렉산드리아, 룩소르, 아스완, 다하브, 후르가다 등 대도시와 관광지를 중심으로 인터넷 카페가 많이 생기고 있다. 사용료는 지역마다 차이가 있긴 하지만 보통 1시간에 10~20이집트파운드 정도이다. 인터넷 카페 외에도 호텔 내에 인터넷 룸을 부설한 곳이 늘어나서 호텔에서도 편리하게 인터넷을 이용할 수 있다. 고급 호텔의 경우에는 객실에 인터넷 선을 완비하고 있는 곳도 있어, 개인 노트북 사용도 가능하다.

[CHECK]

유용한 웹사이트

■ Egypt State Information Service – www.sis.gov.eg

이집트 정부의 홈페이지로 관광 유적지에 관한 정보는 물론 축제, 이벤트, 문화 행사 등 다양한 정보를 얻을 수 있다.

■ Egypt Tourism Net – www.tourism.egnet.net
관광지의 숙박 예약 및 문의에서 대사관, 항공사 및 렌터카 등 현지에서 유용한 정보를 제공한다.

■ Egypt Today – www.egypttoday.com
이집트에 관련된 최신 뉴스, 예술 문화 행사에 대한 기사를 검색해 볼 수 있다.

■ Egyptian Tourist Authority – www.visitegypt.co.kr
이집트 관광청의 한국어 홈페이지다.

주요 도시 내 인터넷 카페

카이로

■ Netsonic

• 72 Sharia Ammar Ibn Yasser, Heliopolis, Cairo • ☎ (02)642–0134

■ Nile Hilton Cybercafé

• Nile Hilton Shopping Mall, Cairo • ☎ (02)578–0444

■ Internet Egypt

• 1층, 2 Midan Simon Bolivar, Garden City, Cairo • ☎ (02)796–2882

알렉산드리아

■ Golb@l net

• 6층, 29 Sharia al–Nabi Daniel, Elghonemy Bld, Alexandria
• ☎ (03)491–2289

룩소르

■ Rainbow Internet Café

• Officer's Club, Cornice, Luxor • ☎ (095)377–800

우편

'보스타Bôsta'라고 불리는 이집트의 우체국에서는 남성과 여성이 각각 나뉘어 줄을 서는 특이한 광경을 볼 수 있다. 아랍 권 국가에서는 공공기관 및 대중교통시설에서 여성에게 특별석을 할당하거나 우선권을 주기도 하는데 이집트의 우체국 또한 그런 경우이다. 이집트에서 한국으로 우편물을 보내면 약 1~2주 후에 도착하며 우표는 우체국 외에도 신문 가판대나 기념품 판매점, 호텔에서도 구입이 가능하다. 단, 호텔에서 판매하는 우표는 시중가격보다 비싸다.
해외 소포 서비스는 대도시의 큰 우체국에서만 이용할 수 있는데 한국까지는 한번에 20kg까지 보낼 수 있다. 우체통은 푸른색, 붉은색, 녹색으로 구분되며, 푸른색은 국제우편, 붉은색은 국내우편, 녹색은 국내특급우편을 나타낸다. 우체국은 토~목요일 08:30~14:00 사이에 문을 열고 금요일에는 문을 닫는다.

환전 · 은행

화폐 단위 – 이집트파운드 (E£)

이집트의 통화는 '이집트파운드(EGP 또는 E£로 표기)'이며 아랍 어로는 '기니'라고 읽는다. 1이집트파운드는 100피아스트르로 나뉘며, 이집트의 지폐에는 이집트 특유의 문양과 유적지가 인쇄되어 있다. 동전으로는 5, 25, 50피아스트르가 있으며 지폐로는 1, 5, 10, 20, 50, 100이집트파운드가 있다. 이집트의 동전은 가운데에 구멍이 뚫려 있는 것이 특징이다.
이집트의 상점이나 레스토랑에서는 심하게 손상되거나 찢어진 지폐는 받지 않으려 하기 때문에, 환전소에서 환전할 때부터 지폐의 상태를 잘 확인하는 것이 좋다. 동전의 경우 지폐와 달리 액면이 아랍 어 숫자로 쓰여 있으므로, 혼동하지 않으려면 숫자를 아랍 어로 외워 두는 것이 좋다.

* 환율 : 1이집트파운드 = 약 170원 (2007년 11월 기준)
* 세계 각국의 '환율 조회' 및 다른 국가 통화로의 '환율 변환' ⇨ 레 바캉스 웹사이트 참조

신용카드

신용카드는 카이로, 알렉산드리아와 같은 대도시와 아스완, 룩소르, 후르가다 등의 관광지에서는 자유롭게 사용할 수 있다. 주로 사용되는 카드는 아메리칸 익스프레스와 비자, 마스터 카드 등인데, 최근에는 일반 상점과 레스토랑까지 신용카드로 결제할 수 있는 곳이 늘어나고 있는 추세이다. 이집트에서 신용카드로 결제할 때에는 결제 금액이 적힌 전표를 정확하게 확인해야 한다. 만약 결제기가 없다거나 고장났다는 이유로 카드를 이웃의 상점으로 가지고 가려 한다면 동행하는 것이 좋다.

은행

대도시는 물론 작은 마을에도 환전을 해 주는 은행이 있기 때문에 환전하는 데 큰 어려움은 없다. 각 은행의 환전율은 비슷한 편이며, 그중에서 미시르Misr 은행의 환전율이 가장 좋은 것으로 알려져 있다.
은행의 영업시간은 월~목요일, 그리고 토요일에는 08:30~14:00, 일요일에는 10:00~14:00이며 금요일이 휴일이라는 점에 유의해야 한다. 최근 대도시와 관광지에서는 환전 창구만 연장 근무를 하는 은행이 늘어나고 있다. 그 외에도 호텔이나 역에도 환전을 할 수 있는 은행 창구가 마련되어 있다. 힐튼이나 쉐라톤 같은 고급 호텔의 경우에는 24시간 동안 환전 서비스를 제공하며, 호텔 내에는 ATM기도 구비되어 있어서 신용카드로 현금인출을 할 수 있다. 단, ATM기를 이용할 시에는 최저 50이집트파운드부터 인출이 가능하다.

환전 · 환율

한국 내에서는 외환은행에서 이집트파운드를 취급하기도 하며, 한화를 달러나 유로로 환전한 다음 이집트에 도착해서 다시 이집트파운드로 환전하는 경우가 많다. 일단 이집트의 카이로 공항에 도착하면 하루나 이틀 정도 사용할 금액을 환전한 다음 시내에 있는 은행에서 쓸 만큼의 돈을 환전하는 것이 좋다.
카이로는 물론이고 알렉산드리아, 아스완 등의 도시에서도 최근 환전소가 증가하고 있으나 환전은 보통 은행에서 하는 것이 좋다. 그러나 은행은 영업시간이 짧기 때문에 관광지에서는 어쩔 수 없이 환전소를 이용하게 된다. 환전 영수증은 받아 두는 것이 좋다. 미국 달러화를 이집트화로 환전해 쓴 여행자가 출국 시 이집트화를 달러로 재환전할 경우에 환전했을 때 받은 영수증이 필요한데 하루 30달러 이상 지출했다는 사실을 입증해야 하기 때문이다. 이집트는 물가에 비해 관광지 입장료는 매우 비싸고 요금도 수시로 오르기 때문에 예산을 넉넉히 잡는 편이 안전하다.

여행자수표

이집트의 대도시 및 주요 관광지에서 여행자수표를 사용하는 데에 별다른 어려움이 없다. 호텔에 있는 환전소에서는 여행자수표를 현찰로 쉽게 바꿀 수 있으며, 대도시마다 있는 토마스 쿡Thomas Cook이나 아메리칸 익스프레스American Express 지점에서도 여행자수표를 현찰로 환전해 준다.

토마스 쿡 Thomas Cook

■ 카이로 지점

• 17 Sharia Mahmoud Bassiouny • ☎ (02)574-3955 / F (02)576-2750

■ 알렉산드리아 지점

• 15 Midan Saad Zaghloul • ☎ (03)484-7830 / F (03)487-4073

■ 룩소르 지점

• New Winter Palace Hotel • ☎ (095)237-2402 / F (095)237-6502

■ 아스완 지점

• 59 Corniche al-Nil • ☎ (097)230-4011 / F (097)230-6209

아메리칸 익스프레스 American Express

■ 카이로 지점

• 15 Sharia Qasr al-Nil • ☎ (02)574-7991 / F (02)578-4003

■ **카이로 나일 힐튼**

- ☎ (02)578-5001 / F (02)578-5003

■ **카이로 헬리오폴리스**

- ☎ (02)290-9158 / F (02)418-2144

■ **알렉산드리아 지점**

- 14 Sharia May • ☎ (03)424-1050

■ **룩소르 지점**

- Sharia Old Winter Palace • ☎ / F (095)237-8333

[카이로의 상점가]

■ **아스완 지점**

- Sharia Corniche al-Nil • ☎ / F (097)230-6983

영업시간

관공서 · 은행 · 환전소

대부분의 관공서와 영업소는 일반적으로 이슬람 교의 성일인 금요일에 문을 닫는다. 그중 은행은 보통 08:30~14:00 사이에 문을 여는데, 금식 기간인 라마단 기간 중에는 예외적으로 10:00~13:00에 영업하기도 한다. 환전소의 경우 대개 월~목요일 08:00~12:00, 16:00~20:00에 영업하고, 고급 호텔의 환전소는 더 늦게까지 문을 연다.

상점 · 레스토랑

대부분의 상점은 동절기에 10:00~21:00, 하절기에 09:00~22:00 사이에 영업한다. 단, 라마단 중에는 15:30 즈음 문을 닫았다가, 20:00~23:00 사이에 다시 영업을 하기도 한다. 레스토랑은 매일 저녁까지 영업하며, 라마단 기간에는 저녁에만 문을 열거나 하루 종일 휴업한다.

팁

'바크시시Baksheesh' 라고 불리는 이집트의 팁 제도는 이슬람 교에 기원을 두고 있는 관습이며, 평균 수입이 적은 이집트 인들에게는 중요한 부 수입원이다. 그런 이유로 이집트 인들은 바크시시를 서비스에 대한 보답이라기보다, 돈을 많이 가진 사람이 가난한 사람에게 베푸는 자비로 생각하기도 한다.

보통 주유소나 주차장, 호텔, 박물관 등지에서 일하는 사람들이 바크시시를 요구하는데 잔돈을 잘 모아 두었다가 상황에 맞게 주면 된다. 단, 너무 적게 주거나 많이 주면 상대방의 기분을 상하게 할 수 있으므로, 적당하게 주는 지혜가 필요하다. 상점이나 레스토랑에서는 50피아스트르 이하를, 벨보이에게는 50피아스트르 정도를 주면 적당하다.

시차

이집트와 한국 사이의 시차는 7시간이다. 이집트는 매년 4월 마지막 주 목요일부터 9월 마지막 주 목요일까지 서머타임을 적용해 이 기간 중에는 한국과 6시간의 시차가 발생한다.

* 세계 각 국가 및 도시들의 현재 시간 ⇨ 레 바캉스 웹사이트 참조

전압

이집트의 전압은 우리나라와 마찬가지로 220V이며 주파수는 50Hz이다. 콘센트는 C타입으로 유럽에서 널리 보급되어 사용하고 있는 종류와 같다. 우리나라 전기제품은 대부분 그대로 사용할 수 있지만, 숙소마다 콘센트 모양이 조금씩 다르므로 어댑터를 준비하는 것이 좋다. 호텔에서도 어댑터를 대여해 준다.

화장실

이집트에서는 대부분 공공 화장실을 찾기 힘들며, 찾았다 하더라도 지저분한 편이

다. 대도시를 여행할 때에는 고급 호텔이나 패스트푸드점에서 유료 화장실을 이용할 수도 있으나, 중소도시의 경우 이것도 힘들 수 있다. 게다가 휴지가 갖추어진 화장실이 거의 없으므로 휴대용 휴지는 지참하고 다니는 것이 좋다.
이집트의 화장실은 최근 들어 서양식으로 많이 바뀌었지만, 중소도시의 저렴한 호텔에서는 여전히 수도꼭지와 빈 통이 놓여 있는 아랍 식 화장실을 볼 수 있다. 아랍 식 화장실을 사용하는 이집트의 서민들은 왼손으로 통에 담긴 물을 이용해 씻은 다음, 그 물을 변기로 흘려 보낸다.

식수
날씨가 무더운 봄철이나 하절기에 이집트를 여행할 경우, 충분한 수분을 섭취하는 것은 필수적이라 할 수 있다. 특히, 사막 사파리를 하거나 사막 근처의 유적지를 방문할 때에는 자주 물을 마셔야 한다. 현지 수돗물을 마시다 배탈이 나는 경우도 있으므로, 생수를 사 마시는 것이 가장 안전하다. 이집트에서 구입할 수 있는 생수 브랜드로는 바라카Baraka, 시와Siwa, 사피Safi, 델타Delta 등이 있다. 어디서 구입하느냐에 따라 가격이 달라지지만 보통의 경우 500mℓ가 80피아스트르, 1.5ℓ는 1.5이집트파운드 이상이다.

건강
한국에서 이집트로 바로 입국하는 경우에는 예방주사 접종 증명서를 제출하지 않아도 된다. 하지만 아프리카를 비롯한 인접국가에서 이집트로 들어가는 관광객들은 예방주사 접종 증명서를 제시해야 할 때도 있다.
이집트 여행 시에는 디프테리아, A형 간염, B형 간염의 감염을 조심하는 것이 좋으며, 위생 상태가 열악한 중소도시를 여행할 계획이라면 장티푸스도 주의해야 한다. 영국 항공British Airways과 같은 일부 항공사에서는 탑승객을 위한 의료 서비스를 제공하고 있으므로 필요 시 문의하도록 한다.

복장
날씨가 무더운 이집트를 여행할 때에는 천연 소재의 가벼운 옷이 편하다. 반팔 티셔츠 몇 벌은 기본으로 챙기되, 기온이 갑자기 떨어지는 저녁을 대비해 따뜻한 스웨터 정도는 가져가도록 한다. 더운 기후라고 해서 반바지와 소매 없는 티셔츠만 가져간다면, 이슬람 사원이나 콥트 교의 교회 등 종교 유적지의 출입이 금지될 수 있다. 또한 얇은 재킷이나 긴 팔 셔츠 등을 입으면 뜨거운 햇볕을 피할 수 있으며, 모기 등의 벌레에게 물려 질병에 감염되는 일도 예방할 수 있으므로 유용하다. 신발의 경우 주로 샌들이 편하지만, 사막 근처에 있는 유적지를 구경하려면 모래땅을 밟아도 무리가 없는 편한 운동화도 있어야 한다.

기타 유의사항

- 이집트의 사막지대를 여행하고자 한다면 5~10월은 반드시 피해야 한다. 극심한 더위가 기승을 부리는 것은 물론, 전갈과 뱀이 많기 때문이다.

[이집트 사막지대 여행은 더위가 극심한 5~10월에는 피하도록 한다.]

- 홍해에는 해변에 상주하는 안전요원이 거의 없으며 안전시설이 미흡해 가급적 수영을 피하는 것이 좋다.
- 역, 지하철, 영화관 등의 공공장소에는 남성과 여성이 따로 줄을 선다. 이집트를 무리 없이 여행하려면, 성의 구분이 확실한 이슬람 국가의 관습에 익숙해져야 한다.
- 이집트 인들은 자국에 대한 자부심이 대단하므로 대화 시 비판적인 내용이나 부정적인 주제는 되도록 피하도록 한다. 그중에서 이슬람 교에 대해 이야기할 때는 특히 조심해야 한다.
- 선물을 받자마자 개봉하는 서구의 경우와는 달리, 이집트에서는 선물을 받았을 때 즉석에서 뜯어보지 않는 것이 예의다.
- 관광객들은 호텔이나 레스토랑 등 특정한 장소에서 술을 마시거나 구입할 수 있다. 하지만 음주는 이슬람 계율에 의해 금지되어 있으므로, 술을 마실 때에는 조심해야 한다.

공휴일

이집트의 법정 공휴일 및 축제는 종교와 관련이 깊다. 그중에는 이슬람 교의 공휴일이나 축제가 가장 많지만 이집트의 기독교인 콥트 교의 휴일과 축제도 있다. 규모의 경우에도 각 지방색이 강한 지역 축제로부터 전 국민적인 축제까지 다양하다.
현지 축제는 그 나라의 전통 춤이나 음악을 체험할 수 있는 좋은 기회이다. 게다가 마호메트가 코란을 계시받은 것을 경축하는 기간인 라마단Ramadan처럼 규모가 큰 행사에 참가하면 이슬람 문화에 대해 더 자세히 배울 수 있다. 현지의 축제를 즐기는 동시에 이집트 인들의 전통과 관습을 이해할 수 있게 된다면, 이집트를 여행하면서 겪는 어려움을 다소나마 덜 수 있어 일석이조일 것이다.
이집트의 공휴일과 축제를 이해하려면 우선 이슬람 력을 이해해야 한다. 이슬람 국가인 이집트에서는 평상시에는 양력을 따르지만 종교 행사를 개최할 때에는 이슬람력을 따르기 때문이다. 이슬람 력은 태양력보다 11일이 짧기 때문에 매년 10일에서 12일 정도의 차이가 날 수 있다.
이슬람 력에 있는 12달의 이름은 무핫라마(30일), 사흐르(29일), 라비우르아우와르(30일), 라비 앗사니(29일), 쥬마다 아루우라(30일), 쥬마닷아헤르(29일), 라가브(30일), 샤아반(29일), 라마단(30일), 샤우와르(29일), 즈 알 카아다(30일), 즈 알 힛쟈(격년으로 29일과 30일이 반복)이다. 태양력의 경우 일출과 함께 하루가 시작되지만, 이슬람 력에서는 일몰을 기준으로 날짜가 바뀌므로 축제 역시 전날 밤부터 개최된다.

[CHECK]

이슬람 력

이슬람 력은 순태음력(純太陰曆)으로 달이 차고 기우는 것을 기준으로 한다. 이슬람 력에 따르면 1년은 354일 또는 355일로, 태양력에 비하여 10일 이상 짧기 때문에 날짜와 계절이 점점 어긋나게 된다. 하지만 이슬람 력의 30년은 1,631일로 달에 대해서는 거의 완벽하게 일치한다.
이집트 인들이 달을 중심으로 생활하게 된 이유에 대해서는 여러 가지 설이 있다. 그중에는 달을 중심으로 생활하던 중동 국가의 오랜 관습이 이슬람 교와 자연스럽게 융합된 것이라는 설과 마호메트가 계시를 받을 때 밤하늘에 초승달과 샛별이 떠 있었기 때문에 달이 신의 진리를 상징하게 되었다는 설이 있다. 오늘날 이슬람 국가에서는 편의를 위해 일상생활에서는 태양력을 쓰고, 종교적인 행사를 개최할 때에는 태음력을 적용하고 있다.

법정 공휴일

날짜	공휴일	날짜	공휴일
1월 1일	신년	7월 23일	1952년 나세르 혁명 기념일
4월 25일	시나이 반도 반환 기념일	10월 6일	국가 축제일
5월 1일	노동절	10월 24일	수에즈 운하 개통 기념일
6월 18일	독립 기념일 (영국군이 이집트에서 철수한 날)	12월 23일	승리의 날

왕비의 계곡, 네페르타리 고분 벽화

이슬람 축일

이슬람 축일은 이슬람 력인 음력으로 계산되기 때문에 날짜가 고정되어 있지 않다.

라마단 개시일	10월 말에서 11월 초 사이
라마단 종료일	11월 말에서 12월 초 사이
양의 축제	라마단 종료일에서부터 70일 후 (3~4일 지속되며 모든 가게와 관공서가 문을 닫는다.)
이슬람 신년	2월 말에서 3월 초 사이
마호메트 탄신일	5월 첫째 혹은 둘째 주(카이로 소재 술탄 하산 사원에서 출발한 행렬이 시내를 행진해 알 아즈하르 사원까지 간다. 아이들에게 사탕이나 과자를 선물하는 것이 풍습이다.)

콥트 교 축일

로마 가톨릭과 전혀 다른 달력을 사용한다.

성탄절	1월 7일
주현절	1월 19일
수태고지 기념일	3월 21일
부활절	매년 변경(부활절은 이집트 기독교도들인 콥트 교도들에게는 가장 중요한 기독교 축일이다.)

파라오 축일

물리드 아부 알 하가그 Moulid Abu al-Haggag

고대 시대부터 룩소르에서 행해지던 파라오를 기리는 축제다. 매년 여름 열리며, 현재는 관광 상품화되어 있지만 룩소르를 방문하는 이들에게는 빼놓을 수 없는 볼거리이다. 룩소르 신전을 출발한 화려한 행렬이 아몬 신을 태운 멋진 배를 끌고 간다.

EGYPT **INFORMATION**

정치 · 경제 · 사회

[이집트 인구는 약 8천만 명이며, 아랍권 국가 전체 인구의 1/4에 해당한다.]

이집트의 국가 체제

현대 이집트의 정부 형태는 1952년 7월 이른바 '자유 장교들의 운동'이라고 불리는 군사 쿠데타가 일어나 왕정을 전복시키고 공화정을 선포하면서 시작된다. 이 쿠데타로 정권을 잡은 나세르는 민족주의 성향의 지도자로 현대 이집트의 아버지로 불린다. 수에즈 운하 국유화, 아스완 댐 건설을 둘러싼 반미 친소 정책, 1인당 토지 40ha 이상 소유 금지, 산업의 국유화 등 여러 정책을 통해 이집트의 경제 발전에 초석을 놓은 인물이다. 그러나 1967년 이스라엘과의 중동전쟁에서 패해 실각한 후 1970년 숨을 거둔다. 이후 정권은 사다트에게로 넘어갔고 정치 체제 역시 사회주의를 버리고 이슬람화한다. 이는 그동안 소원했던 서구와의 관계를 정상화하는 것을 의미했다. 하지만 산업의 사유화로 인한 인플레이션의 영향으로 물가가 급등하자 곳곳에서 폭동이 일어났고 급기야 사다트는 1981년 암살을 당하고 만다. 현재는 무바라크 대통령이 5번 연임을 하며 25년 간 통치를 하고 있다.

이집트는 의회민주주의를 채택하고 있으며 1977년 법률에 의거해 아랍사회주의동맹의 인가를 받은 정당이라면 창당이 허용되는 다당제를 채택하고 있다. 1981년 10월, 암살된 사다트에 이어 무바라크가 대통령에 당선되었으며 1987, 1993, 1999년에 이어 2005년 5선에 성공, 현재까지 연임을 하고 있다. 이집트의 대통령 선출 방식은 의회가 먼저 단일 후보를 지명하고 이어 국민이 찬반 투표로 대통령을 최종 확정하는 방식이었으나, 2005년 직선제로 바뀌었다.

이집트의 산업

이집트 경제의 가장 큰 수입원은 석유, 수에즈 운하 통과료와 관광 수입이다. 따라서 걸프 전 같은 중동위기 등의 대외여건에 크게 좌우되는 취약한 구조를 갖고 있다. 에너지 분야에서는 석유와 가스 등이 생산되기 때문에 자급자족을 하고 있지만 기타 대부분의 공산품과 소비재는 수입에 의존하고 있다.

이집트의 주요 산업인 농업은 수단에서 발원해 지중해로 흘러드는 나일 강 계곡과 나일 강 하류의 삼각주 평야 그리고 얼마 되지 않는 오아시스 주변에 집중적으로 발달해 있는데, 연간 다모작을 할 수 있으며 특히 아스완 하이 댐 건설 이후 경지면적이 늘어나 농업에 큰 발전을 보았다. 주요 경작물로는 목화, 옥수수, 밀, 보리, 쌀, 콩, 과실, 사탕수수 등이 있으며 오아시스 지대에서는 대추야자 등이 재배된다. 석유와 천연가스는 시나이 반도와 최근 발견된 지중해에서 채굴되며 수에즈 운하 인근에는 정유 공장 등 화학 단지가 들어서 있다. 석유와 천연가스 외에 광물로는 아스완 인근의 철광석이 있고 그 외에 인광석, 망간을 들 수 있다. 기계 공업은 자동차, 트레일러, 농업용 트랙터 등이 미미한 수준이나 생산된다. 전통적으로 이집트에서는 섬유 공업이 발달했는데 아직도 경쟁력을 갖추고 있다.

카이로와 알렉산드리아를 중심으로 하는 이집트 교통은 아프리카 최대 항공사인 이집트 항공사를 중심으로 유럽은 물론이고 세계 도처와 이집트를 연결하고 있다. 이집트 항공은 가장 큰 수입원 중 하나인 관광 산업의 주요한 인프라이다.

주요 수출품은 석유 및 석유제품, 원면, 면사와 면제품이며, 유럽의 이탈리아, 프랑스, 러시아, 미국, 네덜란드 등으로 주로 수출된다. 전체적으로 보면 이집트의 수출은 1차 산업 위주로 구성되어 있고 공업 생산이나 금융, 서비스 등 3차 산업은 아직 취약한 상황을 벗어나지 못하고 있다.

이집트의 언어

이집트 인들의 언어는 아랍 어이다. 이집트 인들의 아랍 어는 아랍 권 일대의 아랍어와 동일한 언어이지만 콥트 어 등이 섞여 변화되었기 때문에 발음이 달라 서로 알아듣지 못할 정도다. 특히 '제Je' 발음 같은 경우 '구에Gue'라고 읽을 정도로 차이가 난다. 하지만 이집트의 영화산업이 발달해 인근 지역까지 이집트 영화가 많이 상영되어 대다수 아랍 권 사람들은 이집트 아랍 어를 알아듣는다. 반면, 이집트 인들은 북아프리카의 아랍 인들을 비롯해 대부분의 아랍 어를 알아듣지 못한다.
이집트의 아랍 어는 일반 구어와 신문이나 코란 등의 책에서 사용하는 문어체 아랍 어가 있는데 두 언어 사이에 심한 차이가 있다. 또 이집트 지역에 따라 방언이 심해 카이로 인근에서는 물을 '마Ma' 혹은 '마야Maya'라고 하는 반면, 북쪽의 아스완 일대에서는 '무와야Moya'라고 한다.
이집트 전역에서 영어는 광범위하게 사용되며 프랑스 어도 알렉산드리아 인근에서 통용된다. 영어와 프랑스 어는 상류 계층에서는 공용어화 되어 있다. 약국 등에서는 영어로 대화가 가능하다. 이집트 인들은 천성이 순박해 남에게 인사받고 인사하기를 좋아한다. 한국에서처럼, 남자들에게는 흔히 선생이라는 존칭을 붙이기도 하고 때론 고관대작을 지칭하는 말인 터키의 '파샤'가 변형된 '바샤'라는 존칭도 사용한다. 또, 우두머리를 지칭하는 말인 '라이스'도 존칭으로 사용된다.

이집트의 인종 · 주민 현황

이집트는 이슬람 교를 믿는 아랍인, 기독교도들인 콥트 교도 그리고 사막의 유목민족인 누비아인으로 구성되어 있다. 이집트 인구는 약 8천만 명이 넘는다. 이 인구는 아랍 권 국가 전체 인구의 약 1/4에 해당한다. 8천만의 인구 중 도시 인구가 약 40%이며 도시 인구 중 수도인 카이로와 그 인근에만 무려 1,600만 명이 모여 살고 있다. 지중해 인근의 알렉산드리아에도 약 5백만에 가까운 인구가 살고 있다. 인구의 대부분은 아랍인들이며 콥트 교도들은 12%에 지나지 않는다. 누비아인들은 정확한 통계가 나와 있지 않으나 콥트 교도들보다 많지는 않을 것으로 추정된다. 하지만 독특한 생활방식으로 중요한 위치를 차지하고 있다. 누비아인은 이집트에만 살고 있지 않고 상이집트의 수단에도 거주한다. 이집트에 거주하는 누비아인은 1970년 아스완 댐이 완공되면서 인근이 수몰되는 바람에 아스완과 콤 옴보 사이의 신 누비아 지역으로 이주했다. 하지만 시멘트로 지은 주거 환경에 잘 적응을 못하고 여전히 전통문화를 고수하며 살아가고 있다.
전체 국토 면적을 생각하면 8천만이라는 인구는 그리 많은 인구가 아니지만, 전체 국토의 5%도 안 되는 땅만이 경작 가능하다는 사실을 염두에 두면 실로 엄청난 인구밀도를 보이는 나라임을 알 수 있다. 하지만 이집트를 여행해 본 사람들은 알겠지만 놀랍게도 이집트 인들은 이런 가난이나 열악한 농업 환경에 대해 거의 불만이 없이 그저 명랑하고 너그럽기까지 하다. 외국인들에게 친절한 것도 물론이다. 하지만 가난한 나라 사람들이 대부분 그렇듯이 질서의식이 부족하고 특히 금전 문제에 있어 정확하지 못한 단점을 갖고 있다. 그래서 여행 도중 돈을 지불하는 경우마다 조심해야만 한다. 식당의 계산서, 기차표 혹은 택시비 등을 낼 때에는 조심해야 하는데, 틀렸다고 항의하면 언제 그랬냐는 듯 미소를 가득 품고 고쳐 준다.

이집트의 종교

흔히 생각하는 것과는 달리 이집트에는 동양 종교를 제외한 거의 모든 아랍 종교와 서구 종교가 혼합되어 공존하고 있다. 국민의 대다수가 이슬람 교를 믿지만 콥트라고 하는 이집트 기독교와 가톨릭 그리고 유대교도가 있다. 종교 분쟁 같은 것은 없으며 평화롭게 공존하고 있다.

이슬람

[인구의 대부분이 이슬람 교를 믿으며, 기독교인 콥트 교는 약 12%를 차지한다.]

'이슬람'이란 말은 마호메트가 설교한 교리를 지칭하는데 "신의 뜻에 복종한다."는 뜻을 갖고 있다. 코란에 기록된 내용이 주를 이루지만 이슬람 교도들에게는 마호메트의 사명만이 아니라 기독교의 구약성경과 신약에 기록된 아담에서부터 노아, 아브라함, 모세, 예수에 이르기까지 다른 선지자들의 예언도 그들의 신앙의 대상이다. 하지만 선지자들의 예언이 시간이 지나면서 인간들에 의해 변질되어 주기적으로 알라가 이를 교정하도록 새로운 예언자를 내려 보냈는데, 이슬람 교도들은 마호메트가 그러한 예언자 중 마지막 예언자라고 믿는다.

마호메트 Mahomet

기독교의 창시자인 예수는 신의 아들이었지만 이슬람 교의 창시자인 마호메트는 신의 아들이 아니라 서기 571년 메카Mecca의 한 집에서 태어난 인간의 아들이었다. 일찍 부모를 여의고 고아가 된 마호메트는 자신보다 10살 연상인 한 부유한 여상인의 눈에 들어 시리아 등지에서 물건을 거래하다가 여주인과 결혼하게 된다. 이런 기록은 마호메트의 공식 전기인 〈시라Sira〉에 상세하게 기록되어 있다. 하지만 부인과의 사이에 후사가 없자 마호메트는 조카인 알리와 데리고 있던 노예인 자이드를 양자로 입양했다. 그의 전기에 따르면 젊은 시절, 삼촌을 따라 시리아로 갈 때 보스라 인근에서 꿈 속에서 만난 수도승 바히라로부터 장차 큰 일을 할 사람이라는 예언을 들었다고 한다. 그 후 610년경, 꿈 속에서 가브리엘 천사를 만나 천사의 말을 듣고 잠에서 깨어나 천사가 들려주었던 말들을 모두 기억해 내 기록했는데, 이것이 바로 코란이다. 코란이란 말 자체가 '낭송한다'는 뜻이다.

그를 따르는 사람들과 함께 처음 설교를 시작했을 때 그를 따르는 이들보다는 반대하고 기존 질서를 뒤흔드는 위험한 인물로 여기는 사람이 많았는데, 이는 만인 평등과 형제애를 강조한 그의 설교가 하층민에게는 많은 지지를 얻었으나 메카의 지도층에게는 위험하게 비쳤기 때문이다. 이로 인해 마호메트는 많은 박해와 정쟁을 치른 끝에 622년 7월 16일, 메카를 떠나 야트리브Yathrib로 옮겨가게 되는데 이 이동을 '헤지라Hegira'라고 하여 이슬람력의 원년으로 삼고 있다. 야트리브는 후일 '예언자의 도시'라는 뜻의 메디나Medina로 명칭이 바뀌게 된다.

630년 마침내 마호메트는 자신의 고향 메카로 돌아와 자신을 박해하던 무리들을 물리치고 메카의 사원에 있는 검은 돌로 제작한 입방체인 카바 주위에 있는 모든 우상을 부순다. 하지만 마호메트는 2년 후인 632년 숨을 거두고 만다. 그의 사후 후계자 문제를 둘러싸고 분열이 발생해 이것이 흔히 시아 파와 수니 파로 불리는 2대 종파로 나뉘게 되는 원인이 된다.

코란 Koran

634년에 기록된 코란은 마호메트가 신에게서 받은 계시를 기록한 책이다. 천지창조가 6일 동안 이루어졌으며, 인간의 선행과 악행 등 모든 행동은 최후의 심판일에 심판을 받으며 심판에 따라 각각 천당과 지옥으로 간다고 기록되어 있어 기독교와 크게 다르지 않다. 다만, 천당과 지옥에서 누리는 행복과 고행이 육체적인 것이라는 것이 다른데, 이슬람 교에서는 육체의 쾌락과 욕구의 충족을 부정적으로 보지 않기 때문이다. 이 점이 기독교와 본질적으로 다른 부분이다. 또한 신의 의지로 모든 것이 정해진다는 결정론 대신 이슬람 교는 인간의 모든 행동이 신의 의지에 의해 정해져 있지만 그 실천과 내용은 인간의 의지 대로 바꿀 수 있다고 믿는다.

이런 이유로 이슬람 교에서는 실천을 통한 윤리가 큰 의미를 지니게 된다. 첫 번째 덕은 경건함인데 이 경건함 없이는 신을 기쁘게 하지 못한다고 말한다. 덕이 있는 이들은 가난한 자들을 도와야 하며 이를 위해 수입의 2.5%를 내주어야 한다. 형제애와 평등사상은 이자를 금지하고 있으며 노예의 조건을 완화시키라고 설교한다. 결혼한 여자에게는 자신의 재산을 관리할 수 있는 자유를 주어야 하며 특권과 직함은 세습되지 않는다. 이슬람 교에는 계급이 없다. 이는 이슬람 세계가 일종의 신전 정치 체제임을 일러준다.

CHECK

이슬람 교의 5대 규칙

1. 신앙 고백 (샤하다)

하루 5번 예배를 드리며 그 때마다 알라의 유일성과 신에의 절대복종을 맹세하는 기도문을 암송한다. 이는 가장 신성하게 지켜지는 계율이다. "알라 이외에 다른 신은 없으며 마호메트는 그의 예언자이다."라는 말로 시작된다. 이슬람으로 개종하려는 모든 이들은 이 고백을 하면 된다.

2. 기도 (살라트)

[기도는 원칙적으로 회교사원에서 해야 하지만, 깨끗한 곳이면 어디든 가능하다. 사진은 카이로의 술레이만 파샤 사원(좌), 술탄 하산 사원(우)]

새벽, 정오, 오후, 일몰 시, 그리고 별이 뜰 때 등 하루 5번 기도를 드린다. 옛날에는 사원의 탑인 미나렛을 거닐며 부르는 노랫소리로 기도 시각을 알렸으나 요새는 확성기로 때를 알려준다. 기도 시에는 구두를 신었다 해도 양말을 신지 않은 맨발이어야 한다. 구두 등의 신발도 청결해야만 한다. 신도들은 메카가 있는 쪽을 향해 몸을 숙여 절을 한다. 절을 많이 해서 손이나 발에 못이 박힌 경우 그 사람은 경건한 사람으로 특별 대접을 받는다. 원칙적으로 회교사원에서 기도를 해야 하지만 깨끗한 곳이면 어디서든 기도를 올릴 수 있다. 사춘기 때부터 모든 이슬람 교도들에게 의무로 부과된 사항이다.

3. 적선 (자카트)

세속의 재산을 소유하고 있다는 사실을 속죄하는 의미를 지닌 행위로 수입의 2.5%를 바치는데 극빈자 구제용으로 사용된다. 1년에 한 번 시행되며 자신의 헌금을 받을 사람을 지정할 수 있다.

4. 메카 순례 (하즈)

평생 한 번 순례를 떠나는 것은 모든 이슬람 교도들의 의무이다. 하지만 많은 신도들이 몇 번씩 순례를 떠난다. 지금은 비행기를 이용하는 사람도 많은데 옛날에는 모두 낙타를 타고 이동을 했었다. 순례는 단순히 메카를 찾는 것만을 뜻하지 않는다. 비싼 비용이 들고 기간도 약 2주일 정도가 소요된다. 하지만 일단 순례를 마치고 돌아오면 '하즈'라는 칭호를 받으며 그 때부터 주위사람들로부터 존경을 받게 된다. 아직도 지방에서는 순례의 장면들을 벽에 그림으로 그려 간직하는 사람들이 있을 정도로 대단한 행사이다. 순례 도중 아브라함이 했던 대로 양을 잡아 제사를 지내는 의식이 치러진다.

룩소르 신전

5. 금식 (라마단)

사춘기 때부터 지켜야 할 의무사항인 라마단은 임신한 여인에게는 면제된다. 또 환자나 여행자들에게도 면제된다. 그러나 환자나 여행자는 원래 상태로 돌아가면 금식을 해야 한다. 금식은 음식을 먹지 않는 것만을 의미하는 것이 아니라 담배와 성관계도 삼가야 한다는 것을 의미한다. 금식은 새벽에서 일몰까지 계속되며 음력을 따르기 때문에 매년 기간이 유동적인데 한달 간 계속된다. 금식 기간에는 모든 것이 일시 정지된다. 따라서 여행을 하려면 이 기간을 피하는 것이 좋다. 대개 9월 말에서 11월 초 사이에 정해진다.

이집트에서도 라마단은 엄격하게 지켜지는데, 대부분의 직장은 1시간 늦게 문을 열고 은행은 오전 10시가 넘어야 영업을 시작한다. 또 오후에는 식당들이 문을 닫기 때문에 여행자로서는 곤욕이 아닐 수 없다. 일몰 후 저녁을 먹기 위해 일시에 사람들이 이동하는 바람에 심한 교통 체증이 일어나며 늦은 사람들은 난폭 운전을 하기 때문에 조심해야 한다. 그러나 이집트 인들에게 라마단이 반드시 고통스러운 시간인 것만은 아니다. 사람들은 밤이 되면 더 많이 먹고 마시며 명절 기분을 내기 일쑤다. 설탕만 해도 평상시의 3배가 이때 소비된다. 카이로에서는 알 칼라아Al Qala'a 성채(城砦)에서 대포를 쏘아 시간을 알려준다. 마호메트가 대추야자와 올리브 유 그리고 약간의 우유를 마시며 했던 금식과는 거리가 있는 것이 현대의 라마단이다.

보통 일반 상점은 오후 3시에서 7시까지, 은행은 아침 10시부터 오후 1시까지만 영업을 한다. 박물관은 오후 3시까지만 문을 연다. 패스트푸드점들은 이 기간에 휴업을 하고 직원들에게 휴가를 주는 것이 보통이다. 지방이나 오아시스 같은 곳을 여행한다면 점심은 굶을 각오를 해야 한다.

Talk

EGYPT **INFORMATION**

간단한 아랍 어 회화

여행 중에 알아두면 좋을
아랍 어 / 영어 표현

아랍 어를 사용하는 이집트.
따라서 이집트를 여행할 때
기본적인 아랍 어 표현 몇 가지를 익혀둔다면
여행하기가 훨씬 수월할 것이다.
현지에서 유용하게 쓸 수 있는
아랍 어 / 영어 표현들을 모았다.

일반적인 표현들

한국어	영어	아랍 어
좋은 아침입니다.	Good Morning.	Sabah al-kher.
좋은 저녁입니다.	Good Evening.	Missa al-kher.
안녕하세요.	Hello.	Salam aleikoum.
제발, 부탁드립니다.	Please.	Lao samaht.
감사합니다.	Thank you.	Shokran.
고맙습니다만 괜찮습니다.	No, Thank you.	La'shokran.
어떻게 지내십니까? (남성에게 물을 때)	How are you?	Ezzayyak?
어떻게 지내십니까? (여성에게 물을 때)	How are you?	Ezzayek?
실례합니다. (남성에게)	Excuse me.	Assef.
실례합니다. (여성에게)	Excuse me.	Asfa.
괜찮습니다.	It doesn't matter.	Maalesh.
신의 뜻대로.	If God is willing.	Incha Allah.
안녕히 가세요.	Good bye.	Ma'es salama.
네.	Yes.	Away.
아니오.	No.	La'a.
여기	Here	Hena
저기	There	Henak
얼마입니까?	How much?	Kam?
너무 비싸요.	It's too expensive.	Ghali'awi.
좋아요.	All right.	Meshi.
그렇지 않아요.	I don't agree.	Ma yenfash.
아마도	Maybe	Yemken
가능합니다.	It's possible.	Momken.
오른쪽	Right	Yemin
왼쪽	Left	Shemal
좋은	Good	Helou
나쁜	Bad	Wahesh
충분합니다.	That's enough.	Kegaya.
열린	Open	Maftouh
닫힌	Close	Ma'foul
오늘	Today	En-nahârda
내일	Tomorrow	Bokrâ

한국어	영어	아랍 어
구시가지	Old town	El median el'adima
우체국	Post Office	Bôsta
경찰서	Police Station	Esm el bôlis
병원	Hospital	Moustashfa
대사관	Embassy	Safâra
여권	Passport	Bâsbor
이해 못했어요. (남성)	I don't understand.	Ana mish fahem.
이해 못했어요. (여성)	I don't understand.	Ana mish fehla.
돈 없어요.	I don't have any money.	Ma'andish felous.
아파요.	I'm ill.	Ana ayyan.
영어를 할 줄 압니까?	Do you speak English?	Betetkallem inglezi?
환전하고 싶습니다.	I would like to change money.	Aïz aghayyar felous.
…호텔로 가는 길을 알려주시겠어요?	Could you tell me the way to Hotel…?	Momken t'ewarri-ni at-tariq le fondoq…?
방이 있나요?	Do you have any spare room?	Fih ôda fâdia?
이슬람 사원을 방문해도 되겠습니까?	May I visit the mosque?	Momken'azour el-guema?
내 자전거를 어디다 두어야 할까요?	Where can I leave my bike?	Fen a'aggar'agala?

교통

한국어	영어	아랍 어
비행기	Aeroplane / Airplane	Tâyyâra
배	Boat	Merkeb
기차	Train	'Atr
자동차	Car	Ârabeya
버스	Bus	Ôtobis
기차역	Railway Station	Mahatta
버스 정류장	Bus station	Mahattat el-ôtobis
버스 정류장이 어디 있습니까?	Where is the bus station?	Fen mahattet el-ôtobis?

한국어	영어	아랍 어
어느 버스가 아스완 행 버스입니까?	Which is the bus for Aswan?	Any ôtobis yerouh Aswan?
아스완 행 티켓은 얼마입니까?	How much is it to Aswan?	Be kam at-tazkâra li Aswan?
아스완 가는 버스는 언제 출발합니까?	When does the bus to Aswan leave?	Emta l'oum el ôtobis li Aswan?
하루에 아스완 행 버스는 몇 번 있습니까?	How many buses a day are there to Aswan?	Kam ôtobis fill yom yirouh Aswan?
잠깐만 기다려 주시겠습니까?	Can you wait for me?	Moumken t'estanna-ni?
여기서 멈추세요.	Stop here.	Bess hena.

레스토랑 · 음식

한국어	영어	아랍 어
식당	Restaurant	Mât'âm
메뉴	Menu	Kart
계산서	Bill / Check	Hissab
접시	Plate	Tâbâ'
나이프	Knife	Sekkina
포크	Fork	Shôka
소금	Salt	Malh
후추	Pepper	Felfel
설탕	Sugar	Sokkar
빵	Bread	Aish
고기	Meat	Lahma
생선	Fish	Samak
야채	Vegetable	Khôdar
미네랄 워터	Mineral Water	Mâyya maadanyya

왕의 계곡, 투탕카멘 고분

일주일

한국어	영어	아랍 어
월요일	Monday	(yom) El-etnen
화요일	Tuesday	(yom) El-talat
수요일	Wednesday	(yom) El-'arba
목요일	Thursday	(yom) El-khamis
금요일	Friday	(yom) El-goma'a
토요일	Saturday	(yom) El-sabt
일요일	Sunday	(yom) El-had

* yom은 일(日)이라는 뜻으로 생략할 수 있다.

숫자

수	아랍 어	수	아랍 어
1	Wahed	20	Ashreen
2	Etnen	30	Talateen
3	Talata	40	Arba'een
4	Ârbâ'a	50	Khamseen
5	Khamsa	100	Meyya
6	Setta	200	Miten
7	Saba'a	300	Toltomeyya
8	Tamanya	400	Robb'omeyya
9	Tesa'a	500	Khomsomeyya
10	'Ashara	1,000	Elf

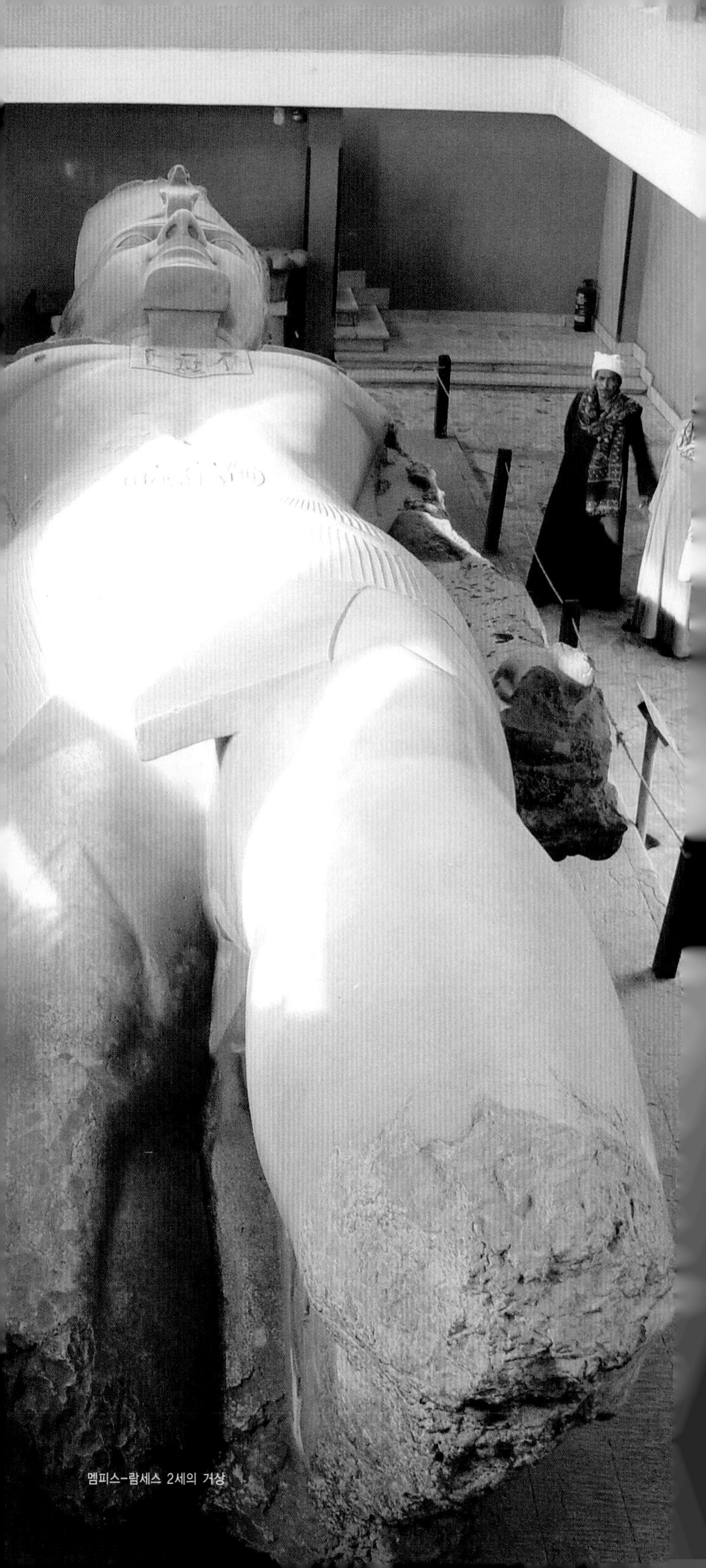

멤피스-람세스 2세의 거상

EGYPT
SPECIAL

EGYPT **SPECIAL**

요 리

[이집트 요리는 주변 국가의 영향을 골고루 받아 다양한 종류와 다채로운 맛을 낸다.]

아시아와 아프리카의 접점에 위치한 이집트의 음식은 아시아, 아프리카는 물론 지중해 근처의 그리스나 터키, 주변의 중동 국가인 시리아, 레바논 등 많은 나라에서 영향을 받아 왔다. 때문에 흔히 이집트 요리라고 말하는 음식 중에서 이집트 고유의 전통 요리를 찾기는 어렵지만, 대신 음식의 종류가 다양하다.

이집트 인구의 90%가 이슬람 교도이기 때문에, 이집트 인들은 돼지고기를 먹지 않는 반면 소고기나 닭고기, 양고기 등을 즐긴다. 그 외에도 육류와 잘 어울리는 빨간 토마토 소스가 음식 위에 올려져 식욕을 북돋우며, 올리브 유나 향료 등이 다양하게 이용된다.

이집트의 음식은 신선한 과일과 야채, 계절에 맞는 향료로 만들어 영양가가 높다. 게다가 조리법이 간단해 요리하기 쉬운 것이 특징이며 계절에 따라 요리의 종류가 다양하다. 뿐만 아니라 지역적인 특성이 뚜렷한데, 일례로 지중해 근방에 위치한 북부 지방의 음식은 북아프리카 요리의 영향을 받은 남부 지방의 음식보다 맵다. 카이로에는 프랑스, 이탈리아, 일본 등 외국의 요리를 제공하는 레스토랑이 많아 다채로운 음식을 맛볼 수 있다.

이집트의 대표적인 요리들

코프타 Kofta

잘게 썬 양고기를 향신료와 양파 등으로 양념한 후 꼬챙이에 꿰어 구운 요리다. 보통 숯불에 구워 이집트 식 빵인 에쉬Aish에 싼 다음 깨 소스인 타히나에 찍어 먹는다.

케밥 Kebab

이집트에서는 현지의 맛이 그대로 살아나는 양고기 케밥을 저렴한 가격에 즐길 수 있다. 케밥은 연하고 맛있는 부위의 고기 조각, 특히 양고기를 자른 다음, 양파, 토마토와 함께 구운 요리다. 케밥의 소스로는 박하류의 요리용 양념인 마조람과 레몬주스를 사용한다.

코샤리 Kosheri

가벼운 스낵류인 코샤리는 이집트에서 가장 대중적인 음식이다. 코샤리는 쌀, 스파게티, 콩, 마카로니를 섞은 다음 소금, 후추, 양파, 마늘 등으로 간을 맞추고 토마토 소스를 얹어서 만드는데, 양도 많고 가격이 저렴해 서민들이 즐겨 먹는다.
가격은 식당에 따라 차이가 나지만, 간이 판매대에서는 2~3이집트파운드, 정식 메뉴를 선보이는 일반 음식점에서는 5~10이집트파운드 정도면 푸짐하게 맛볼 수 있다.

사마크 Samak

생선 요리인 사마크는 알렉산드리아, 아스완, 홍해 해변과 시나이 반도에서 맛볼 수 있으며 일반적으로 감자, 샐러드, 빵과 함께 내놓는다. 이용하는 생선의 종류는 도미부터 농어까지 매우 다양하다. 손님들은 음식을 만들기 전에 원하는 생선을 직접 고를 수 있는데, 이 경우에는 대부분 무게를 재서 계산한다. 이집트에서는 생선 외에도 오징어, 새우, 문어 등을 이용해 사마크를 만들기도 한다.

빵 · 샌드위치

이집트 음식과 전채에서는 이집트 식 빵인 에쉬를 많이 사용하는데, 에쉬는 밀가루의 종류에 따라 에쉬 샴시와 에쉬 발라디의 두 종류로 나뉘어진다. 에쉬로 만드는 가장 대중적인 샌드위치는 이집트 콩 요리인 후르를 넣은 것으로, 거리의 음식점인 간이 판매대에서 흔히 맛볼 수 있다. 후르 외에도 훈제 소고기인 바스투르마, 치즈, 저민 고기, 작은 새우, 타히나 등을 샌드위치에 넣어 먹기도 한다.

CHECK

전채와 패스트푸드

트루시	무, 순무, 오이, 당근을 섞어놓은 샐러드의 일종으로, 식사 전에 먹으면 입맛을 돋우어 준다.
후 르	기름과 레몬으로 요리하는 누에콩 요리인데, 양파, 고기, 계란이나 토마토 소스를 첨가하기도 한다.
타메이야	잘게 썬 고기를 향신료, 완두콩과 섞어 반죽한 다음 기름에 튀겨낸 음식
타히나	다양한 양념, 마늘, 레몬을 섞어 만드는 깨 소스
홈모스	깨 소스인 타히나, 마늘, 레몬을 섞어 만든 풋콩 소스
바바가누크	가지와 깨 소스인 타히나를 삶아서 으깬 반죽
샤크슈카	잘게 썬 육류와 토마토 소스를 섞은 다음 위에 계란을 얹은 요리
마카로나	잘게 썬 양고기와 육즙, 토마토 소스 등을 마카로니와 함께 반죽해 구운 음식으로, 맛이 담백한 편이다.
마후시	잘게 썬 고기에 쌀, 허브, 잣을 넣어 반죽을 만든 다음, 그 반죽으로 토마토, 가지, 서양 호박 등 다양한 채소의 속을 채운 음식이다.

치즈 · 견과류 · 케이크

이집트에서 맛볼 수 있는 치즈는 크게 두 가지 종류로 나뉜다. 첫 번째는 그리스 치즈인 페타와 비슷한 기브나 베다이고, 두 번째는 단단한 노란색 로마 식 치즈인 기브나 루미이다.

한편, 마아라라고 불리는 견과류 상점에서는 1년 내내 다양한 견과류와 씨앗을 판다. 그중 가장 대중적인 씨앗류인 호박씨는 리브 아부야드라고 한다. 풋콩인 홈모스는 불에 구운 다음 설탕을 입히거나 말린 후 소금을 뿌리기도 하는데 주로 무게를 달아 판다. 견과류 상점에서는 사탕과 생수도 구입할 수 있다.

케이크는 값비싼 카페의 제과점이나 거리의 간이 판매대에서 구입할 수 있다. 꿀, 견과류, 밀가루 반죽을 버무려 만든 바시부사, 반죽한 밀을 잘게 만들어 요리하는 카티프 등은 그리스와 터키의 영향을 받은 간식이다. 그 밖에도 설탕을 넣은 쌀이나 옥수수에 피스타치오를 얹은 케이크인 마하라비야나 콘프레이크에 우유, 설탕, 코코넛, 시나몬을 넣어 먹는 움무 아리가 유명하다.

과일

이집트에서는 계절의 변화에 따라 다양한 종류의 과일이 생산된다. 그중 오렌지, 바나나, 석류는 겨울에 많이 나고, 3월이 오면 제철 과일로 딸기가 나오기 시작한다. 여름철에는 망고, 멜론, 복숭아, 자두, 포도를 즐길 수 있으며, 8월부터 9월까지는 선인장 식물의 열매인 가시 있는 배가 눈에 많이 띈다. 사과는 외국에서 수입되므로 값이 비싼 편이다.
대부분의 과일들은 길거리 좌판에서 살 수 있는데, 주스 바에서는 과일을 갈아 주스로 마시기도 하고 생과일 주스에 우유를 넣어 쉐이크를 만들어서 먹기도 한다. 천연 과일주스는 더운 날씨로 쌓인 피로와 갈증 해소에도 도움이 되므로 자주 마셔 주는 것이 좋다.

과일의 아랍 어 표현

과 일	아랍 어 표현	과 일	아랍 어 표현	과 일	아랍 어 표현
사과	투파푸	대추야자	바라푸	멜론	샴맘
살구	미슈미슈	무화과 열매	틴	수박	비티푸
바나나	모즈	선인장 열매	샤우키	딸기	파라우라
땅콩	후르 스다니	아몬드	로즈		

음료

전체 인구의 90%가 이슬람 교도인 이집트에서는 대부분의 사람들이 술보다는 주로 차, 커피, 생과일주스, 청량음료를 마신다. 특히, 이집트 인들은 차를 마시며 이야기하는 것을 좋아하기 때문에, 차 문화는 일상생활과도 밀접한 관련이 있다.

차

이집트를 대표할 만한 음료로는 '샤이Shay' 라고 발음되는 이집트 식 차를 꼽을 수 있다. 이집트 사람들이 물 다음으로 가장 많이 즐겨 마실 만큼 인기 있는 음료이다. 샤이는 홍차 잎을 끓여 만드는데, 취향에 따라 설탕이나 우유를 넣어 마신다. 일부 카페에서는 잎을 직접 끓이는 대신 홍차 티백을 이용하기도 한다.
샤이의 한 종류로 '샤이 비나아나아' 라고 불리는 민트 티는 날씨가 뜨거운 날 마시면 좋다. 허브를 우려낸 차로는 콩과 식물인 호로파로 만드는 밝은 노란색 차인 헬바Helba, 이집트 식으로는 '이르파' 라고 발음하는 시나몬 차 등이 있다.

커피

아랍 어로 '이호화' 라고 부르는 커피는 전통적인 터키 스타일로 작은 컵이나 유리잔에 담겨 나온다. 종류는 당도에 따라 다양한데, 설탕을 넣지 않은 사다Saada, 약간 단 아리하Ariha, 당도가 보통인 마즈부트Mazboot, 가장 달콤한 지야다Ziyaada 등이 있다. 가끔씩 생강과 식물인 카다몬 씨앗을 넣어 향을 더하기도 한다.

관광객들이 이용하는 대부분의 커피숍에서는 네스카페나 커피 분말로 만든 유럽 식 커피도 제공하는데, 커피에 넣을 우유의 양은 주문 시 선택할 수 있다. 고급 호텔과 레스토랑의 경우 에스프레소 기계가 있어 에스프레소를 마실 수 있다.

카르카디아

차와 커피의 뒤를 이어 이집트를 대표하는 세 번째 음료는 카르카디아이다. 카르카디아는 하이비스커스 꽃을 우려낸 짙은 붉은색 차로 차게 마시기도 하고, 따뜻하게

[이집트에서 자주 볼 수 있는 주스 바]

마시기도 한다. 대부분의 지역에서는 하이비스커스 꽃의 추출물을 이용해 차를 우려내지만, 룩소르와 아스완에서는 하이비스커스 꽃을 직접 사용해 만들어 맛이 뛰어난 카르카디아를 마실 수 있다.

[CHECK]

차는 어디서 마실까?

이집트의 커피 하우스나 티룸은 현지 남성들이 즐겨 찾는 장소로 여성들에게는 배타적이다. 외국인 여성의 경우 입장을 금하지는 않겠지만 이집트 남성들의 시선에 불편한 느낌을 받을 수도 있다. 편안한 분위기에서 차나 커피를 마시고 싶은 여성 여행객이라면, 이집트 여성들이 즐겨 찾는 제과점 겸 카페를 이용하는 것이 좋다.

과일주스 · 탄산음료

이집트에서는 다양한 과일을 진열해 놓은 주스 바를 자주 볼 수 있다. 이곳에서 과일주스를 주문하고 카운터에서 계산을 하면 플라스틱 표를 주는데, 자신의 차례가 왔을 때 이 표를 내면 음료수를 받을 수 있다. 이집트의 과일주스는 오렌지, 바나나, 망고, 딸기, 당근, 석류, 코코넛, 사탕수수 등 제철 과일을 직접 갈아서 만들며, 몇 가지 과일을 섞어서 주문할 수도 있다. 코카콜라나 환타, 세븐업 등 서양식 탄산음료의 경우 대부분 돈을 치르는 곳에서 마신 후 병을 돌려주어야 한다.

주류

이집트에서는 주류의 판매가 제한적이기 때문에, 각 지역 내 일부 상점에서는 주류를 구입할 수 있지만 일반적으로 주류 판매점을 찾기가 쉽지 않다. 그중에서도 이슬람 원리주의자들이 많은 지역인 중앙 이집트 및 서쪽 사막의 오아시스를 방문하거나, 예언자 마호메트의 생일인 마우리드 안 나비를 비롯한 종교적인 축일이 되면 술의 판매는 더욱 엄격하게 제한된다. 이집트에서는 공공장소에서 술에 취하는 일을 엄격하게 금지하며, 덥고 건조한 기후로 인해 탈수증세를 일으키기 쉬우므로 되도록 음주는 자제하는 것이 좋다.

맥주 · 와인

이집트 내에서 가장 소비량이 많은 술인 맥주는 이집트 인들이 파라오 시절부터 이용해 왔던 술이라고 한다. 현재 판매되는 이집트 맥주 중에서는 스텔라Stella가 가장 대중적인데, 도수가 그리 높지 않은 병맥주이다. 스텔라 맥주 중 내수용인 노란색 라벨은 1병당 5~6이집트파운드 정도로 저렴한 데 반해, 수출용으로 생산되는 파란색 라벨의 스텔라 엑스포트Stella Export는 9~15이집트파운드로 내수용보다 비싸고 병의 크기도 더 작다.

그 밖에도 봄철에 주로 생산되는 진한 흑맥주인 마르젠Marzen과 아스완에서 제조되는 흑맥주인 아스왈리Aswali 등 다양한 현지 맥주들이 있다. 수입 맥주는 15~20이집트파운드 사이로 값이 비싸며 고급 바, 호텔, 레스토랑에서만 찾을 수 있다.

이집트에서 가장 흔히 볼 수 있는 와인은 레드 와인인 오마르 키얌Omar Khayyam, 화이트 와인인 크뤼 데 프톨레메Cru des Ptolémées, 로제 와인인 뤼비 데집트Rubis d'Egypte 등이 있다. 1999년 생긴 오벨리스크라는 회사에서 루즈 데 파로아Rouge des Pharoahs라는 질 좋은 로제 와인을 생산하지만, 오벨리스크의 로제 와인은 생산량이 많지 않은 편이다. 레스토랑에서 마실 경우, 현지 와인은 1병당 35이집트파운드 정도 한다.

EGYPT **SPECIAL**

역 사

[이집트의 역사와 문화를 이해하면 이집트 여행은 더 큰 의미를 선사한다. 사진은 룩소르의 유적 발굴 모습.]

피라미드와 미라만을 보기 위해 이집트를 가는 사람들은 이집트의 역사를 자세히 알 필요가 없을지도 모른다. 고대 이집트가 인류 4대 문명 발상지로서 아무리 무궁무진한 신비감을 자아낸다고 해도, 간단치 않은 이집트의 긴 역사를 모두 이해해야만 이집트 관광을 흥미 있게 할 수 있는 것은 아니다. 하지만 결코 적지 않은 비용과 시간을 투자한 이집트 여행에 오를 때 약간의 지식이라도 갖추지 않고 떠난다면, 이집트 여행은 사진에서 본 피라미드나 영화에 등장한 미라를 현장에서 실물로 확인하는 정도의 여행에 그치고 말 것이다. 이런 여행은 큰 의미가 없다.

이집트 역사를 이해하기 위한 사전 지식 5가지

성경에 나오는 이집트

기독교 인들에게는 고대 이집트가 결코 낯선 나라인 것만은 아니다. 성경에서 흔히 애굽으로 기록된 곳이 바로 이집트이고 왕이라고 불리던 인물들이 바로 파라오들이다. 구약을 보면 형제들에 의해 야곱이 이집트로 팔려가는 이야기가 나온다. 야곱은 이집트에서 아이디어를 내어 기아로부터 이집트를 구하고 후한 상을 받는데, '야곱의 창고'로 묘사된 창고가 바로 기자의 피라미드이다. 베르디의 오페라 〈나부코〉 3막에 나오는 유명한 '히브리 노예들의 합창'이 일러주듯 히브리 인들은 계속해서 이집트의 침략을 받아 많은 이들이 노예로 팔려가곤 했다. 신약성경에서 이집트는 헤롯 왕의 유아 살해를 피해 성모 마리아가 요셉과 함께 아기 예수를 데리고 이집트로 피신한 이야기의 무대로 등장한다.

나폴레옹의 이집트 원정

1789년 일어난 프랑스 혁명의 여파로 유럽의 왕국들과 전쟁을 하고 있던 프랑스는 나폴레옹을 사령관으로 임명하여 이집트 원정을 감행한다. 영국과 인도의 교역로를 차단하기 위한 원정이었다. 넬슨 제독이 이끄는 영국 함대에 패해 실패로 돌아갔지만, 함께 대동하고 간 160명에 이르는 학자, 예술가들을 통해 유럽 전체에 이집트 붐을 불러일으키고 이집트 학(學)을 태동시켰다. 황후 조제핀과의 친분을 이용해 루브르 초대 관장을 지낸 비방 드농(1747~1825)이 대표적인 인물이며, 이들의 업적이 없었다면 로제타 석을 해석해 낸 샹폴리옹도 존재할 수 없었다. 나폴레옹이 황제가 된 이후 이집트 예술은 제정 양식을 지배하는 중요한 양식으로 자리잡는다. 파리 시의 공공 기념물, 왕궁의 실내장식은 물론이고 가구에도 스핑크스 등이 문양으로 이용될 정도였다. 그러나 이러한 이집트 붐은 이집트의 각종 유물이 도굴되고 유적지가 훼손되는 슬픈 역사가 시작되는 계기가 되기도 했다. 현재 이집트의 오벨리스크는 파리, 런던, 로마, 뉴욕 등 세계 열강의 수도 곳곳에 꽂혀 있다. 심지어 유럽에서는 한때 미라의 가루가 만병통치약으로 여겨져 고가에 팔리기도 했다.

이집트 학의 성립

샹폴리옹이 로제타 석을 해독해낸 것은 그의 탁월한 천재성 덕분이지만, 그에게 기회를 주고 자료를 제공한 인물들이 없었다면 불가능했다. 나폴레옹을 수행한 학자 중 한 사람이었던 수학자 푸리에, 그에게 수많은 자료를 수집해서 가져다 준 드로베티 그리고 1828년 샹폴리옹이 이집트를 직접 찾아갈 수 있도록 프랑스 정부를 설득해 준 벨조니 등의 도움을 받아 이집트 학이 태동하게 된 것이다.
이후 이집트 학은 선구자적인 고고학자와 탐험가들에 의해 비약적인 발전을 하게 되는데, 대표적인 인물이 프랑스의 오귀스트 마리에트(1821~1881)이다. 현재 카이로에 있는 이집트 박물관을 만든 사람이 바로 마리에트다. 이어 유명한 사건으로 기록되어 있는, 1922년 투탕카멘의 황금 마스크의 발굴 작업을 주관한 영국인 하워드 카터도 이집트 발굴사에서 빼놓을 수 없는 인물이다. 하지만 이들의 작업은 말 그대로 빙산의 일각일 뿐, 지금도 이집트 유물들은 계속 발굴되고 있으며 외신란을 채우는 중요한 뉴스거리다.

종교와 떼어놓을 수 없는 이집트 역사

고대 이집트 인들은 자신들의 삶이 매년 같은 리듬을 반복하는 태양과 나일 강에 의해 좌우된다는 것을 알았다. 어느 해는 풍년이 왔고 어느 해에는 흉년이 지기도 했다. 태양이 지나치게 내리쬐면 가뭄이 들어 흉년이 들었고 나일 강의 수량이 늘어나

© Photo Les Vacances 2007

[로제타 석. 이곳에 그리스 어 기록이 남아 있지 않았다면 상형문자 해독도 불가능했을 것이다.]

홍수가 지면 역시 흉년을 불러왔다. 태양과 나일 강이 서로 조화를 이루어야만 풍년이 든다는 것을 이집트 인들은 절실하게 깨달았다. 태양과 나일 강이 만들어내는 반복되는 자연의 움직임은 이집트 인들에게 생명과 죽음 그리고 부활을 예민하게 받아들이도록 했다.

이집트 인들은 태양이 매일 지고 뜨는 것을 죽음과 부활로 보았으며 나일 강 역시 죽은 땅에 다시 생명을 가져다 주는 부활로 인식했다. 이 모든 현상을 그들은 초월적 존재의 힘과 의지가 있어서 가능한 것으로 받아들였다. 태양이 뜨고 지는 것처럼, 또 매년 다시 생명을 가져다 주는 나일 강처럼 이집트 인들은 인간도 죽었다가 다시 살아난다고 믿었던 것이다. 고대 이집트의 모든 것은 바로 이러한 세계 인식에서 출발했다. 따라서 신을 모시는 신관이 파라오 다음가는 권력을 거머쥐고 있었고, 또 미라와 왕의 무덤을 비롯한 장례 예술과 건축이 인류 역사상 가장 화려하게 꽃피었다. 파라오와 신관들은 즉위를 하거나 임명을 받으면 가장 먼저 자신들의 무덤 공사를 시작했다고 한다.

고대 이집트 역사의 가장 큰 분수령, 알렉산드로스 대왕의 이집트 정복

고대 이집트의 역사는 대부분의 다른 나라의 역사처럼 왕국, 왕조, 파라오별로 상세히 시대구분되어 있다. 자세히 세분되어 있는 이집트 역사 전체를 한눈에 볼 수는 없지만, 기원전 332년 마케도니아의 알렉산드로스 대왕의 침공 이후 시작된 프톨레마이오스 왕조를 기억해 둘 필요가 있다. 독사를 이용해 스스로 목숨을 끊은 유명한 클레오파트라가 바로 이 프톨레마이오스 왕조의 마지막 파라오였다. 알렉산드로스 대왕의 이집트 정복과 그로부터 시작된 프톨레마이오스 왕조는 고대 이집트 역사의 가장 큰 분기점이다.

약 300년 간 지속된 프톨레마이오스 왕조가 중요한 이유는 고대 이집트 문명이 전혀 다른 문명인 지중해의 그리스 문명과 이후 로마 문명을 만났다는 점에서도 그렇지만 무엇보다 시대구분을 포함해 많은 기록들이 고대 이집트 문명을 증언해 주고 있기 때문이다. 사실 그리스 인들이 이집트를 정복하지 않았다면, 이집트라는 나라 이름은 물론이고 피라미드, 오벨리스크 같은 기념물의 이름에서부터 카이로나 헬리오폴리스 같은 중요한 도시 이름조차 존재하지 못했을 것이다. 왜냐하면 이 모든 이름들은 그리스 인들이 고대 이집트를 정복하며 붙인 그리스 식 이름들이기 때문이다. 나아가, 19세기 초인 1822년 프랑스의 역사언어학자인 샹폴리옹이 상형문자 체계를 해독해 낼 때 자료로 사용한 로제타 석에 그리스 어 기록이 남아 있지 않았다면 그의 작업은 불가능했다. 따라서 고대 이집트 역사는 알렉산드로스 대왕의 이집트 원정을 중심으로 전후 두 시기로 크게 양분할 수 있다.

이집트 역사는 그리스 문명과 로마 문명을 만나면서 영원히 사장될 위험에서 벗어나긴 했지만, 동시에 이는 장구한 세월 동안 지속된 파라오 시대의 이집트 문명이 지극히 세속적이고 인간적인 그리스와 로마 문명에 의해 압도당하는 것을 의미하기도 했다. 지중해 연안에 있는 알렉산드리아가 모든 고대 이집트 도시들을 압도하며 제1의 도시로 부상한 것도 이때이다.

이집트 역사의 시기별 특징

고대 이집트

선사시대인 석기시대와 알렉산드로스 대왕의 지배가 시작된 그리스 점령기의 프톨레마이오스 왕조를 빼면, 고대 이집트 역사에서는 총 31왕조가 지속되었고 이 왕조를 통해 모두 154명의 파라오가 약 3천 년 역사를 통치했다. 파라오 왕국 시대는 다시 초기 왕국, 고왕국, 제1중간기, 중왕국, 제2중간기, 신왕국, 제3중간기 및 후기 왕조로 세분된다. 3차례 반복된 중간기는 파라오나 왕조가 있었지만 기근과 전염병,

외적의 침입 그리고 제관과 지방 호족들의 득세 등이 동시에 겹쳐지면서 이집트 전체가 총체적 위기를 맞았던 극심한 혼란기를 지칭한다.

고왕국 Old Kingdom (B.C. 2649~2151)

상하 이집트로 분열되어 있던 이집트가 통일되면서부터 멤피스를 수도로 삼아 시작된 고왕국 시대에는 유명한 기자의 대 피라미드들이 건축되며, 고대 이집트의 신화와 정치의 모습을 일러주는 중요한 텍스트인 〈피라미드의 서〉가 피라미드 내부에 새겨진다. 처음으로 왕들을 파라오로 부르기 시작한 것도 이때로 강력한 중앙집권 체제가 확립된 시기이다.

중왕국 Middle Kingdom (B.C. 2065~1781)

제11, 12왕조에 걸쳐 있는 중왕국은 이집트 역사에서 제2의 중흥기를 맞이한 시기이다. 당시 이집트의 영향은 남으로는 수단에, 북으로는 지중해와 리비아, 그리스까지 널리 퍼져나갔다. 이 당시는 오시리스 신이 가장 경배를 받던 시기이다. 수많은 순례자들이 오시리스 신전을 찾아왔다. 오시리스는 예술과 농경을 가르쳐준 신으로 가장 사랑을 받았던 신이었다. 또한 오시리스는 빵, 맥주, 포도주 제조법도 가르쳐 준 신으로 숭상되었다. 오시리스의 부인인 이시스 여신 역시 사랑을 받았는데 이집트 인들에게 이시스 여신은 곡식을 빻는 절구와 옷감을 짜는 베틀을 가져다 준 여신으로 인식되었다. 중왕국 시대는 오시리스, 이시스, 호루스로 이루어진 이집트 신화의 가장 핵심적 신들을 믿는 삼신 신앙이 가장 널리 퍼졌던 시기였다. 중왕국 역시 고왕국 때와 마찬가지로 후기에 일대 혼란기를 맞이해 멸망하고 만다. 내부 권력투쟁도 한 원인이었지만 무엇보다 외적인 힉소스 족의 침입을 받은 것이 주요 원인이었다.

신왕국 New Kingdom (B.C. 1550~1075)

신왕국은 이집트의 문명이 군대의 원정과 활발한 외교정책에 힘입어 근동 일대는 물론이고 지중해 너머까지 가장 널리 퍼져나갔던 시대이다. 금과 은, 상아, 각종 향신료와 귀한 원목을 실은 대상들이 신왕국의 수도였던 테베로 몰려들었다.

당시 가장 숭배받던 신은 아몬 신이었다. 신들의 신으로 추앙된 아몬 신에게는 이런 이유로 태양신인 레의 이름이 첨가되어 흔히 아몬 레Amon-Re로 불렸다. 엄청난 규모의 아몬 신전들이 건립된 것도 이 무렵이다. 특히, 제18왕조의 아메노피스 3세 시대에 들어 건축은 최고조에 달했고 룩소르의 신전이 건립된 것이 바로 이때다.

신왕국에서 가장 화려했던 왕조였던 제18왕조는 또한 이집트가 가장 개방된 때이기도 해 동방이나 지중해 인근의 나라로부터 많은 새로운 문물과 가치관들이 유입된 시기이기도 하다. 조각에서도 신체적 단점까지 과감하게 묘사할 수 있도록 허락되어 사실주의가 전형화된 조각에 새로운 바람을 불어넣었다. 동시에 아몬 신 대신 유일신인 아톤을 섬기는 종교개혁이 일어났다.

신왕국에서는 이집트 파라오 중 가장 유명하고 가장 오래 통치한 람세스 2세의 시대인 제19왕조가 도래한다. 람세스 2세(기원전 1279~1212)는 무려 67년 동안이나 이집트를 통치했던 전설적인 파라오였다. 기자의 대 피라미드를 제외한 현재 이집트를 관광하면서 볼 수 있는 기념물이나 신전 등은 모두 이 당시에 건설된 것들이다. 특히, 람세스 2세의 카데쉬 전투에서의 승리 장면은 이집트 각지에 있는 신전을 장식하고 있다. 이 당시의 대표적인 유적이 아스완 인근의 아부 심벨과 룩소르 신전이다. 람세스 왕조이기도 했던 제20왕조는 람세스 11세를 마지막으로 멸망하고 만다. 이때가 기원전 1075년이다.

프톨레마이오스 왕조 Ptolemaeos (기원전 332~30)

기원전 332년 마케도니아 왕국의 알렉산드로스 대왕이 이집트를 침공해 페르시아인들로부터 이집트를 해방하지만 이어 이집트는 이제는 알렉산드로스 대왕의 무장이었던 프톨레마이오스가 세운 새로운 왕조의 지배를 받게 되면서 그리스 문명의 영향권 속으로 들어가고 만다. 프톨레마이오스 치세 말기는 고대 세계사의 유명한 인물들인 카이사르, 안토니우스, 옥타비아누스, 클레오파트라 등이 등장하는 시기로 악티움 해전에서의 패전으로 인해 이집트는 로마 제국의 속주가 된다.
알렉산드로스 대왕이 기원전 323년 숨을 거두자 그의 동생과 아들이 잠시 통치를 했지만 이어 곧 수하 장군이었던 프톨레마이오스가 권력을 쥐게 되면서 기원전 306년부터 프톨레마이오스 왕조가 시작된다.
프톨레마이오스는 용병들을 고용해 이집트 각지에 배치했고 자연히 용병들은 현지인들과 섞여 살았다. 이렇게 해서 태어난 2세들은 이집트 이름과 그리스 이름을 갖게 되었고 마을 이름도 그리스와 이집트 식으로 함께 불리게 된다. 헤르모폴리스(헤르메스의 도시), 헤라크레오폴리스(헤라클레스의 도시) 등의 이름들이 대표적인 예들이다. 프톨레마이오스 왕조 시대의 최대 유적지는 현재 이집트 제2의 도시인 알렉산드리아이다. 멤피스 같은 이집트 도시는 물론이고 아테네마저도 능가하는 지중해 최대의 도시가 된 알렉산드리아는 무엇보다 지중해 문화와 학문의 중심지였다. 프톨레마이오스 2세는 이집트 학자들로 하여금 이집트 문학을 그리스 어로 번역하게 했고 저술 활동도 지원했다. 그 결과 나온 가장 중요한 업적이 마네톤이 이집트사에 왕조사 개념을 도입하여 쓴 이집트 역사다.
당시 이집트 알렉산드리아에 머물렀던 학자들을 보면, 고대 최고의 지리학자인 에라토스테네스(기원전 276~194), 기하학자로 흔히 유클리드로 불리기도 하는 에우클레이데스(기원전 3세기), 그리고 아르키메데스(기원전 287~212) 등을 들 수 있다. 인문과학자들로는 테오크리토스(기원전 315~250), 칼리마코스(기원전 315~240)가 있다. 지리학자인 에라토스테네스는 당시 이미 지구의 둘레를 계산해 냈는데 그 오차가 80km에 지나지 않았다. 에우크레이데스의 〈기하학 요강〉은 지금까지도 모든 기하학의 근거로 자리잡고 있는 책이다. 대수학자 아르키메데스는 아르키메데스의 원리로 유명한 학자인데 나사를 발명하기도 했다. 이미 당시 천문학자들은 고대 이집트의 역법을 정리해 르네상스 이후 그레고리력으로 대체될 때까지 전 유럽에서 사용되던 율리우스 달력의 기초를 만들어 냈다. 카이사르가 이집트를 정복한 후 알렉산드리아의 역법을 로마 제국에 도입한 것이 바로 율리우스력이다.
당시 알렉산드리아에 들어와 살던 그리스 인 다음으로 많은 인구를 갖고 있던 유대인들이 구약을 그리스 어로 번역하는 작업을 벌였고 이는 서구의 기독교사를 지배하는 큰 사건이었다. 12지파로 이루어진 유대인들은 각 지파에서 6명씩의 학자를 모아 72명으로 번역단을 구성해 구약을 그리스 어로 번역한 것이다. 당시 이루어진 번역을 흔히 〈70인역〉이라고 부른다. 프톨레마이오스 왕조 시대의 이집트 종교와 유대교 사이에는 많은 유사성이 발견되는데, 이는 유대인과 이집트 인의 교류가 활발했기 때문에 충분히 이해할 만한 일이다. 대표적인 예만 들어보면, 죽은 자의 심장의 무게를 잰다는 표현과 흙으로 인간을 창조하는 모습 등이 이집트 신화와 구약의 대표적인 공통점들이다.
프톨레마이오스 왕조의 마지막 왕은 그 유명한 클레오파트라 7세이다. 이 여왕은 자신의 남동생인 프톨레마이오스 13세와 결혼을 해 공동으로 이집트를 통치했다. 당시 이집트는 이미 기원전 51년, 카이사르가 이끄는 로마 제국의 점령을 당해 폼페이우스의 관할 지역이었다. 기원전 47년 클레오파트라는 카이사르 편에 섰는데, 동생이자 남편인 프톨레마이오스 13세가 로마 인에 대항해 싸우다 숨을 거두자 이번에는 다른 동생인 프톨레마이오스 14세와 결혼을 했다. 기원전 42년 클레오파트라는 이집트를 통치하기 위해 이번에는 안토니우스와 손을 잡는다. 이 결탁에는 두 사람의 전설 같은 사랑 이야기가 중요한 역할을 했다. 3명의 자식이 태어났지만 안토니우스는 로마와 결별을 해야만 했다. 자신의 시신을 알렉산드리아에 묻어달라는 말에 격분한 로마는 옥타비아누스를 선봉으로 이집트를 침공해 들어왔다. 이 전투가 그 유명한 악티움 해전이다. 이 전쟁에서 클레오파트라와 안토니우스가 이끄는 병력은 패퇴하고 클레오파트라는 독사에 가슴을 물게 하는 방법으로 숨을 거둔다. 이렇게 해서 알렉산드로스 대왕의 침공에서부터 시작되어 300년 간을 이어져 내려오던 프톨레마이오스 왕조는 종말을 고하게 되고 로마 점령기가 시작된다.

로마 제국의 점령기 Roman Period (기원전 30~서기 313)

기원전 30년경부터 시작된 로마의 점령은 약 300년 동안 지속된 프톨레마이오스 왕조와는 다른 양상을 보였다. 우선 정치적으로 이집트는 로마 제국의 한 속주에 지나지 않았고 로마에서 파견된 행정관에 의해 통치되었으며, 무엇보다 로마 인들은 중요한 곡창지대로 로마 제국의 식량 창고 역할을 하고 있던 이집트에서 많은 물자들을 실어갔다.
이 외에도 황제들의 실정과 폭정이 계속되었다. 막대한 전비를 마련해야 했던 로마는 무차별적인 징세 정책을 썼기 때문에 이집트는 그야말로 완전히 황폐해져 버렸다. 당시 이집트 인들에게 '로마'라는 단어는 곧 군인과 세리만을 떠올리게 하는 단어였을 뿐이다. 하지만 로마 인들은 고대 이집트의 높은 문명에는 경외심을 갖고 있었던 터라 특히 이시스 여신을 숭배하는 종교는 로마에서도 크게 유행했다.
로마 점령 초기는 초기 기독교 시대이기도 한데, 이집트에서 기독교는 마가복음을 쓴 성 마가가 알렉산드리아에서 포교를 하다 순교하면서 시작된다. 이후 여러 명의 신학자들이 등장해 활동하며 이후 유럽 신학과 철학의 기초가 되는 일대 논쟁이 정치적 투쟁과 함께 진행된다. 이집트의 초기 기독교 시대는 이러한 신학 논쟁 이외에 로마 황제들의 박해로 특징지을 수 있는 시기이기도 했다. 많은 이들이 순교하거나 사막으로 들어가 숨었고, 가짜 증명서를 만들어 신분을 숨기기도 했다. 기독교 박해는 312년 콘스탄티누스의 기독교 개종 이후 사라진다.
이집트는 이어 콘스탄티누스 황제가 현재의 이스탄불인 콘스탄티노플로 천도하면서 시작된 비잔틴의 영향권 안에 들어간다. 30m의 오벨리스크도 옮겨 왔고 원래 이름이었던 비장스도 황제의 이름을 따서 '콘스탄티누스의 도시'라는 뜻의 콘스탄티노플(현재의 이스탄불)로 바뀐다. 이는 곧 알렉산드리아의 쇠망을 의미하는 것이기도 했다. 이집트 기독교도들은 예수의 신성과 인간성을 둘러싼 논쟁이 권력투쟁의 양상을 띠어가면서 콘스탄티노플의 영향력에서 벗어나 독자 교회를 갖기에 이른다. 이집트 독자 교회를 콥트 교라고 부른다. 원래는 그리스 어로 이집트를 뜻하는 아이깁티오스Aigyptios의 아랍 어 표현인 키브트Qibt에서 온 말이다. 동시에 이집트에서 비잔틴이 기울고 이슬람 시대가 열리는 시기가 다가오고 있었다.

이슬람 시대 (640~1805)

파티마 왕조 Fatima

이슬람 시대는 파라오 시대 이후 가장 오랫동안 지속된 이집트의 역사이며 현재도 이집트는 이슬람 국가이다. 이슬람 교가 이집트에 들어와 국교가 된 것은 지금부터 약 1500년 전의 일이다. 서기 640년 아므르 장군이 이끄는 회교군은 비잔틴 군을 격파하고 삼각주와 알렉산드리아로 향하는 관문인 바빌론을 점령한다. 정복 이후 아랍 어가 그리스 어를 대체하기 시작했고 급기야 콥트 어는 사라지고 만다.
이슬람은 잠시 동안의 혼란기를 거친 후 바그다드를 수도로 하는 강력한 국가를 세운다. 광활한 이슬람 제국을 통치하기 위해 투르크 족들이 상당수 용병으로 고용되었고 이들에게는 자율권과 함께 충성의 대가로 땅이 주어졌는데, 이집트 역시 이렇게 해서 투르크 족의 수중에 들어가게 되었다. 이때가 서기 832년으로 이집트는 이슬람 군대의 봉토가 된 것이다. 한편, 튀니지에 근거를 두며 시아 파 교도들을 이끌고 있던 북아프리카의 파티마 왕족은 두 번에 걸쳐 이집트를 침공해 왔고 마침내 969년 이집트를 점령하고 만다. 이는 예언자 마호메트의 딸인 파티마를 유일한 마호메트의 후계자로 여기고 있던 그들이 이집트를 지배하고 있던 수니 파를 정복한 것을 의미했다. 승리의 여신을 뜻하는 알 카이라Al-Qahira라는 이름으로 현재의 카이로가 수도로 정해진 것도 바로 이때다. 카이로라는 이름은 이탈리아 상인들이 알 카이라를 그들 식으로 부른 데서 유래했다.
시아파인 파티마 왕조는 수니 파, 기독교, 유대교도 등 종교를 가리지 않고 등용하는 관용을 보였다. 그 결과 이미 중국까지 진출한 아랍 상인들의 교역이 활발하게 이루어져 당시 카이로는 국제적인 상업 도시로 발달했다. 그러나 이슬람 정권도 누이동생과 권력투쟁을 벌인 폭군 알-하킴(996~1021), 용병으로 와 있던 투르크 인들과의 전쟁, 내부 혼란 등으로 큰 위기를 맞이하다가 서구 기독교 국가들의 십자군 원정을 당하게 된다.

십자군과의 투쟁, 살라딘의 아유브 왕조 Ayyub

십자군이 침공해 오자 인근의 이슬람 국가들을 통일한 모술의 잔지드 족은 12세기 초 성전인 지하드를 선포한다. 십자군에게 있어서나 지하드 군에게 있어서나 전설과 풍요의 고장이지만 약화될 대로 약화된 이집트를 확보하는 것은 승리의 관건이었다. 이런 상황에서 이집트를 지배하고 있던 파티마 왕조는 1169년, 새롭게 떠오른 잔지드 족의 장군 살라흐 알 딘 유수프 알 아유비, 즉 흔히 살라딘Saladin으로 불리는 장군 휘하에 들어간다. 살라딘은 시아 파를 제거하고 1171년 수니 파를 이집트의 공식 이슬람 지파로 인정한다. 이때부터 이집트는 1952년 혁명으로 공화국이 선포될 때까지 터키의 지배를 받게 된다.
살라딘이 십자군에 대항해 싸우는 장면은 2005년 개봉된 리들리 스콧 감독의 영화 〈킹덤 오브 헤븐Kingdom of Heaven〉에서 잘 묘사된 바 있다. 살라딘은 십자군과 성전을 치르는 한편, 자신의 권력을 장악해 나갔다. 현재 카이로 이슬람 지구에 있는 성채가 바로 이 당시 대대적으로 개축된다. 수니 파 출신의 관료를 교육하는 교육기관이 설립된 것도 이때인데, 시아 파는 철저하게 소외당했다. 이 왕조를 아유브 왕조라고 한다.
살라딘은 시리아와 이집트를 통일하면서 십자군에 맞섰다. 1189년 제3차 십자군 원정군을 맞아 승리함으로써 예루살렘과 팔레스타인을 되찾은 살라딘은 아랍 민족의 영웅으로 대접받게 된다. 십자군은 사자왕 리처드와 프랑스 왕 필립 오귀스트 등의 지휘로 전쟁을 치렀지만 전쟁은 승패를 가릴 수 없는 혼전만 계속되고 있었다. 마침내 1192년, 양쪽은 휴전에 합의했다. 살라딘은 1193년 이슬람 국가들을 통일하고 프랑크 족의 침공을 막아냈다는 긍지를 간직한 채 숨을 거둔다.

맘루크 왕조 Mamluk

이어 맘루크 왕조가 들어선다. 이집트와 시리아 일대를 지배한 투르크 계 이슬람 왕조(1250~1517)인 맘루크 왕조는 전 왕조인 아유브 왕조 하에서 용병과 노예로 고용되었던 계층에서 출발한 왕조다. 원래는 백인 노예를 뜻하는 아랍 어였는데, 노예 용병이었던 아유브 왕조의 군사령관을 지내다가 왕조를 창건한 아이베크의 신분에서 유래된 이름이다.
흔히 전기 '바하리 맘루크 왕조'(1250~1390)와 후기 '부르지 맘루크 왕조'(1382~

1517)의 2기로 구분한다. 바하리 맘루크는 아랍 어로 강을 뜻하는 알 바흐르에서 온 말로 나일 강의 로다 섬에 진지가 있었기 때문에 유래된 것이고, 요새의 첨탑을 뜻하는 말에서 유래한 부르지는 현재 카이로에 있는 성채에 진지를 갖고 있었기 때문에 유래한 말이다. 이후 맘루크는 십자군까지 무찔렀지만 1257년 이라크를 비롯해 시리아 등지를 침공해 온 강력한 몽고 군의 침입을 받게 된다. 맘루크는 몽고 군을 맞아 1260년 현재의 팔레스타인 지역에서 대승을 거두어 이슬람을 구원했다는 영예를 얻기에 이른다. 이후에도 십자군을 무찌르는 등 바이바르스 1세(재위 1260~1277)에 이어 여러 술탄을 거치면서 아랍 지방에서 최강의 국가로 성장한다.
1382년, 맘루크 수장 중 한 사람이었던 바르쿠크가 권력을 쟁취해 부르지 맘루크 왕조가 열린다. 이미 바히르 왕조를 지탱해 주었던 엄한 군사교육은 사라지고 관료들은 부패하기 시작했으며 고위층은 정치에 혈안이 되어 있었다. 이런 상황에서 부르지 맘루크 왕조는 중앙 아시아에서 몰려오는 적군에 대항하지 못하고 무너지고 만다. 게다가 15세기 내내 끊이지 않고 유행한 페스트 등 각종 질병 역시 이집트를 괴롭혀 몰락이 가속화되었다. 마침내 1517년 오스만투르크 군에 의해 멸망하고 만다. 맘루크 왕조의 수도로서 이슬람 세계의 중심지였던 카이로에는 회교사원과 성채 등 웅장한 건축물들이 옛날의 영광을 일러준다.

오스만투르크 시대 Osman Turk

16세기 초인 1517년 이집트를 정복하긴 했지만 이란이나 유럽 기독교 국가들과의 끊임없는 전쟁으로 오스만투르크는 오스만 제국의 일부가 된 이집트 내에 남아 있는 맘루크를 완전히 소탕하지 못하고 있었다. 오스만투르크가 이들을 자신의 군대로 흡수해 들이는 정책을 펴기로 한 것도 이 때문이다.
카이로는 정치적 영향력을 잃어갔고 또한 새로운 대륙인 아메리카가 발견되어 점차 시장으로서의 매력도 상실해 갔다. 하지만 카이로는 새로운 교역품이 된 커피 무역에 있어서는 큰 비중을 차지하고 있었다. 17세기에 들어서자 오스만 제국은 서서히 몰락의 징후들을 보이기 시작했는데 특히 남미에서 스페인을 거쳐 들어오는 은으로 인해 심한 인플레이션을 겪어야만 했다. 이런 상황 속에서 이집트 행정관의 자리도 매물로 나올 정도가 되었고 위풍당당하던 투르크 근위대원들도 장사꾼으로 전락해 갔다.

프랑스 나폴레옹 군대의 이집트 원정

1798년 나폴레옹은 포병을 포함해 2만 9천의 병력을 이끌고 맘루크 군을 피라미드 전투에서 제압한다. 이 사건은 21세기 전 알렉산드로스 대왕의 침공이 그랬듯이, 다시 한 번 이집트를 서구 유럽이 지배하는 것을 의미했고 동시에 오스만 제국의 압제 하에 있던 이집트에 민족주의를 불러일으키는 계기가 되었다.
프랑스의 입장에서는 영국과 인도의 무역로를 차단한다는 전략의 일부로 시행된 침공이었지만 철저한 전략가이자 낭만주의적 몽상가이기도 했던 나폴레옹 자신의 야망으로 감행된 전쟁이기도 했다.

이 이집트 원정은 이집트 학이라는 새로운 학문을 낳으면서 수천 년 동안 비밀에 싸여있던 고대 이집트를 전설과 신화의 세계에서 역사의 세계로 옮겨놓는 중요한 의미를 지니고 있었다. 나폴레옹은 약 160명에 이르는 각 분야의 학자들을 동반하고 원정길에 올랐던 것이다. 이들 학자들은 식물, 동물, 기후, 전설, 산업, 역사 모든 분야에 걸쳐 철저한 작업을 한 결과 방대한 자료를 수집했고 많은 데생가들이 동원되어 생생한 현장 스케치들이 곁들여졌다. 이 모든 작업이 정리된 책이 바로 〈이집트 지(誌)Description de l'Egypte〉이다.
하지만 나폴레옹의 승리는 잠시뿐이었고 넬슨이 이끄는 영국 함대가 아부키르 해전

[맘루크 왕조의 영광을 보여주는 성채]

에서 프랑스 함대를 격퇴시킨 이후 프랑스 군은 패퇴하고 만다. 나폴레옹의 이집트 원정은 군사적으로는 완전히 실패한 작전이었다. 그러나 반면 이집트 학을 창시해 낸 업적은 결코 무시할 수 없는 중요한 업적이었다.

근대 이집트 (1805~1952)

무하마드 알리 국왕 시대 Muhammad Ali

근대 이집트는 19세기 전반기 동안 이집트를 통치한 무하마드 알리Muhammad Ali(1769~1849)에 의해 형성되었다. 무하마드는 극심한 혼란을 겪고 있던 이집트에 질서를 회복시키고 근대 왕조를 일으킨 사람이다. 질서를 염원하던 카이로는 무하마드 알리를 부왕으로 받아들였다. 그러나 그의 권력은 약한 것이었고 이를 위해 영국 함대를 격침시키는 등 세를 과시했으나 역부족이었다. 무하마드는 급기야 그에게 적대적인 이집트 맘루크 족장 470명을 성채에 초대한 뒤 은밀히 매복시켰던 군인들로 하여금 사살하도록 했다. 이때가 1811년인데, 이후 무하마드는 숨을 거두

는 1849년까지 아무런 저항을 받지 않고 이집트를 통치할 수 있었다.
무하마드 알리는 외교에 쏟던 정력을 내치에 쏟아 모든 분야에서 이집트 근대화에 주력했다. 서구 문물을 받아들이고 관개사업을 벌이며 농업을 진흥시켰다. 이집트 목화, 쌀, 사탕수수 등이 생산되어 중요한 수출품이 된 것도 이때다. 1840년 1,600만 그루의 나무가 심어졌고 새로운 도로와 다리가 건설되었으며 오래 전부터 금지되었던 마차 통행이 재개되었다. 강력한 국유화 정책으로 이집트의 거의 모든 국토가 왕실 소유가 되었고 농민들은 모두 월급을 받는 1일 노동자가 되었다. 지금 생각하면 문제가 많은 정책이었지만 농민들에게 부과되던 착취와 다름없던 과중한 세금이 면제되고 고정급을 받을 수 있게 되어 농민들로부터는 크게 환영을 받았다.
무하마드 알리 시절 또 한 가지 괄목할 만한 성장을 이룬 분야가 인쇄업이다. 이를 통해 이집트의 지식인 층이 형성될 수 있었으며 차츰 이집트 정부 내에 이집트 인들이 들어와 기존에 일을 하던 외국인들을 밀어내기 시작했다. 이를 위해 정부는 교육제도를 정비하며 프톨레마이오스 왕조 이후 처음으로 학교를 세웠다.
무하마드 알리가 남긴 업적을 이야기할 때 빼놓을 수 없는 분야가 공중위생과 의료 분야이다. 하수구 정비, 오물 처리장, 병원과 조산원 등이 지어졌으며 의사들은 프랑스에 유학을 보내 교육을 받도록 했다. 춤을 추는 창녀들도 모두 상이집트로 쫓아냈다. 알렉산드리아에 다시 검역소를 설치하고 본격적으로 항구로 개발한 것도 그의 업적이었다. 이어 알렉산드리아에는 새로운 왕궁, 군사기지, 조선소 등이 설립되었고 시내에 유럽 풍의 건물이 들어서기 시작한 것도 이 당시의 일이다.

무하마드 알리 국왕 이후에서 영국의 식민 통치까지

이후 후계자들은 영국과 프랑스 사이를 오가며 친분을 맺으면서 철도와 운하 개설 등을 추진했다. 아바스가 영국에 기대어 옛날로 돌아가는 보수파였다면 그의 삼촌인 사이드는 프랑스와 손잡고 수에즈 운하 조차권(租借權)을 프랑스에 주기도 했다.
이어 왕위에 오른 이스마일Ismail(재위 1863~1879)은 무하마드 알리의 근대화 정책을 이어받으면서도 대외적으로 강력한 이집트 건설을 추진했다. 이 정책으로 그는 유럽 국가들의 미움을 받아 왕권의 직계 상속을 승인받는 대신 군대를 다시 3만 명으로 제한하는 조치에 응하고 만다. 하지만 1867년 민주의회를 구성하는 등 서구화의 길을 계속 걸었다.
그러나 이집트는 여전히 오스만 제국의 한 속주였고 오스만의 허락 없이는 외채를 빌릴 수도 없었다. 그러나 막대한 돈이 필요했던 이스마일은 오스만에게 과중한 보상을 해 주는 조건으로 영국과 프랑스 등지로부터 외채를 빌렸다. 이런 상황에서 독립을 주장하는 이집트의 상황은 런던과 파리를 긴장시켰고 게다가 수에즈 운하의 개통으로 중요한 유럽 교역품의 수송로가 된 이집트였기 때문에 긴장이 고조되어갔다.
이스마일의 후계자인 아들 투피크는 무능한 인물로써 실권은 오라비 대령의 수중에 있었다. 오라비는 권력을 장악한 다음 전쟁성 장관이 되어 이집트 독립을 이끌었다.
그러나 이런 움직임을 좌시할 수 없었던 영국은 1882년 7월 알렉산드리아에 대대적인 폭격을 가하고 2만 명의 병력을 상륙시켰다. 이집트 군은 대패했고 오라비를 비롯한 측근은 유배를 당했다.

이집트에 진주한 영국군은 철수 약속을 지키지 않았고 영국 정부가 파견한 크로머 경은 강력한 권력을 휘둘렀다. 하지만 '농민의 친구' 라는 칭호를 받았던 이 독재자는 농민들에게 강요되어오던 부역을 금지했고 이집트는 그의 식민 통치 하에서 비교적 평화를 유지하며 발전해 나갔다. 세금도 완화되었다.

나일 강 하류 델타 지역과 아스완에 댐이 건설된 것도 이 당시였다. 농업 생산량이 증대했고 이집트 목화는 전체 수출의 90%를 차지할 정도로 중요한 수출품이 되었다. 무능한 국왕이 숨을 거두자 그의 아들 아바스 2세 힐미Abbas II Hilmi(1892~1914)가 왕의 자리에 올랐다. 아바스 2세는 민족주의자였지만 크로머 경의 노련한 통치로 인해 그가 품고 있었던 민족 독립의 열망은 제대로 실행되지 못하고 만다.

19세기 말에서 20세기 초 사이, 목화 수출이 활기를 띠어가면서 이집트는 1970년대의 오일 달러를 연상케 하는 호황을 누렸다. 그러나 이 목화가 가져다 준 수익은 오스만 제국의 특혜로 이집트에 들어온 외국 자본가들이 90% 이상을 독차지해 버렸고 이집트 인들의 몫은 일부에 지나지 않았다. 상황이 이렇게 된 데에는 오스만 제국이 제국의 영토에 거주하는 유럽 출신의 기독교계 주민들에게 모든 권리를 보장하도록 한 특혜 조약 때문이었다. 유럽 계 백인들은 이집트 땅에서 영업을 하면서도 세금 면제는 물론이고 자신들에게만 적용되는 자치 법령까지 갖고 있었다. 이러한 상황으로 인해 이집트 내의 민족주의 경향은 갈수록 거세졌다.

어쨌든 이러한 외국인들의 입국 러시와 자본의 유입으로 카이로와 알렉산드리아에는 유럽 풍의 외국인 저택과 각종 호화 호텔, 카페 등이 들어서기 시작했고 증기 유람선이 나일 강을 오고가게 되었다. 1차 세계대전 당시 영국은 지난 30여 년 동안 지배를 해 오던 이집트를 공식적으로 자국의 보호령, 즉 식민지로 선포하고 수탈을 계속했다. 그러나 1차 세계대전 말, 자글룰Zaghlul이라는 농민 출신의 이집트 지식인이 민족주의의 선봉에 서게 되면서 유럽에 사절단을 보내 독립의 정당성을 널리 알리려고 노력한다. 그러나 자글룰을 비롯한 독립파는 체포되거나 구금되는 시련을 겪고 만다. 새로 부임한 총독은 이집트 독립의 필요성을 알고 독립을 허가해 주었고 보호령에서 풀려난 이집트는 푸아드 1세를 새로운 왕으로 맞이한다. 그러나 실제에 있어서는 영국 군대가 계속해서 이집트 땅에 주둔하고 있었다.

푸아드 왕의 통치 Fouad

유배당했던 자글룰은 귀국 후 선거에서 승리하고 1924년 수상이 된다. 그는 민족주의 성향을 유지하며 영국군의 철수를 주장했다. 하지만 그가 수상이 된 직후 이집트 주둔 영국군 사령관이자 수단 총독이기도 했던 리 스택 장군이 암살되는 사건이 일어난다. 이 사건으로 인해 자글룰은 사사건건 왕과 영국과 이견을 보이며 갈등을 하는데, 세 번에 걸친 국회해산에도 불구하고 그는 매번 총선에서 압도적인 승리를 거두었다. 끝까지 독립을 이루려는 그의 열망에도 불구하고, 그만 건강에 이상이 와

숨을 거두고 말았다.
이후 이집트는 푸아드의 독재가 계속되다가 이탈리아 파쇼 정권의 리비아 침공을 계기로 1936년 8월 영국-이집트 조약을 체결하고 영국과 긴밀한 관계를 맺게 된다. 수에즈 운하를 제외한 다른 지역에서 영국군이 철수한다는 조항이 들어간 이 조약은 이후 18년 간 양국 관계를 결정하는 중요한 역할을 했다. 이 조약에는 또한 유럽 기독교인에 대한 특혜 조항도 폐지한다고 되어 있었다.

파루크 시대 Farouk

어린 나이에 왕에 오른 파루크는 허수아비였고, 와프드 당도 분열되었으며, 급진적 이슬람 정당인 미스르 알 파타트, 즉 젊은 이집트 당이 창설되는 등 이집트 국내 정세는 혼미를 거듭하고 있었다. 이 젊은 이집트 당은 나치주의자들이었으며 이탈리아 파쇼 정권을 지향하는 극우파 그룹이었다. 이런 정당 이외에도 이슬람 형제들이라는 이름의 정당도 생겨났고 1930년대 말에 이르러서는 세력을 얻기에 이른다.

2차 세계대전과 전후의 이집트

2차 세계대전 당시 이집트는 조약상 영국군 편을 들지 않을 수 없었다. 이슬람 형제당은 비밀 무장 세력과 함께 쿠데타를 꿈꾸고 있었고 영국은 독일과 전쟁 중이었지만 1942년 이집트 정부를 압박해 자신이 원하는 와프드 당 인사를 수상 자리에 앉혔다. 이 사건으로 와프드 당은 변절자가 되었고 영국과 이집트의 관계는 더욱 멀어지고 말았다. 2차 세계대전 이후에도 이러한 혼미한 국내 정치는 가라앉지 않았고 왕과 와프드 당 등의 정당들이 엎치락뒤치락하며 혼란이 거듭되었다. 왕과 영국에 반대하는 청년 이슬람 형제 당원들의 테러는 계속되었고 공산당도 득세하기 시작했다. 이런 상황에서 나세르가 이끄는 '자유 장교단'이 결성되어 이슬람 형제당과 관계를 맺기 시작했다.

1952년 나세르 혁명과 현대 이집트 아랍 공화국 출범 (1952~현재)

나세르 시대 Naser

1948년 수상이 이슬람 형제당에게 살해당하는 사건이 일어났고, 1952년 1월에는 '검은 일요일'이 터져 외국인이 경영하는 카페, 가게 등은 파괴되었고 술집은 화재로 불타버렸다. 영국 외교공관은 물론이고 호텔, 클럽 등도 마찬가지로 테러의 대상이 되었다. 6개월 간 계속된 이 대혼란의 와중에서 마침내 7월 22일 '자유 장교단'이 쿠데타를 일으켜 정권을 잡게 된다. 피 한 방울 흘리지 않았으며 혼란에 진저리가 난 이집트 국민들로부터 오히려 크게 환영을 받았다. 부패 척결과 이집트의 독립을 주장한 나세르는 7월 26일 국왕을 하야시키고 요트에 태워 이탈리아로 보냈다. 헌법은 폐지되었고 정당 활동은 금지되었다. 마침내 이듬해인 1953년 왕정은 폐지되고 공화국이 선포되었다. 처음에는 나기브 장군을 수상에 임명하여 쿠데타를 국민들로 하여금 부담없이 받아들이도록 하기 위한 전략을 폈지만 1954년에는 마침내 나세르가 수상에 올랐다.

이후 나세르는 계속되는 일련의 혁신정책을 내놓으면서 전 세계 언론의 주목을 받기 시작했다. 서구 열강의 중동에 대한 지배를 유지하기 위한 동맹에 불과했던 바그다드 협약에 대해 나세르는 1955년 불개입 선언을 했다. 당시 유고슬라비아의 티토(1892~1980)와 인도의 네루(1889~1964) 역시 나세르와 함께 불개입을 선언했다. 이른바 미 · 소를 양 축으로 하는 세계 질서에 제3세계가 태동하기 시작한 것이다.

나세르의 이러한 일련의 행보는 1956년 미국에 의해 제동이 걸리는데, 다름 아니라 새로운 아스완 하이 댐 건설에 투자를 약속했던 미국이 약속을 철회했던 것이다. 그러나 나세르는 수에즈 운하를 국유화하여 그 수입으로 아스완 댐을 건설하겠다는 선언을 한다. 수에즈 운하 대주주였던 파리와 런던은 경악했고 10월 말 양국은 이스라엘의 도움을 얻어 수에즈 일대를 폭격하기 시작했다. 그러자 이번에는 미국과 소련이 나서 양국 군대의 철수를 요구했다. 이렇게 되자 나세르는 반 제국주의의 상징과도 같은 인물로 전 세계 언론의 플래시를 받게 되었다. 나세르의 인기는 최고조에 달했다. 그러나 나세르는 한편으로는 비밀첩보부를 운영하며 공산당, 사회당, 이슬람 형제 당 등의 반체제 인사들을 체포해 들이기도 했다.

경제 측면에서 나세르는 우선 토지개혁을 단행해 개인당 100ha 이상을 소유할 수 없도록 했고 그 이상의 땅은 모두 국가 재산으로 귀속시켰다가 농민에게 배분했다.

아랍 사회주의의 맹주, 이집트

아스완 댐 건설 비용을 대 준 나라는 미국이 아니라 소련이었다. 나세르의 정책은 소련을 따라갈 수밖에 없었다. 1961년 나세르는 부유층이 소유하고 있던 모든 재산을 몰수했고 토지 소유 상한선도 50ha로 낮추었으며 최고 임금제를 도입해 월급 인상을 막았다. 대외적으로도 아랍 사회주의 공화국을 건설한다는 명분을 갖고 시리아, 예멘 등과 통합을 논의했다. 하지만 이는 불가능한 일이었다. 사우디아라비아와의 갈등은 피할 수 없는 것이었고 양국 군은 충돌 일보 직전까지 갔다. 마침 이스라엘과의 전쟁이 발발하는 바람에 어제의 적이 오늘의 동지로 변해 함께 이스라엘에 맞서 싸워야만 했다. 하지만 이 전쟁에서 이집트를 비롯한 아랍 군은 이스라엘의 전격작전에 제공권을 상실하는 바람에 쉽게 손을 들고 만다.

사다트 대통령 시대 Sadat

1970년 나세르가 심장마비로 숨을 거둔 후 이집트는 부통령이었던 사다트가 대통령직을 승계한다. 사다트는 친미, 친서방 정책을 편 결과 10년이 넘도록 요직에 앉아 있던 사회주의 관료들과 친소련 세력들을 몰아낸다. 제4차 중동전쟁을 치른 후 사다트는 1979년 유명한 캠프 데이비드 평화협상에 조인함으로써 이집트에 평화를 가져다 주었다. 그러나 다른 아랍 국가들은 이 협정을 변절로 간주했고 이집트는 아랍 연맹에서 축출되고 말았다. 사다트는 경제정책에서 자유주의와 개방을 택했다.

외국 투자자들에게 자유와 특혜를 주었고 민간 기업 활동을 장려했으며 은행 및 외환제도를 개선했다. 나세르 당시 취해졌던 재산 몰수도 불법으로 간주되었다. 하지만 이 정책은 인플레이션을 유발했고 갈수록 부익부 빈익빈 현상을 심화시켰다. 그 결과 많은 인력들이 이집트와 적대관계에 있는 인근 아랍 국가로 가서 일을 했고 그들이 보내는 송금은 이집트 국가수입의 중요한 한 부분이 될 정도가 되었다. 하지만 사다트 때에도 이집트는 강력한 국가 통제 경제체제를 유지하고 있었다.
아랍 사회주의 동맹이 붕괴되자 사다트는 그동안의 압제를 풀기 시작했고 이슬람 교에 근거한 이슬람 형제당 등이 창설되었다. 이는 팔레스타인 문제 때문에 다시 본격적으로 고개를 들기 시작한 이슬람 운동의 일환이었다. 당시 지하드 같은 극단주의자들도 결속하기 시작했는데 바로 이들의 손에 의해 사다트는 1981년 암살되고 만다.

무바라크 시대 Mubarak

사다트가 숨을 거두자 부통령이었던 무바라크가 대통령직을 승계했다. 무바라크는 보다 진전된 민주주의를 약속하며 대외적으로도 이집트가 경제적으로 의존하고 있는 인근의 다른 아랍국가들과 외교관계를 복원해 나갔다. 이란과 이라크의 대립이 이러한 그의 외교에 많은 도움을 주었다. 이라크를 지지한 무바라크는 그 덕택에 아랍 연맹에 복귀할 수 있었다. 1993년 이스라엘과 팔레스타인 간의 평화조약에서 무바라크는 수완을 발휘했고 이때부터 이집트는 중동 평화의 조정자로 떠올랐다.
내정에서 무바라크는 이슬람 원칙에 충실한 보수적인 경향에서 벗어나 서서히 지식인들이 대중매체에 접근하는 것을 허용했고 이슬람 원리주의자들을 비난하는 영화, 신문 등이 자유롭게 출간될 수 있었다. 자연히 이러한 자유주의에 반대하는 단체들의 테러가 잇따랐다. 이들은 외국 관광객들을 테러 목표로 삼기도 해 중요한 산업인 관광이 타격을 입기도 했다. 가장 대표적인 테러가 1997년 룩소르 신전 인근에서 일어난 사건으로 관광객을 포함해 62명이 희생되었다. 1994년에는 노벨 문학상 수상자인 나기부 마푸즈가 테러 목표가 되기도 했고 대통령도 위협을 받았다. 현재 무바라크는 민주화를 요구하는 각종 시위에 시달리고 있고, 서방에서는 20년 간이나 통치를 한 그의 장기 집권이 진정한 민주화로 이어질지 예의 주시하고 있다.
이집트의 경제 상황은 무바라크 통치 시기에 어느 때보다 진전되었지만, 그러나 70, 80년대의 인구 폭발로 인해 피부로 느낄 수 있는 정도는 아니었다. 특히, 빈부 격차는 오히려 과거보다 더 심각해졌다. 9.11 테러 이후 관광객이 급감했고 이 또한 이집트의 경제 사정을 악화시킨 중요한 한 원인이다.

EGYPT **SPECIAL**

인 물

[투탕카멘의 황금 마스크]

[가장 유명한 이집트 파라오, 람세스 2세]

투탕카멘 Tutankhamen, 기원전 1370~1352

어린 나이인 9세에 파라오에 올라 즉위했다. 처음에는 아텐 신앙을 나타내는 투트 앙크 아텐으로 칭하였으나, 즉위 4년째 아멘 신앙을 나타내는 투트 앙크 아멘으로 개칭하고 수도를 아마르나에서 테베로 옮겼다. 혁혁한 공을 세웠기 때문에 유명한 파라오가 된 것이 아니라, 18세의 젊은 나이에 죽은 왕의 미라가 테베의 서쪽 교외인 '왕의 계곡'에서 1922년 영국인 카터에 의해 발견되면서 유명해졌다. 특히 그의 미라 얼굴을 감싸고 있던 황금 마스크로 인해 세계적인 명성을 얻었다.

람세스 2세 Ramses Ⅱ, 재위 기원전 1279~1212

고대 이집트 신왕국 제19왕조 당시의 파라오로 가장 유명한 이집트 파라오이다. 부왕이었던 세티 1세 이후 계속 팔레스타인 지역을 정복했고, 유명한 카데시 전투에서 히타이트 왕 무와타리시와 대전을 벌여 위기에 몰렸으나 혈혈단신 싸워 이집트 군을 구하게 된다. 이 장면이 수많은 신전과 기념물 벽에 부조로 조각되어 있는 장면이다. 평온을 유지하는 가운데 기원전 1245년에는 히타이트의 왕녀를 왕비로 삼았다. 왕은 여생을 각지의 신전 건축에 바치고, 델타 북동부에 왕도 페르라메스를 만들었으며, 아비도스, 테베, 누비아의 아부 심벨 등에 신전, 장례전 등을 세웠다. 람세스 2세 시대에 이집트 왕조는 가장 융성했었으나 파라오의 서거 후 급속하게 국력이 기울었다. 파라오 람세스 2세는 대표적인 동방의 전제군주로, 자신을 상징하는 거대한 석상들을 전국 각지에 남기며 왕권을 과시했다. 후손들도 가장 많아 아들 52명을 포함해 무려 100명이 넘는 자손을 남겼다. 1995년 나일 강변에 조성된 왕의 계곡에서 발견된 5호 고분이 파라오 람세스 2세의 가족묘로 추정된다.

클레오파트라 7세 Cleopatra Ⅶ, **기원전 69~30**

"코가 1cm만 낮았어도 세계 역사가 바뀌었을 것이다.", 혹은 "독사에 물려 스스로 목숨을 끊었다." 등의 이야기는 클레오파트라라는 이름과 함께 늘 따라다니는 이야기들이다. 클레오파트라는 이렇게 해서 많은 이들에게 역사상에 실존했던 인물이었음에도 불구하고 전설 속의 인물이 되어버렸다. 다시 말해 그녀가 살았던 시대 상황이나 로마 제국의 황제 자리를 놓고 벌어진 권력투쟁과 삼두정치 등에 대해 자세한 사정을 잘 몰라도 클레오파트라는 시공간을 초월해 우리 곁에 가까이 있는 인물이 되어버린 것이다. 그래서 미모를 겸비한 여성 정치가를 보면 클레오파트라 같다는 말을 할 수 있는 것이다. 이렇게 그녀가 전설 속의 인물이 된 데에는 셰익스피어의 비극 〈안토니우스와 클레오파트라〉 같은 작품이 적지 않은 역할을 했고 또 엘리자베스 테일러가 나왔던 영화도 큰 몫을 했을 것이다.

마케도니아의 알렉산드로스 대왕이 페르시아에 점령당해 있던 이집트를 침공해 들어갔을 때부터 시작된 프톨레마이오스 왕조의 마지막 왕인 클레오파트라 7세는 고대 이집트의 막을 내린 여왕이기도 했다.

기원전 51년, 남동생인 프톨레마이오스 13세와 결혼하여 이집트를 공동 통치했고, 그 후 한때 왕위에서 쫓겨났으나, 기원전 48년 이집트에 와 있던 로마 황제 카이사르를 농락하여 그 힘으로 왕권을 되찾은 바 있는 클레오파트라는 프톨레마이오스 13세가 카이사르와 싸우다 죽고 나자 1년 후에는 막내 남동생인 프톨레마이오스 14세와 재혼하여 이집트를 공동 통치했다. 카이사르와의 사이에 아들 하나를 낳기도 했으나 카이사르가 암살된 후에는 다시 이집트로 돌아왔다.

클레오파트라는 이후 안토니우스와 알렉산드리아에서 만나 사랑에 빠진다. 하지만 안토니우스가 옥타비아누스와의 악티움 해전에서 패해 그녀 자신도 독사로 가슴을 물게 하여 자살하고 만다. 그녀의 죽음은 프톨레마이오스 왕가만이 아니라 고대 이집트의 종말을 의미했으며 로마 제국의 지중해 시대의 개막을 알리는 역사적 사건이었다.

장 필립 로에르 Jean Philippe Lauer, **1902~2001**

프랑스 태생의 로에르는 이집트 전문가 중 한 사람이다. 26살의 나이에 카이로 인근에 있는 사카라에 도착해 그 후 사카라 유적지 발굴에 평생을 보냈다. 그 당시까지만 해도 사카라 유적지는 계단식 피라미드로만 알려져 있던 곳이었지만, 로에르의 발굴과 연구 덕택에 아멘호테프를 비롯해 건축가들이 파라오에게 어떤 영향을 끼쳤는지 등이 밝혀졌다.

움 칼숨 Oum Kalsoum, **1904~1975**

'이집트의 목소리', '동방의 별'로 불릴 정도로 이집트는 물론이고 모로코 등 아랍 세계 전역에 걸쳐 크게 인기를 누렸던 이집트 최고의 여가수이다. 숨을 거둔 지 오래 되었지만 아직도 라디오 등에서는 그녀의 노래를 들을 수 있다. 그녀의 음악회가 열리면 정치 일정도 무산될 정도였다. 움 칼숨은 단순한 가수 그 이상이었는데, 이스라엘과의 6일전쟁 후 아랍 국가들을 돌며 모금활동을 펴기도 했다. 1967년에는 파리 올랭피아 홀에서 대성공을 거둔 공연을 갖기도 했다. 1975년 숨을 거두자 장례식은 국장으로 치러졌고 국가는 이 날을 휴일로 선포하기도 했다. 서거 25주년을 기념하기 위해 그녀의 일생을 30부작으로 제작한 연속극이 제작되기도 했고 이 프로그램은 30개의 아랍 국가에서 판권을 구입해 갈 정도였다.

나기브 마푸즈 Naguib Mahfouz, **1911~2006**

1988년 노벨 문학상을 수상한 이집트 최고의 소설가로 약 30여 편의 작품이 있다. 작품의 배경은 주로 그가 어린 시절을 보낸 번잡하면서도 한없이 부드러운 풍경과 인심을 갖고 있는 가멜레야 인근이다. 그래서 소설 속에 나오는 인물들이 누군지 알아볼 수 있을 정도로 사실적인 묘사가 많이 등장한다. 하지만 1994년 테러를 당해 목숨을 잃을 뻔하기도 했는데, 번역을 위해 자신의 작품 판권을 이스라엘에 판 것이 원인이었다. 이집트 작가 연맹은 그를 연맹에서 제명했고 이 일로 많은 적을 만들고 말았다. 특히 〈메디나의 아들들〉은 반 이슬람 작품으로 지목되어 테러를 유발하기도 했던 작품이다.

나세르 Jamal 'Abd an-Naser, **1918~1970**

알렉산드리아에서 태어난 나세르는 어린 중학교 시절부터 민족운동에 참가하는 등 정치와 사회에 관심이 많았다. 1938년 육군사관학교를 졸업하며 2차 세계대전 중에 후일 그의 지휘 하에 쿠데타를 일으키는 조직인 청년장교들과 자유장교단을 결성했다. 팔레스타인 전쟁 때 공적을 세운 계기로 자유장교단을 확대했고 1952년 7월 23일, 마침내 나기브 장군을 전면에 내세우며 쿠데타를 일으켜 공화정을 수립함과 동시에 외세의 지배에 종지부를 찍었다. 국왕 추방, 토지개혁 등의 혁신적인 정책을 펴며 한편으로는 기성 정당을 해산하는 등 정치적 독재의 길을 걸었다. 1954년 총리로 취임하면서 이집트의 명실상부한 지도자가 되었다.

1955년 유고의 티토, 인도의 네루와 함께 아시아-아프리카 회의인 반둥 회의에 참석한 것을 계기로 중립, 비동맹주의의 외교정책을 추진하며 제3세계의 입지를 공고히 하였다. 1956년 6월 국민투표로 대통령에 선출되었다. 같은 해 7월 아스완 하이 댐 건설에 원조를 약속한 미국이 원조 계획을 철회하자 수에즈 운하 국유화를 선언하여 수에즈 전쟁이 일어났으나 국제여론의 지지 속에 일약 아시아, 아프리카의 세계적인 정치가가 되었다. 이때부터 나세르는 하이 댐 건설을 지원한 소련에 기울기 시작해 이후 사회주의 정책을 펴기 시작했다. 1958년에는 시리아와의 합병에 의해 아랍연합공화국의 대통령으로 선출되었으나 이는 그의 최대의 외교적 실패가 되고 만다. 1964년 대통령 선거에서 다시 당선되어 3선 대통령이 되었으며 1970년 심장마비로 숨을 거두었다. 이집트 근대화의 아버지로 추앙받는 정치가이다.

© Photo Les Vacances 2007

[20년 넘게 집권해 온 무바라크 대통령]

부트로스 부트로스 갈리 Boutros Boutros-Ghali, **1922~**

할아버지와 삼촌이 이집트 총독과 장관을 역임했던 정치가 가문 출신인 갈리는 1991년 제6대 유엔사무총장을 지낸 이집트가 배출한 국제 정치가이다. 1993년 한국을 방문한 적이 있다. 파리에서 박사학위를 받아 1949년부터 1954년까지 카이로 대학교수를 지냈고, 1977년 외무부 장관에 올라 캠프 데이비드 평화협상을 지휘하기도 했다.

유세프 샤인 Youssef Chahine, **1926~**

다양한 외국어를 사용하는 국제도시 알렉산드리아에서 출생한 샤인은 24살 때 첫 영화를 만든 이후 현재 이집트 영화계를 대표하는 감독으로 인정받고 있는 인물이다. 지금까지 대략 35편 정도의 영화를 감독했다. 1958년 〈중앙역〉으로 주목을 받기 시작했고, 1994년에는 〈이민자〉로 물의를 일으켜 2년 간 작품이 상영금지조치를 받기도 했다. 1997년에는 제50회 칸느 영화제에서 그동안의 공로를 인정받는 수상을 하기도 했다. 〈운명〉(1997), 〈타자〉(1999), 〈알렉산드리아 인 뉴욕〉(2004) 등을 제작하며 최근에도 활발한 활동을 하고 있다.

무바라크 Hosni Mubarak, **1928~**

이집트의 군인이자 5선 대통령으로 약 20여 년 간 이집트를 통치해 온 대통령이다. 1928년 카이로 인근의 작은 마을에서 태어나 카이로 육군사관학교와 빌베이스 공군사관학교를 졸업한 후 소련에 유학, 고급 비행폭격훈련을 받은 공군 장교다. 1966년 공군사관학교 교장을 거쳐, 1972년에는 공군 참모총장에 올랐으며 1973년 10월 아랍-이스라엘 분쟁이 발발하자 초반의 공습작전을 성공적으로 수행함으로써 능력을 인정받고 1972년 중장으로 진급했다. 1975년 4월 사다트 대통령 당시 부통령으로 지명되어, 서부 사하라의 장래와 관련된 모로코, 알제리, 모리타니아 사이의 분쟁을 해결하는 데 많은 공을 세웠다.

1981년 사다트 대통령이 암살되자 대통령직을 승계하고 1984년에 선거에서 당선되었다. 1979년에는 이스라엘과 체결한 평화 협정을 이행하는 데 힘쓰는 등 외교적으로는 사다트 노선을 계승하면서도 한편으로는 독자적인 외교를 전개하여 사다트 시대에 끊어졌던 소련과의 옛 외교 관계를 개선했다. 1987년 선거에서는 97%라는 압도적인 표로 재선되었다. 1990년 8월에 이라크가 쿠웨이트를 침공해 점령하였을 때에는 이라크에 반대해 군대를 파견하였으며 1992년에는 이슬람 근본주의자들의 본거지를 습격해 일망타진하기도 했다. 2005년 5선으로 대통령에 당선되었다.

나우알 엘 사다위 Naoual el-Saadawi, **1931~**

저명한 이집트 여권 운동가이다. 작가이자 심리학자이기도 한 사다위는 사다트 대통령 시절 1,500명의 다른 지식인들과 함께 투옥되기도 하는 등 많은 고초를 겪었고, 진보적 사상 때문에 보건부 장관 직에서 쫓겨나기도 했다. 36권의 저서를 출간했는데 28개국 언어로 번역이 되는 등 무게 있는 책들이었지만 이집트에서는 늘 금서 목록에 포함된다. 이런 이유로 5년 간 미국에 머물기도 했다. 또 이슬람 배교자로 낙인이 찍혀 남편과 이혼하라는 압력도 받았다.

오마르 엘 샤리프 Omar el-Charif, **1932~**

이집트 출신의 세계적인 영화배우로 줄여서 오마 샤리프로 불리기도 한다. 〈아라비아의 로렌스〉, 〈닥터 지바고〉 등에 출연했다. 요즈음은 자신의 이름을 딴 각종 화장품, 의류, 담배 사업에 진출한 사업가이기도 하다.

조르주 무스타키 Georges Mustaki, **1934~**

이집트 지중해 도시 알렉산드리아에서 출생해 17살에 고향을 떠나 프랑스 등지의 유럽에서 활동한 가수다. 알렉산드리아에서도 프랑스 학교를 다녔다. 그리스로 귀화해 국적은 그리스이지만 그리스 어를 잘 구사하지 못한다. 시인인 조르주 브라상을 만나고 유명한 샹송 여가수 에디트 피아프의 기타 반주자로 활동하면서 무명가수에서 일약 세계적인 샹송 가수로 태어났다. 특히, 시적인 가사를 감미로운 허스키한 목소리로 소화한 그의 노래들은 감미로워 많은 여인들의 사랑을 받았다. 대표작에 "나는 외롭지 않아. 고독과 함께 있으니"라는 유명한 가사가 등장하는 〈나의 고독Ma Solitude〉, 〈너무 늦었어요Il est trop tard〉, 〈나의 자유Ma Liberté〉 등이 있다. 한국에도 두 차례 왔었고 한국인의 정서와 잘 어울리는 곡과 가사 때문에 70, 80년대 많은 사랑을 받았다.

아흐메드 즈웨일 Ahmed Zeweil, **1946~**

미국 국적이지만 이집트 태생의 화학자이다. 1999년, '초고속 레이저 분광학 기술을 이용한 화학반응 연구'로 노벨 화학상을 수상해 일약 이집트 학문의 명성을 세계에 알려 국가 영웅 대접을 받았다. 그의 연구는 펨토화학Femtochemistry이라는 새로운 분야를 만들어 내는 계기가 되었는데, 화학 결합이 끊어지고 새로운 결합이 생성되는 과정을 실시간으로 관찰할 수 있도록 슬로우 모션으로 화학반응을 연구하는 기술을 개발한 것이다. 즈웨일은 알렉산드리아 대학교에서 공부를 한 뒤, 미국 펜실베이니아 대학교에서 박사학위를 받았고 이후 1976년에 캘리포니아 공과대학 교수가 되었다.

EGYPT **SPECIAL**

이집트 신화

© Photo Les Vacances 2007

[사자의 서(死者의 書)]

기원전 3100년경, 나르메르가 상하 이집트를 통일한 이후, 서기 384년 로마 황제 테오도시우스 1세(재위 379~395)에 의해 이집트의 신전들이 폐쇄될 때까지 약 3500여 년 동안 지속되어 온 이집트 신화는 상당히 복잡하고 때론 혼란스러운 양상을 갖고 있으면서도 누트 여신이나 이시스 여신처럼 그리스 신화를 연상시키는 신들을 갖고 있기도 하고 부활의 신 오시리스 같은 신은 기독교를 연상시키기도 한다.

고대 인류에게는 하늘도 태양도, 산과 강도 그리고 바람과 동물도 모두 신성이 깃들어 있는 존재들이었다. 하지만 고대인들만 그랬던 것은 아니다. 21세기를 살며 엄청난 분량의 과학적 지식을 알고 있는 현대인들도 사실은 고대인들과 그리 다르지 않다. 외계 생물체의 존재를 찾아 떠나는 인공위성들, 각종 종교가 그 세련된 외관과 의식 절차에도 불구하고 견지하고 있는 초자연적 세계에 대한 신앙, 그리고 지구 종말에 대한 각종 예언과 경고 속에 들어있는 종말에 대한 공포 등은 인간이 왜 진실과 사실만으로 살지 못하고 종교에 의존하는 지를 일러준다. 그리스 신화는 세계 도처에서 여전히 수천 년 전의 매력을 발산하고 있다. 현대는 오히려 고대보다 더 복잡한 신화를 갖고 있는지도 모른다. 헤아릴 수 없이 많은 스타들이 자본주의의 꽃인

광고, 영화, 스포츠를 통해 신이나 영웅이 되어 있기 때문이다. 여기에 덧붙여 현대인들은 가상 세계와 게놈 지도 완성으로 예측 가능한 것이 되어버린 인조 인간 안드로이드와 기계 인간 터미네이터까지 신들로 모시고 있는 형국이다.

많은 이들이 이집트 신화를 체계가 없는 혼란스러운 신화로 생각하고 있지만, 이 생각은 부분적으로는 옳고 부분적으로는 틀렸다. 기원전의 역사만 해도 대략 3500년을 헤아리는 고대 이집트 역사를 고려하면 복잡한 것은 당연할 것이다. 또 여러 번에 걸쳐 정리되고 각종 문학과 예술 작품에서 다루어진 고대 그리스 로마 신화와는 달리 이집트 신화는 그 전체적인 모습이 드러난 지 이제 겨우 200년 남짓하기 때문에 그만큼 복잡하게 보일 수밖에 없다.

하지만 수천 년 전의 이집트 인들이 21세기를 사는 우리와 똑같은 지적 호기심과 궁극적인 것에 대한 경외심과 공포를 가지고 있었다는 사실을 인정하면 이집트 신화는 예상외로 쉽게 이해될 수 있으며 혼란스러운 것처럼 보이는 외관 밑에 숨어 있는 기본적인 윤곽을 파악할 수 있다.

영생과 사후 세계를 믿었던 신앙에 의거해 만들어진 미라는 대중매체들에 의해 신비한 것으로 묘사되어 버렸지만, 사실은 인간의 무모한 욕심이 낳은 부질없는 짓에 지나지 않는다. 모래와 건조한 사막 기후가 만들어낸 매장 관습이 미라의 시작이다. 이후 미라는 사후 세계에 대한 믿음에 근거한 세습 왕정의 정치 체제 속에서 권력을 상징화하는 수단으로 변해갔다. 놀라운 방부처리 기술과 석관을 장식하는 아름다운 장식 그리고 〈사자의 서(死者의 書)〉에 등장하는 주술적 비문과 이미지들에도 불구하고 미라는 허영이었으며, 따라서 미라와 피라미드는 21세기에도 계속되고 있는 금으로 된 수의와 호화찬란하게 꾸며진 무덤을 갖고 싶어하는 현대인들의 무모함과 그리 멀리 떨어져 있는 것이 아니다.

이렇게 이집트의 신화의 본질을 이해하는 데 도움이 될 수 있는 대표적인 신들과 그 신들이 만들어 내는 신화를 간략하게 소개해서 신전과 피라미드를 비롯한 각종 거대한 기념물을 중심으로 진행되기 마련인 이집트 관광에 작은 도움을 주고자 한다.

이집트 신화의 4가지 특징

다신교 전통

가장 중요한 이집트 신화의 특징은 그리스 로마 신화와 마찬가지로 다신교라는 점이다. 이집트 신화에 등장하는 신들은 잡신이나 마을마다 경배했던 지방 신까지 합치면 어느 시기나 수백 개를 헤아린다. 신왕국 제18왕조(기원전 1550~1291)의 파라오였던 투트모시스 3세가 통치하는 동안에는 숭배하는 신의 수가 무려 740개에 이르렀다고 한다. 기독교가 지배했던 서구의 중세에도 미신이 여전히 존재했던 것처럼 이집트 신화에도 이집트 어디에서나 신앙의 대상이었던 중요한 신들이 있고 이들 이외에 각 지방마다 토속 신이 있었다. 또 이집트 신화에도 신과 인간의 중간 지점에 있는 요정이나 정령 같은 존재들이 있었다. 이들 신들이나 정령들은 인간의 모습을 하고 있기도 하고 때론 동물의 모습을, 때론 인간과 동물이 결합된 반인반수의 형상을 갖고 있기도 했다. 이집트 신화가 혼란스럽게 느껴지는 것은 중요한 신들마저 숭배되는 장소와 시기에 따라 다른 이름과 다른 모습을 지닌 신으로 변형되기 때문이다.

정치적 성격의 신화

이집트 신화의 두 번째 특징은 신화와 정치의 밀접한 관련에서 찾을 수 있다. 파라오라고 불리는 이집트 왕들은 모두 신들의 지상 대리인이자 사후에는 신이 된다고 생각되었던 자들이다. 또 신을 모시는 제관들은 계급 서열에서 가장 높은 위치를 차지하고 있었다. 이들 두 계급은 이집트 사회에서 완전히 별개의 계급을 형성하며 3500년 동안 상호 공조했고 때론 갈등을 겪기도 했다.

이미지로 이루어진 신화

세 번째 특징은 이집트 신화의 전승과 관련된 것인데, 〈피라미드의 서〉, 〈사자의 서〉 등의 기록이 없는 것은 아니지만 그 기록마저도 문장으로 서술된 것이 아니라 이미지로 묘사된 기록이다. 이 사실은 이집트 신화가 지적인 내용을 갖고 있기보다는 시각적 표현에 치중한 신화라는 점을 일러준다. 따라서 이집트 신화에서는 무엇보다 건축, 조각, 회화 같은 조형예술이 다른 신화에서보다 중요한 의미를 지니고 있다.

제관들의 신화

고대 이집트 인들은 아침에 태양이 떠오를 때마다 이를 세상이 다시 태동하는 것으로 받아들였다. 이는 상하 이집트로 나뉘어져 있던 고대 이집트가 때론 통일을 이루기도 하지만 많은 내부의 권력투쟁이나 외부의 적들과의 투쟁에서 혼란을 경험 했음을 일러주기도 하는데, 따라서 제관들은 각 지역이 신앙하고 있던 신들을 상호 조화시키는 일을 큰 일로 삼았었다. 제관들은 각 신들에게 지상에서 할 일을 부여하고 각 신을 묘사한 신상 앞에서 기도를 올렸다. 매일 아침 신상을 닦은 후 옷을 입히고 향유를 발랐으며 공물을 바쳤다. 매일 반복되는 이 아침 의식에 앞서 밤의 혼란을 제거하기 위해 향을 피우고 성수를 뿌리는 의식을 치렀다.

이 신상들은 오직 제관들만이 볼 수 있었다. 제관 계층은 고위 제관과 하위 제관, 두 그룹으로 나뉘어져 있었다. 처음에는 파라오가 임명했으나 점차 세습 직이 되어갔다. 제관의 으뜸가는 가장 중요한 사명은 신들을 경배하며 신들 사이에 형성되어 있는 기존의 서열과 조화를 유지하는 것이었다. 이는 제관들의 임무가 종교적이면서도 상당히 정치적인 것이었음을 일러준다. 예언자들과 신탁을 해석하는 제관들이 상위 제관들이었고 예배 도구를 관리하거나 송가를 부르고 의식 시간을 알리는 일 등은 하위 제관들이 맡아했다. 음악가, 가수, 그리고 행진에 참여하는 여인들도 이 하위 제관 그룹에 속했다.

이집트의 주요 신들

이집트의 중요한 신들은 신들의 속성과 경배가 일반화된 정도에 따라 몇 개의 그룹으로 나눌 수 있지만, 체계적이지 못하고 동물 숭배 등의 샤머니즘 성격도 강해 이집트를 관광하는데 필요한 중요한 신화만 소개하도록 한다. 각 지방마다 토속 신들이 있었고 또 역사와 사회가 바뀌면서 신들마저 서로 섞였기 때문에 통일된 신학이 존재하지 않아 고대 이집트 인들조차 타 지방의 신들을 알지 못했다. 가장 중요한

[천지창조의 신들]

천지창조 신화에 등장하는 주요 신과 고대 이집트의 역사가 진행되는 동안 비교적 꾸준하게 신앙의 대상으로 경배되었던 중요한 신들만 소개한다.

천지창조의 신

1. 눈 Nun (Noun)
2. 슈 Shou
3. 하 Ha
4. 마아트 Maat
5. 게브 Geb
6. 누트 Nout
7. 호루스의 눈
8. 네프티스 Nephtys
9. 레 Re (라 Ra)
10. 케프리 Khepri, 신성갑충(神聖甲蟲)

1. 눈 Nun (Noun)

눈은 카오스, 즉 혼돈이었으며 그 형상은 바다였다. 고대 이집트 인들은 모든 창조는 이 바다에서 시작되었거나 모든 사물이 바다 속에 있다고 믿었다. 위의 그림에 눈은

나타나 있지 않은데, 그것은 눈이 특정한 형상을 하고 있지 않기 때문이다. 굳이 말하자면 여러 신들이 나타나 있는 그림의 배경 전체가 눈이라고 할 수 있다. 눈은 물속에서 허리까지 빠진 채로 서서 수염을 기른 남자나 혹은 개구리나 풍뎅이, 때로는 뱀의 머리를 한 남자가 팔을 높이 들어 태양 돛단배를 떠받치고 있는 모습으로 표현되었다. 풍뎅이는 그 태양 돛단배에서 태양 원반을 들어 올리고 있었다. 하지만 눈은 원시 신앙에서는 전 우주를 채우고 있는 물이었기 때문에 겉으로 드러난 모습이 없다고 보았다. 그래서 고정된 이미지가 없다. 눈은 샘을 팔 때처럼 깊게 팔 때 발견되는 바다였고, 영원히 존재하는 것으로 생각되었다. 사람들은 나일 강의 홍수로 불어난 격렬한 물을 눈의 일부로 생각하기도 했다.
혼돈의 바다인 눈 위에 태초로 나타난 땅을 발견한 것은 브누라는 새인데, 이 땅이 바로 태양이었다. 이 태양의 빛이 처음으로 비춘 땅이 그리스 어로 태양의 도시라는 뜻인 헬리오폴리스였고 이를 기리기 위해 헬리오폴리스에 최초로 오벨리스크를 세웠다. 오벨리스크 위에는 피라미디온이라는 작은 피라미드가 올랐고 이 피라미디온을 황금으로 덮었다. 태양의 첫 광선이 비치는 곳이 그곳이었기 때문이다.

2. 슈 Shou

슈는 레에게서 태어났으며, 그의 쌍둥이 자매인 테프누트와 함께 헬리오폴리스 신화에서 첫번째로 부부가 된 신이다. 슈는 대기, 공허, 빛의 신이다. 원래 뜻은 '올리다'는 뜻이었으며, 그가 신화에서 행한 것 중에서 가장 중요한 행위는 자신의 아이들인 대지의 신 게브와 하늘의 여신 누트를 분리한 것이다. 이를 두고 슈가 근친 간의 사랑에 질투를 느껴 게브와 누트 사이의 애정 관계를 파괴했다고도 한다. 슈는 대개 수염이 달린 남자의 모습으로 표현되었다. 그는 누트를 떠받치는 게브 위에서 있거나 무릎을 꿇고 있는 모습을 하고 있다. 머리에는 자기 이름을 뜻하는 상형문자 모양인 타조 깃털 장식이나 누트를 떠받치는 하늘의 네 기둥을 상징하는 4개의 긴 깃털 장식을 쓰고 있었다. 슈가 들고 있는 뱀 형상의 지팡이는 부활을 상징한다. 이는 허물을 벗는 뱀의 생태에서 나온 신앙인데, 이를 연장해서 해석하여 고대 이집트 인들은 창조의 신으로 숭배하기도 했다.

3. 하 Ha

하는 서쪽 사막의 신이다. 황소의 꼬리를 달고 있는데 황소는 고대 이집트에서 다산과 권력을 상징했다. 하 앞에는 열쇠 모양의 안크Ankh라고 불리는 왕의 상징이 있다. 안크는 생명을 의미하며 안크를 소유한 자는 타인에 대해 생사여탈권을 갖는다. 고대 이집트에서는 따라서 신, 왕, 왕비만이 안크를 지닐 수 있었다.

4. 마아트 Maat

마아트는 대립적인 두 요소들 사이에서 조화를 도모하는 신이다. 이 조화는 좌우의 무게가 동일할 때만 수평을 유지할 수 있는 천칭의 이미지였고 자연히 정의와 진리의 여신으로 인정되었다. 상이집트와 하이집트, 비옥한 계곡과 척박한 사막, 선과 악, 빛과 어둠 등의 서로 상반된 요소들 사이에 존재해야만 하는 균형을 상징했던 마아트였기 때문에 왕국이 통일되었을 때나 태평성대가 찾아왔을 때 세상을 지배했다고 믿어졌다. 마아트는 레의 딸이며 토트의 아내라고 했으며, 천지가 창조되기 전에 레가 처음으로 눈에게서 나타났을 때 이들을 데리고 태양 돛단배에 있었다. 레가 세상으로 가져온 빛이 마아트였다. 레는 마아트를 혼돈의 장소에 두어 천지를 창조했다. 그렇기 때문에 마아트는 항상 태양 돛단배의 선원으로 묘사되었다. 늘 레 앞에 앉아 있는 모습으로 묘사된다.

모든 심판관은 마아트의 사제로 불렸다. 하지만 마아트는 후일 최후의 심판이 내려지는 오시리스의 심판의 전당에서 맡게되는 역할 때문에 중요한 존재가 되는데, 다름 아니라 죽은 자의 영혼을 심판이 내려지는 법정으로 안내하는 신이 마아트였던 것이다. 마아트는 균형을 상징하는 저울의 한쪽 접시에 놓였으며, 다른 쪽에는 죽은 자의 심장이 놓였다. 저울의 접시가 균형을 이루면, 심장은 죄가 없는 것으로 용서될 수 있었다. 마아트는 태양 돛단배에 서 있거나 오시리스의 심판의 전당에서 왕좌에 앉아 있으면서 머리에 높은 타조 깃털 장식을 쓰고 있는 여인의 모습으로 표현되었다. 그 외에 특히 죽은 자의 심장 무게를 재는 심판 의식이 진행되는 동안에는 깃털 장식으로만 표현되기도 했다.

5. 게브 Geb

게브는 대지의 신이다. 다른 지역의 대부분의 신화에서 대지는 일반적으로 여신이나 어머니로 상징되지만 이집트 신화에서는 남자 신인 게브로 상징된다. 슈와 테프누트의 아들이면서 쌍둥이 누이인 누트와 함께 이집트 신화의 두 번째 부부 신으로 간주한다. 하지만 때로는 태양의 신 레와 달의 신 토트의 아버지라고 인식되기도 했는데, 이집트 신화의 비체계성을 엿볼 수 있다.

게브는 현재의 우주를 창조하기 전에는 누트와 가깝게 포옹하고 있었다. 그렇지만 레는 이것을 못마땅하게 여기고 슈에게 게브와 누트를 떼어 놓으라고 했다. 게브와 누트가 떨어지면서 공간과 빛이 창조되었다. 게브는 대지 자체였으며, 게브의 몸은 둥글게 몸을 굽히고 있는 누트 여신 아래에 누워서 팔꿈치와 무릎을 굽힌 자세를 취하고 있다. 게브의 이러한 자세에서 가슴은 대지를, 굽힌 팔과 다리 등은 산과 계곡을 나타낸다. 파피루스에 그려진 게브의 몸에는 푸른 밭이나 식물이 나타나 있기도 하다. 게브를 거위 모습 또는 머리에 거위가 있는 모습으로 표현하기도 했는데, 그 이유는 난생(卵生)인 게브가 그런 모습으로 알에서 부화했기 때문이다. 게브의 오른손 위에 자리잡고 있는 거위가 '게브의 거위'로 이름은 브누이다. 게브와 누트는 오시리스와 이시스, 세트와 네프티스의 부모였다.

게브는 아버지 슈를 왕위에서 내쫓고 왕이 되었다고 한다. 게브가 왕권을 찬탈하고 어머니를 범하자 9일 동안 폭풍과 암흑이 계속되었다. 그 후 폭풍과 암흑이 걷히고, 게브는 왕으로 인정받았다. 그러나 게브는 왕위를 불법적으로 찬탈한 것 때문에 괴

로워했다. 게브는 75일 후에 왕국의 여러 지역을 방문했으며, 동쪽에서는 자기 아버지 슈의 위대한 용맹함과 코브라인 우라에우스를 머리에 달고 다녔다는 이야기를 들은 후 게브 역시 아버지를 모방하여 뱀을 자신의 머리 위에 두기로 결정했다.

6. 누트 Nout

누트는 하늘의 여신이다. 누트는 흔히 아치 모양으로 길게 늘어난 몸을 둥글게 구부리고 있는 모습으로 표현된다. 슈가 누트를 떠받쳤기 때문에, 누트는 손가락 끝과 발가락만으로 대지를 짚고 몸을 지탱할 수 있었다. 누트는 낮에는 게브와 떨어져 있지만 매일 밤 게브에게 내려와서 어둠을 만들었다. 누트의 복부에는 때로 수없이 많은 별들이 그려지기도 하는데 이는 누트가 곧 하늘의 여신이기 때문이다. 그 복부는 태양 돛단배가 항해하는 하늘의 바다 또는 강이 되었다.

매일 아침 태양은 여러 가지 모습으로 누트의 자궁에서 다시 태어난다. 그렇기 때문에 누트는 사실상 레의 어머니이면서 동시에 딸이었다. 케프리가 지하 세계에서 나타날 때의 누트의 모습은 이런 관계를 상징한다. 사람들은 누트가 태양을 낳을 때 흘린 피 때문에 새벽하늘이 붉게 물든다고 믿었다. 관 뚜껑 내부에는 죽은 자의 영혼이 축복을 받고 죽은 자와 합쳐질 수 있도록 누트의 몸인 하늘이 그려져 있었다.

7. 호루스의 눈

호루스의 왼쪽 눈은 달을 나타낸다. 동생인 세트와의 싸움에서 잃어버렸으나 되찾게 된 이후 갱생과 완벽함 등을 상징하게 되었다.

8. 네프티스 Nephtys

네프티스는 누트의 둘째 딸로 이시스 여신의 여동생이다. 윤일 5일째 되는 날에 태어났다. 그림에서는 풍요의 물을 뿌리고 있고 그 물을 받아 농부들이 밭을 갈고 있다. 미라가 된 오시리스의 몸은 네프티스가 뿌리는 물이 대지에 닿으면 부활한다.

세트와 결혼을 했지만, 오시리스에게 충성했다. 네프티스는 나약함과 폭풍의 신의 아내로서 아이를 갖지 않았다. 네프티스의 가장 큰 희망은 오시리스의 아이를 갖는 것이었다. 그래서 오시리스를 속이기 위해 취하게 하거나 자신을 이시스로 착각하도록 했다. 네프티스와 오시리스가 결합해서 낳은 자식이 아누비스였다. 하지만 네프티스는 세트의 복수가 두려워 아이가 태어나자마자 그 아이를 버렸다. 그 직후에 세트가 오리시스를 죽이고 네프티스는 남편인 세트에게서 도망쳤다. 네프티스는 오시리스의 시체를 찾기 위해 자매인 이시스와 만나서 이시스에게 아누비스에 대해서 말했다. 그 후로 네프티스는 자매인 이시스가 겪는 모든 일을 함께하면서 이시스와 세트가 무서워 도망친 다른 사람들을 보호했다. 네프티스는 그 사람들이 여러 가지 동물의 모습으로 숨을 수 있도록 자기 마력으로 그들의 모습을 바꿔 주었다. 두 자매는 오시리스의 시신을 찾아내어 썩지 않도록 미이라로 만들었다. 그런 다음에 이시스와 네프티스는 솔개가 되어 시신에게 애도를 표했다. 이시스와 마찬가지로 네프티스는 깃털이 달린 자신의 긴 날개로 죽은 자를 품에 앉아 보호했으며, 관에는 네프티스의 그런 모습이 자주 표현되어 있다.

9. 레 Re (라 Ra)

태양을 의미하는 단어인 레는 태양의 신이 되었다. 레는 우주의 창조자이며 신들의 아버지이고 최초의 인간을 만든 신이기도 하다. 머리에 태양을 이고 있다. 이 태양은 세상의 종말이 오면 사라질 것이고 그러면 다시 온 우주는 눈Noun의 혼돈의 물로 가득차게 된다고 믿었다. 레의 중요 숭배지는 그리스 어로 태양의 도시라는 뜻의 헬리오폴리스였다. 레는 연꽃의 꽃잎 안에 둘러싸인 원시 바다에서 태어난 것으로 생각되었다. 연꽃은 레가 매일 밤 자신에게로 돌아오면 한 번 더 레를 감쌌다. 그 외에 레는 불사조의 모습으로 나타나서 오벨리스크 꼭대기에 있는 작은 피라미드 형상의 피라미디온에 내려앉은 것으로 생각되었다. 이 피라미디온은 태양 광선의 상징이었으며, 헬리오폴리스에 있는 레 신전은 가장 신성한 신전이었다. 이 피라미디온의 표면은 아침에 떠오르는 태양 광선을 반사했다.
레는 '신들의 아버지'로 불렸으며 파라오의 다른 신들의 이름 뒤에 붙어 신성을 강조하기도 했다. 레는 이중으로 만들어진 이집트 왕관을 쓰고 하늘을 가로질러 항해했다. 이 왕관은 하이집트를 상징하는 붉은 왕관과 상이집트를 상징하는 백색의 왕관을 합친 것이었다. 파라오 왕관에서 볼 수 있는 것처럼, 왕관에는 왕권을 상징하는 우라에우스 뱀이 고개를 들고 모든 적들에게 불을 내뿜고 있었다.
레는 파라오와 아주 동일한 존재로 생각되었으며, 파라오의 보호 신이었다. 파라오는 레의 아들 호루스이며 사후에는 레가 되는 것으로 생각되었다. 초기에는 파라오만 레를 숭배할 수 있었지만 나중에는 모든 사람들의 숭배를 받았다.
레의 눈(目)은 몸에서 떨어져 나올 수 있는 신체 기관이었는데, 별도로 정신을 갖고 있다고 생각되었다. 아툼은 눈Nun의 암흑의 바다에서 슈와 테프누트를 잃어버리자 눈(目)을 보내어 찾도록 했다. 그때 눈은 아툼의 이마에 놓이는 보상을 받았다. 하지만 다른 신화에서는 눈이 자기 스스로 떠났으며, 레는 달의 신 토트를 보내서 눈을 데려오도록 했다고 한다. 눈은 레에게 돌아간 후 자신의 자리가 다른 눈으로 대체된 것을 보고 분노했다. 하지만 토트는 원래의 눈을 달랬으며, 레는 원래의 눈을 우라에우스라는 뱀의 모습으로 만든 후에 '전 세계를 지배할 수 있는' 자신의 이마에 두어서 진정시켰다. 눈(目) 또는 우라에우스는 세계를 효율적으로 통치하는 지배자가 되었으며, 파라오들은 자신의 위엄의 상징으로서 그리고 태양신에게서 태어난 후손으로서 우리에우스 왕관을 썼다.

10. 케프리 Khepri, 신성갑충 (神聖甲蟲)

케프리는 떠오르는 태양을 나타내는 레의 한 모습이다. 케프리는 흔히 '풍뎅이' 형상을 하고 나타나는데, 이집트 인들은 자기 앞에 식량으로 쓸 둥근 경단을 굴리며 앞으로 나아가는 풍뎅이의 모습과 태양이 유사하다고 보았고, 또 암컷 풍뎅이는 자신의 배설물로 만든 경단 속에 알을 낳는다고 생각했다. 이집트 인들은 풍뎅이가 자기 고유의 자양물에서 태어나는 것으로 생각했기 때문에, 풍뎅이를 태양신의 자기 생식 능력을 보여 주는 상징으로 받아들였던 것이다. 케프리는 자신을 재생할 수 있는 힘이 있었기 때문에 창조를 상징했으며 아툼과 동일한 존재로 생각되었다. 케프리는 오시리스를 경배할 때 가정하는 내세와 결합되기도 했다. 케프리는 풍뎅이 머리를 한 남자의 모습이나 자기 앞에 있는 새로운 태양의 원반을 밀고 가는 풍뎅이의 모습으로 표현되었다.

[이집트 3신. 왼쪽부터 오시리스, 호루스, 이시스]

고대 이집트 신화의 3신 :
이시스 Isis, 오시리스 Osiris, 호루스 Horus

그리스 신화에 올림포스 산에 사는 12신이 있다면 이집트 신화에는 수는 적지만 늘 함께 등장하는 3신이 있다. 이시스, 오시리스, 호루스 세 신이 그들인데 이들은 이집트 신화에서 가장 오랜 수명을 유지했고 전 이집트에 골고루 퍼져 있었다. 이시스는 오시리스 없이는 이야기가 되지 않으며 그 역도 마찬가지이다. 두 신 사이에서 태어난 아들이 호루스인데, 신전이든 무덤이든 혹은 파피루스이든 성벽이든 항상 함께 묘사되곤 했다.

이시스 Isis

이시스는 오시리스와 남매지간이면서 부인이기도 하다. 여신의 머리에는 암소의 뿔 사이에 태양이 들어가 있는데 이는 원래 암소의 여신인 하토르의 상징이었지만 종종 두 여신의 모습이 혼동되곤 했다.

어느 날 오시리스의 형제인 세트가 오시리스를 연회에 초대했다. 이 연회는 음모였고 세트는 오시리스를 살해한 후 시신을 14토막을 내어 이집트 각지에 흩어놓았다. 이시스는 전국을 돌아다니며 시신의 조각을 하나하나 찾아내 찾은 장소에서 장례식을 거행한 후 제단을 세웠다. 이시스는 남편의 시신 잔해를 원래의 상태로 만든 후에 귀한 기름을 발랐는데, 이는 이시스가 처음으로 시체 보존의식 즉, 미라를 통해 오시리스가 영원한 생명으로 부활하도록 했음을 의미한다. 이때 이시스는 여동생인 네프티스의 도움을 받았다. 두 여신이 함께 등장하는 경우가 많은 것은 이 때문이다. 이시스는 오리시스의 재상 토트의 도움을 받아 자신을 찾는 세트를 피해 습지에 숨어 살면서 그곳에서 호루스를 낳았다. 이시스는 오시리스의 후계자를 낳았다는 것을 기뻐했으며, 그때부터 호루스가 자기 아버지의 복수를 하고 세습권을 주장할 수 있을 나이가 될 때를 기다리며 살았다.
어느 날 호루스를 갈대숲에 남겨두고 하루 종일 밖에 있다 돌아온 이시스는 호루스가 무엇인가에 대해 글을 써 놓고 혼수상태에 빠진 것을 발견했다. 세트는 자신의 실제 모습으로 습지에 들어 갈 수 없었기 때문에 독사의 모습으로 기어가서 호루스를 물었던 것이다. 이시스는 세상에 자기 혼자밖에 없는 것 같은 절망에 빠졌다. 자기 아버지와 어머니, 오빠인 오시리스 모두 죽었던 것이다. 게다가 작은 오빠인 세트는 무자비한 적이었고, 자매인 네프티스는 세트의 아내였다. 그래서 이시스는 모든 사람들에게 호소했다. 저습지 지대 거주자와 어부들은 곧장 도움을 주면서 이시스를 동정해 울었다. 하지만 그 사람들 중에서 온몸에 독이 퍼진 호루스를 치료할 수 있는 마법의 주문을 아는 사람은 아무도 없었다.
이시스는 이제 더 높은 신에게 도움을 청해야만 했다. 이시스의 탄원은 '수백만 년의 돛단배'에서도 들렸으며, 그 배가 이시스가 있는 곳에 이르자 이시스의 탄원이 배의 항로를 막았다. 토트는 배에서 내려와 이시스와 대화를 나누었고 이시스가 원하는 대로 레의 힘을 사용해도 좋다는 허락을 받았다. 태양의 배가 멈추자, 빛도 멈췄다. 그러자 토트는 이시스에게 호루스가 치료될 때까지 암흑이 계속될 것이라고 했다. 그 외에도 불행이 세상에서 사라지지 않을 것이며, 영겁의 암흑이 지배할 것이고, 우물은 말라 있을 것이며, 어떤 작물이나 식물도 자라지 않을 것이라고 했다. 이렇게 해서 태양신 레의 강력한 마법의 주문으로 독이 사라졌으며 이시스와 저습지의 모든 거주자가 기뻐했다. 이집트 인들에게 깊은 연민을 느끼게 한 이 이야기를 통해 호루스는 파라오의 원형으로 간주되었으며, 파라오에게 위해가 가해지면 온 세상의 질서가 붕괴되고 민중들은 죽을 수밖에 없다는 사실도 알게 되었다.
이시스는 이집트 역사의 서기 6세기까지 상이집트의 필라 섬에서 다산의 여신으로 숭배의 대상이었다. 하지만 이시스는 주로 충실한 아내이면서 애도자로서 숭배되었다. 이 역할을 할 때 이시스는 솔개의 모습으로 표현되었으며, 대개 네프티스와 함께 모습을 보이곤 한다. 다른 시대에는 이시스가 깃털로 덮여 있는 긴 날개로 죽은 자를 보호하는 형상을 띠고 나타나기도 했다. 또 어떤 때에는 옆에 깃털과 암소의 뿔이 있는 원반이 이시스의 머리 장식으로 사용되기도 했다. 이런 모습은 이시스를 하토르와 동일한 존재로 생각하는 것에서 유래한 것이었다. 이시스는 때로 암소의 머리를 한 모습으로 표현되었다. 이시스는 유아 호루스에게 젖을 먹이고 있는 여인상으로 표현되는 경우도 자주 있으며, 어린아이들을 죽음으로부터 보호하는 여성 보호자로 숭배되었다. 이시스의 독특한 문장은 타트, 즉 '허리띠' 또는 '이시스의 매듭'이었다. 이것은 생식력을 상징하는 것으로 생각된다.

오시리스 Osiris

오시리스 신화를 최초로 이집트 외부에 알린 사람은 그리스의 학자이자 작가였던 플루타코스이다. 〈피라미드의 서〉와 초기 시대의 다른 문서에 나타나는 설명들을 통해서 확인할 수 있는 오시리스 신화를 보면, 하늘의 여신 누트가 오시리스를 낳을 때 신전에서는 위대하고 선한 왕이 태어난다고 하는 목소리가 들렸다고 한다. 오시리스는 남매지간인 이시스와 결혼했으며, 아버지 게브의 왕위를 계승했다.

오시리스는 밀과 보리, 포도와 같은 농작물 재배법과 도시를 건설하는 방법을 가르쳤으며, 에티오피아에서는 관개 운하와 댐을 건설해서 나일 강의 홍수를 조절하는 방법을 가르쳤다. 오시리스는 또 신을 숭배하는 방법을 가르쳤으며, 그 사람들을 위해 법을 제정했다. 오시리스는 이런 일을 하는 과정에서 서기인 토트의 도움을 받았다. 토트는 예술과 과학을 발명했으며, 사물에 이름을 붙였다.

오시리스가 없는 동안 이시스는 토트의 도움을 받아 왕국을 통치했지만, 세트의 음모 때문에 큰 어려움을 겪었다. 세트는 왕위를 탐내는 것은 물론이고 이시스를 사랑했으며, 이미 확립되어 있는 사회질서를 전복시키려고 했다.

오시리스는 죽은 자의 신으로서 민중들에게 가장 널리 퍼져 있었다. 오시리스는 숭배자들에게 정의롭고 선한 왕이 통치하는 다른 세계에서 영원히 행복하게 살 것이라는 희망을 상징하는 존재가 되었다.

오시리스는 다산의 원천이었기 때문에 그가 죽으면 나일 강에 가뭄이 들고, 그가 부활하면 나일 강에 홍수가 발생하는 것으로 생각되었다. 또 태양과 그 태양이 매일 죽고 부활하는 것은 오시리스와 동일하게 생각되었다. 오시리스와 그의 형제인 세트의 적대 관계는 비옥한 나일 강과 황량한 사막, 삶과 죽음의 영원한 대립으로 생각되었다. 오시리스는 대개 이시스 및 그의 유복자인 호루스와 함께 가족 삼신(三神) 형태로 이집트 전 지역에서 숭배되었다. 주요 숭배 중심지는 델타 지대에서 오시리스의 초기 중심지였던 부시리스와 이집트 중부의 아비도스였다. 이 중에서 아비도스는 이집트 전체 역사에 걸쳐 죽은 자의 숭배 중심지였다. 오시리스가 살해된 곳으로 생각되기도 했고 이시스가 오시리스의 시체를 찾은 곳으로 여겨졌던 곳이 바로 아비도스였기 때문이다.

오시리스는 양손으로 최고의 권력을 상징하는 지팡이와 신의 응징을 나타내는 채찍을 들고있다. 그의 시신에는 대지를 상징하는 붉은색과 식물을 상징하는 초록색을 칠했으며, 수염을 기른 머리에는 상이집트를 상징하는 백색 왕관과 2개의 깃털로 이루어진 아테프 왕관을 썼다.

호루스 Horus

호루스는 매의 형상을 하고 있는 신인데, 이시스와 오시리스의 아들이다. 매는 이후 전쟁의 신과 승리를 거둔 지도자를 상징했다. 또 매의 탁월한 능력에 대한 생각이 왕은 매가 사람으로 변신을 해 지상에 나타난 것으로까지 확대해석되었다. 이러한 믿음은 이후 교리로 확고하게 정착되었으며, 왕들은 호루스라는 이름을 자신들의 이름으로 사용했다. 동시에 통치하는 왕들은 이제 레의 숭배자가 되었기 때문에, 호루스는 태양과 동일한 존재로 생각되었다.
태양이면서 오시리스와 이시스의 아들이라는 이 이중적 성격으로 인해 호루스는 다

[아몬 레 신. 그리스 신화의 제우스와 같은 위상을 가진다.]

양한 신화를 구성하게 되어 숭배 중심지마다 서로 다른 이름을 갖고있기도 하고 형상도 달라 혼란스럽다. 하로에리스, 호루스 베데티, 하라크테, 하르마키스, 하르시에시스 등의 이름들이 모두 호루스를 지칭하는 말들이다.

기타 고대 이집트의 주요 신들

아몬 Amun (Amon)

고왕국 시대 테베 시의 신이었다. 아몬은 다른 어떤 신보다 정치적 성격이 강한 신이었는데 다른 신들을 숭배하는 부족을 정복하면 이 다른 신들을 흡수하면서 새로운 특징들을 갖게 되었고 또 초기의 아몬 숭배자들은 왕실 가문이 되자 다른 어떤 신보다 아몬과 그에게 부여된 힘을 이용해서 자신들의 권위를 강화했다. 이집트 신화에서 최고의 신성으로서 태양신인 레와 결합되어 아몬 레로 불리기도 했다. 신들의 신으로 그리스 신화의 제우스와 같은 위상을 갖고 있는 신이었다. 아몬은 거위의 모습으로 표현되거나 다산의 짐승인 숫양으로 표현되기도 했다. 가장 유명한 신

전은 룩소르 지역의 아메노피스 3세의 신전이다. 아몬의 대신전에서 멀지 않은 카르나크에 있다.

아누비스 Anubis

아누비스는 자칼의 형상을 한 미라의 신이다. 아누비스는 자칼의 머리를 한 남자의 모습이나 이시스를 동반하는 개의 모습, 또는 탁자나 무덤 위에 웅크리고 앉아 있는 자칼의 모습 등으로 표현되었다. 아누비스의 임무 중에서 가장 중요한 것은 영혼의 무게를 재는 것을 감독하는 일이다. 아누비스는 대개 자신의 머리 높이까지

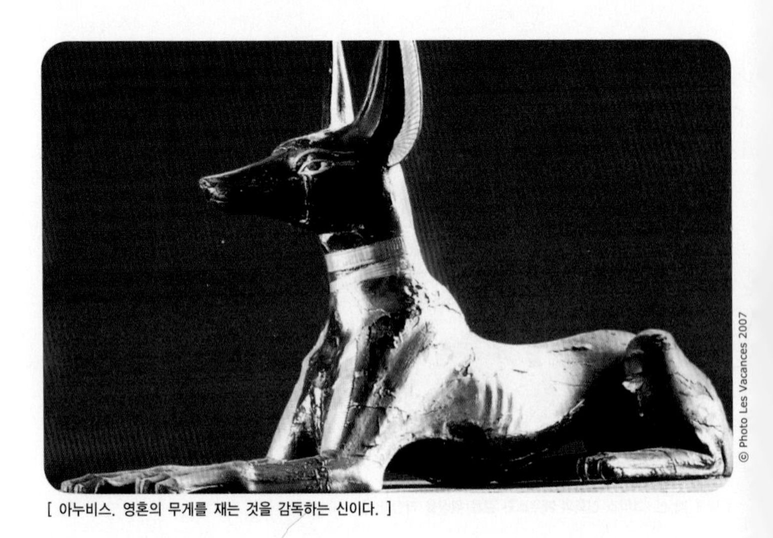

© Photo Les Vacances 2007

[아누비스. 영혼의 무게를 재는 것을 감독하는 신이다.]

올라가는 저울의 눈금을 세밀하게 주시하면서 저울이 균형을 이루는지 살핀다. 아누비스가 내린 판결은 다시 토트와 호루스, 오시리스가 받아들이기 때문에, 그의 결정이 다른 어떤 결정보다 중요했다.

초기부터 이집트의 거의 전역으로 확산되었다. 자칼은 사막의 동물이기 때문에, 이집트 인들은 아누비스를 죽은 자의 집인 서부 사막 지역과 관련지어 생각했다. 아누비스는 인간의 운명을 예측할 수 있다고 믿었기 때문에 마법이나 점술과 결합되었다. 또 아누비스는 약과 독을 관장하는 신이었고 그 약품들을 이용해서 오시리스의 시체를 미이라로 만들었다. 오시리스의 장례식을 고안한 신으로도 알려져 있다.

아텐 Aten (Aton)

아텐은 초기 시대 이후로 태양신의 모습이었으며, 절정기에는 개방적이고 강력한 태양의 모습으로 표현되었다. 아텐은 광선이 대기로 뻗어 나가는 붉은 원반의 모습으로 묘사되곤 했다. 아케나텐이 일으킨 종교에서는 다른 모든 신들을 능가하는 유일신으로 숭배되었다. 아몬 레를 대체하는 신으로, 아몬 레 신전에게서 빼앗은 재물

들을 가지고 북부 지방에 아텐 신전들이 새로 건설되기도 했다. 하지만 이집트 인들은 유일신 숭배에 익숙치 않았으며 이전의 전통을 바탕으로 확립된 다신교의 혼합적 신앙을 선호했고 아케나톤이 죽은 후 다시 아몬 레 신앙으로 돌아갔다.

바스테트 Bastet

바스테트는 델타 지대의 토속 여신이었으며, 제2왕조 시대에 출현했다. 처음에는 야생 고양이나 암사자의 형상을 한 신이었고 다산성, 민첩함 등의 속성이 숭배의 대상이었다. 바스테트는 여전히 지역 신의 지위에 지나지 않았지만 오래지 않아 레와

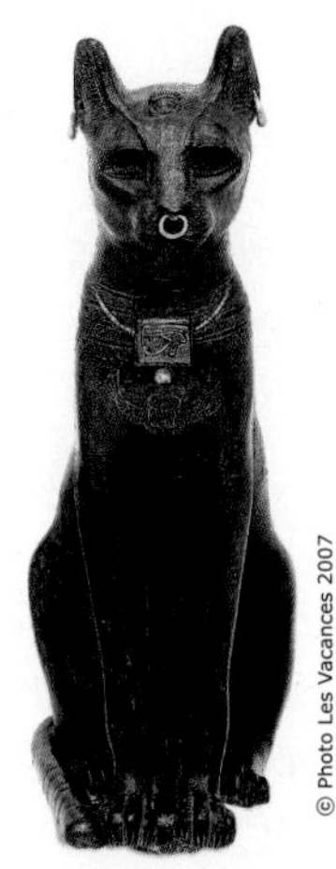

[델타 지역의 토속 여신인 바스테트]

연결되어 레의 부인이면서 딸이라고 생각되기도 했다.
바스테트의 모습은 고양이의 머리를 한 여자로 표현되었으며, 손에는 시스트럼이라는 악기나 상자 또는 바구니를 들고 있다. 그 외에도 동심의 여러 개의 목걸이로 둘러싸인 암사자의 머리를 한 여인의 모습으로도 표현되었다. 바스테트를 숭배하여 고양이를 성스러운 동물로 생각했으며, 고대에는 고양이 미라를 만들어 무덤에 매장하기도 했다.

베스 Bes (Bès)

베스는 제20왕조 시대에 수단에서 이집트로 들어온 이국 신이다. 베스가 이민족 출신이라는 점은 측면이 묘사된 다른 신들과 다르게 얼굴 정면이 표현되었다는 사실을 통해 알 수 있다. 베스는 사자의 특성을 일부 가지고 있었던 점으로 보아 원래 사자 신이었던 것으로 생각되지만 이집트에서는 항상 흉칙한 모습의 난쟁이로 묘사되었다. 평민들이 베스를 열광적으로 숭배했으며, 가장 대중적인 신이 되었다. 베스는 사회의 모든 신분에 속한 사람들에게 행복을 가져다 주는 신으로 인정되었기 때

문이다. 가정을 보호하는 신이었고 자연히 결혼과 여자들의 화장대와 장신구에 자주 모습을 나타냈다. 여자들의 가장 위대한 친구인 베스는 여자들의 분만을 도와주었으며, 신생아를 보호했다. 베스는 종종 새로운 어머니 주위에서 춤을 추면서 작은 북과 탬버린을 치거나 자신의 주위에서 칼을 휘두르는 모습으로 묘사되었다. 이러한 소음과 협박, 베스의 추한 모습과 그가 터뜨리는 웃음은 악령을 놀라게 해서 쫓아 버린다고 생각했다. 베스의 모습이 가장 많이 묘사된 것은 침대, 특히 부부 침대의 머리맡이나 거울 손잡이, 향수병, 기타 가사물품 등이었다. 그 외에 독사 같은 사막의 동물로부터 몸을 보호하기 위해 만들어진 부적에 종종 베스의 모습이 묘사되었으며, 죽은 자에게 평화를 가져오는 자로 인식되기도 해 미이라의 머리를 받치는 베개에 묘사되기도 했다.

하토르 Hathor

위대한 하늘 여신이었으며, 암소의 얼굴을 하고 있는 신이다. 후에는 시스트럼이라는 악기에 비유되었다. 기쁨과 모성의 여신이었던 하토르는 여전히 얼굴 전체가 표현된 몇 안 되는 신이었다.

크눔 Khnum (Khnoum)

크눔이라는 이름은 '창조하다'라는 뜻이다. 신의 속성은 '시원한 물의 지배자'이다. 고대 이집트 인들은 나일 강이 지하 세계 또는 두 개의 동굴을 통해 지하 대양으로부터 솟아나는 것으로 생각했고 크눔이 물의 반은 남쪽으로 보내고 나머지 반은 북쪽으로 보낸다고 믿었다. 물의 신인 크눔은 손을 내뻗어 손에서 물이 흘러나가도록 하는 모습으로 나타났다.

민 Min

민은 번개의 신이다. 초기에는 민을 최고의 존재인 천신으로 생각했으며, 중왕국 시대에 들어서도 민은 호루스와 동일한 존재로 생각되었다. 민은 레 또는 슈의 아들로 불렸다.
무엇보다 민은 다산의 신이었으며, 성적 능력의 신으로 남자들의 숭배를 받았다. 민은 또 비의 신으로서 자연의 생식력, 특히 곡식을 자라도록 하는 신이었다. 민을 기리는 축제에서는 파라오가 괭이로 땅을 파고 들판에 물을 뿌리는 동안 민은 파라오를 지켜보는 모습으로 나타났다. 수확기에 거행된 민 축제에서 파라오는 곡식을 수확하는 의식을 보여주었다. 중왕국 시대에는 풍요의 원천으로서 이와 같이 파라오와 연결되면서, 민은 오시리스의 아들 호루스와 동일한 존재로 생각했다. 민은 발기한 음경과 수염이 있는 남자의 모습으로 표현되었으며, 보통은 다리가 옛날 풍으로 가깝게 모아져 있고 검은색을 칠한 조각상의 형태가 많다.

세트 Seth

세트는 누트의 셋째 아이로 태어났기 때문에 이시스, 오시리스와 형제, 남매지간이다. 세트는 자신의 쌍둥이 누이인 네프티스와 결혼했다. 후에 세트의 숭배자들이 메네스가 지배하던 '두 나라'를 통일한 남쪽의 호루스 숭배자들과 전쟁을 했음을 신화의 내용을 통해 알 수 있다. 자신들을 호루스와 동일하게 생각했던 레의 숭배자들이 출현하면서 세트 숭배자들은 상이집트로 밀려났다. 호루스 추종자들은 호루스를 오시리스 가계에 편입시켜 이시스와 오시리스의 아들이 되었다. 따라서 반목은 세트와 그의 조카인 호루스 사이에서 집중적으로 일어났으며 세트는 호루스의 정통성에 의문을 제기해서 자신의 주장을 정당화했다. 오시리스의 숭배자들은 세트가 태어나는 순간부터 성격이 나빴던 것으로 말했다. 그들은 세트가 올바른 시간과 장소에서 태어나지 않고 어머니의 자궁에서 옆구리를 뚫고 억지로 나왔다고 주장했다. 이집트 인들은 세트가 악의 색인 붉은 눈과 머리카락을 가지고 있었으며 붉은 존재라고 생각했다. 플루타르코스는 오시리스의 통치와 세트의 질투, 세트가 형을 살해했다고 묘사했지만 세트의 질투가 근거 없는 것은 아니었다. 원래 게브는 자신의 왕국을 둘로 나누어 상이집트를 세트에게 할당하고 하이집트는 오시리스에게 할당할 것이라고 선언했기 때문이다. 세트는 영토 분할을 할 때 자신은 세습 영토의 일정한 몫을 전혀 인정받지 못했다고 항의하면서 왕국 전체를 자신의 것이라고 주장했다. 어쨌든 이 세트와 관련된 신화는 왕권을 둘러싼 권력투쟁을 일러주는 것으로 모든 왕조의 피할 수 없는 비극이 이집트에서도 일어났음을 일러준다.

토트 Thoth (Thot)

토트를 상징하는 동물은 부엉이 또는 개의 머리를 한 비비였다. 하지만 토트의 기원은 여전히 신비에 싸여 있다. 레는 자신의 눈을 찾아 준 토트에게 보상으로 달을 창조해 주었다고도 한다. 이렇게 해서 토트는 밤하늘을 지키는 달의 신이 되었다. 자연히 달의 신은 시간과 결합되었으며, 토트는 시간의 측정자로 불렸다. 손에 쥐고 있는 눈금이 새겨진 종려나무 가지는 토트가 시간의 측정자라는 것을 일러준다. 그 외에 토트는 수학과 천문학, 공학의 발명자로 여겨졌다. 토트는 레의 회계사나 비서와 같은 역할을 했다. 이집트 인들은 수학과 천문학이 자신들을 마법과 점에 직접 연결시켜 주는 것이라고 생각했다.

토트는 고위 관직을 갖고 오시리스 왕에게 봉사했고, 이시스 여신에게는 주문을 가르쳐 주어 오시리스의 생명을 소생시키고 오시리스가 죽은 후에 유복자를 임신할 수 있게 하기도 했다. 토트는 또한 이시스에게 젊은 호루스가 델타 지대의 저습지에서 성장하는 동안 걸리는 모든 질병을 치료할 수 있는 주문을 가르쳐 주었다.

토트는 신의 서기로 알려졌다. 서기는 일상적인 기록자였으며, 신들이 내리는 결정의 전달자였기 때문에 신의 전령이라고 생각하게 되었다. 이런 이유로 그리스에서는 토트를 헤르메스와 동일한 존재로 생각했다.

EGYPT **SPECIAL**

유네스코 지정 세계문화유산

[기자의 스핑크스와 피라미드]

아부 메나 기독교 유적

Abu Mena-Christian Ruins, **1979**

아부 메나는 서기 296년에 숨을 거둔 알렉산드리아의 순교자이다. 아부 메나의 기독교 유적지는 메나의 순교무덤 위에 세워진 초기 기독교 도시로 교회, 공회당, 공공건물, 수도원, 주택 등의 유적이 산재해 있다.

고대 테베와 네크로폴리스

Ancient Thebes and its Necropolis, **1979**

이집트 중왕국과 신왕국 시대의 수도로 테베는 아몬 신의 도시였다. 카르나크와 룩소르에는 많은 사원과 궁전들이 있으며 이른바 왕과 왕비의 계곡으로 불리는 계곡에 산재해 있다. 아직도 발굴 작업이 계속되고 있는 고고학적 가치가 높은 지역이다.

카이로 이슬람 지구

Islamic Cairo, **1979**

카이로는 세계에서 가장 오래된 이슬람 도시 중 하나로, 수많은 모스크와 아랍 식 목욕탕, 분수들이 유명하다. 10세기경 조성되어 14세기에는 전 이슬람 세계의 중심이 되었다.

멤피스와 네크로폴리스, 기자에서 다슈르까지의 피라미드 지역

Memphis and its Necropolis with the Pyramid Fields, **1979**

이집트 고왕국의 수도로 뛰어난 장례 문화 유적을 볼 수 있는 곳이다. 바위무덤, 사원, 피라미드 등의 유적은 세계 7대 불가사의 중 하나로 지목될 정도이다.

© Photo Les Vacances 2007

[바위산을 파서 만든 신전인 아부 심벨]

누비아 유적, 아부 심벨에서 필레까지

Nubian Monuments from Abu Simbel to Philae, **1979**

아부 심벨의 람세스 2세 사원과 필레의 이시스 신전의 장엄한 기념물이 있다. 아스완 하이 댐 건설 당시, 유네스코가 벌인 국제적 캠페인의 도움으로 일대 유적의 이전 작업이 이루어져 나일 강의 범람으로부터 보호될 수 있었다.

성 카타리나 지구

St. Katherine, **2002**

성 카타리나 지구의 그리스 정교 수도원은 구약성서에 나오는 모세가 십계명을 받은 호렙 산자락에 위치해 있다. 이 지역은 기독교, 유대교, 이슬람 교 등의 3개의 종교에 의해 성지로 여겨지고 있다. 수도원은 6세기에 세워졌으며 예전의 기능을 그대로 유지하고 있는 기독교 수도원 중 가장 오래된 것이다. 수도원의 벽과 건물들은 비잔틴 건축 연구에 있어서 중요한 자료이며, 수도원은 또한 초기 기독교 문서들과 성상을 보유하고 있다.

라메세움

EGYPT

SIGHTS

EGYPT **SIGHTS**

Cairo and Surrounding Area

카이로와 카이로 인근

[카이로] [기자] [사카라] [사카라 인근]

[카이로 나일 강변. 나일 강은 이집트의 생명의 젖줄이자 숭배의 대상이다.]

| 카이로 |

Cairo ★★★

피라미드와 스핑크스, 룩소르와 아부 심벨 신전 등의 거대한 이집트 유적을 보러 온 관광객들은 카이로에 일단 첫발을 내디디면 실망하지 않을 수 없다. 교외 인구까지 합쳐 인구 1,900만 명을 헤아리는 세계에서 가장 인구밀도가 높은 도시 중 하나인 카이로는 낡은 옛 건물과 콘크리트 건물들이 뒤섞여 빽빽하게 들어선 복잡한 미로 같은 도시이기 때문이다. 세계 4대 문명 발상지 중 하나인 고대 이집트에서 이슬람 시대를 거쳐 현대에 이르는 장구한 역사를 간직한 곳이지만, 카이로는 사람들과 차들로 꽉 찬 거리와 공해, 400개가 넘는 회교사원의 탑들과 시장들이 널려 있는 복잡한 현대 도시이기도 하다.

시 서쪽을 흐르는 나일 강을 건너 카이로의 부촌이라고 할 수 있는 게지라 섬과 로다 섬에 들어서면 실망감을 조금 덜 수 있다. 또 섬을 빠져나와 나일 강을 건너 황금빛 사막 한가운데 우뚝 솟아 있는 기자의 대 피라미드 군을 보게 되면 비로소 이

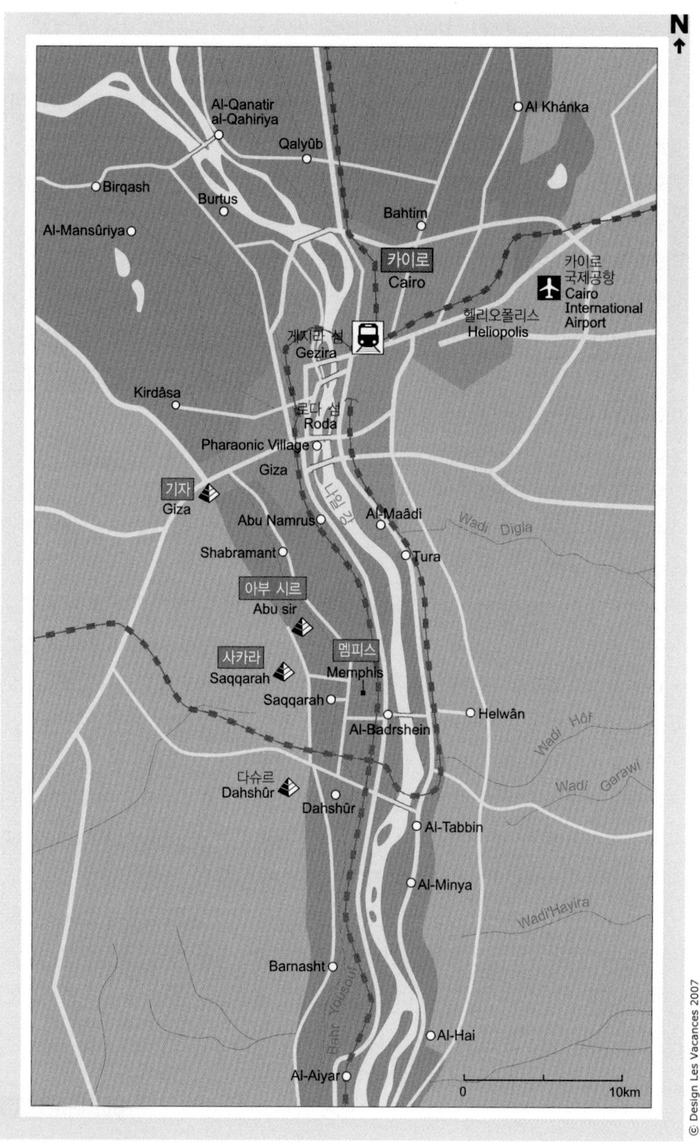

[카이로와 카이로 인근]

집트에 왔다는 것을 실감하게 된다.

7천만 가까운 이집트 전체 인구의 대부분이 나일 강 유역에 모여 살고 있고, 카이로는 지중해까지 펼쳐져 있는 길이 200km가 넘는 나일 삼각주 대평원이 시작되는 출발점이다. 아프리카 내륙의 토사를 실어와 델타를 세상에서 가장 비옥한 땅으로 만들어 주는 나일 강은 생명의 젖줄이자 모든 것을 가능하게 하는 신 그 자체로 오랫동안 숭배의 대상이었다. 카이로는 지중해 연안의 알렉산드리아에서 약 200km, 홍해와 지중해를 연결하는 수에즈 운하에서는 130km 정도 떨어져 있다.
역사적으로 보면 카이로가 태어난 것은 선사시대까지 거슬러 올라가야 하지만, 이집트의 수도 카이로가 현재의 이름으로 불리게 된 것은 서기 969년으로, 북아프리카의 파티마 왕조가 이집트를 정복하면서 '승리의 여신'이라는 뜻의 알 카이라Al-Qahira로 명명하면서부터다. 카이로로 불리기 이전에도 카이로 일대는 멤피스, 헬리오폴리스 등의 도시들이 들어서 있어 고대 이집트의 중심지 역할을 했던 곳이다. 나일 강을 건너면 바로 대 피라미드로 유명한 기자가 나오고 남쪽으로 내려가면 계단식 피라미드로 유명한 사카라와 상하 이집트가 통일되면서 본격적인 역사가 시작되는 이집트 최초의 수도인 멤피스 등의 유적지가 흩어져 있다. 자연히 카이로는 이들 고대 유적지를 방문하는 관광의 중심지 역할을 한다.
카이로의 역사는 그대로 이집트의 역사이기도 하다. 페르시아의 침입, 알렉산드로스 대왕의 침입, 로마 제국의 정복, 비잔틴의 지배가 계속되었고 아랍과 터키의 침공이 이어졌으며, 근대에 들어서는 프랑스의 나폴레옹과 영국의 침입을 받아 영국 보호령이 되기도 했다.
터키와 영국의 지배에 항거하는 민족주의 기운이 일어나 끈질긴 투쟁 끝에 1946년 왕국으로 독립하기에 이른다. 이런 이유로 카이로에는 다양한 문화가 혼재해 있다. 카이로 시내의 이집트 박물관에는 고대 이집트 유적이나 유물들이 풍부하게 소장되어 있다. 옛 성채와 아므르 사원, 알 아즈하르 사원 등의 이슬람 사원과 궁전 등도 자리잡고 있다.
지하철이 건설되어 있고, 시내 중심에서 북동쪽으로 20km 떨어진 곳에 국제공항이 있다. 970년 설립된 알 아즈하르 대학이 가장 전통 깊은 대학이며 그 외에 카이로 대학, 아메리카 대학, 이브라힘 파샤 대학 등의 4개 종합대학이 있다.
카이로는 1월 평균 기온 12.7℃, 8월 평균 기온 27.7℃, 연평균 강수량 25mm 정도로 매우 건조한 사막형 기후를 보인다. 시내 중심가는 미단 알 타흐리르, 즉 알 타흐리르 광장 인근으로 이집트 박물관, 나일 힐튼 호텔, 아랍연맹 빌딩, 인터콘티넨탈 호텔 등이 들어서 있다.

Information

카이로 공항에서 시내 가기

카이로 국제공항은 카이로 중심가에서 북동쪽으로 20km 정도 떨어져 있다. 공항에서 카이로 시내까지는 택시나 버스를 이용하면 된다. 택시는 미터기 없이 승차하기 전에 가격을 협상하기 때문에 바가지를 쓰지 않도록 주의해야 한다. 시내까지의 요금은 보통 30~40이집트파운드 정도인데, 공항 내 관광안내소에 비치된 공식 요금표를 확인하는 것이 보다 정확하다.

356번 버스가 카이로 시내의 알 타흐리르 광장까지 운행하며, 06:30~22:30까지 20분 간격으로 운행한다. 요금은 2.50이집트파운드이며, 짐이 있을 경우 추가 요금이 붙는다.

- www.cairo-airport.com

* 자세한 내용 ⇨ p 24 〈INFORMATION〉의 '가는 방법' 참조

카이로 시내 교통

지하철

카이로는 아프리카 대륙에서 유일하게 지하철이 있는 곳이다. 러시아워(오전 7시~9시, 오후 3시~6시)만 제외하면 그리 복잡하지도 않고 다른 교통수단보다 깨끗한 편이다. 또한 역명이 영어로도 표기되어 있어 외국 관광객이 이용하기 편리하다. 현재 1, 2호선 두 개 노선이 운행 중이며 3호선은 공사 중이다. 이동거리에 따라 요금이 늘어나며 기본 1이집트파운드 선이다. 오전 5시 30분부터 밤 12시(여름에는 새벽 1시)까지 운행한다. 객차 맨 앞의 두 칸은 여성 전용칸이다.

택시

관광객이 이용하기 가장 편리한 수단이다. 호텔 앞에는 영어 가능한 택시기사들이 많다. 미터기를 거의 사용하지 않고, 타기 전에 요금을 협상하므로 바가지를 쓰지 않도록 주의한다. 시내 이동 시에는 10이집트파운드 정도, 공항까지는 30~40이집트파운드 정도가 적정 요금이다. 하루에 다녀올 목적지가 여러 곳 있다면, 시간당 요금을 협상해 관광택시를 이용하는 것도 괜찮다.

버스

일반버스는 가장 저렴하게 이용할 수 있는 교통수단으로 요금은 50피아스트르 선이다. 단, 항상 승객이 너무 많고 영어 표기가 없어 관광객이 이용하기에는 조금 부담스럽다. 알 타흐리르 광장, 람세스 광장, 알 아타바 광장 등이 주요 정류장이다. 매일 오전 5시 30분부터 새벽 12시 30분까지 운행하며, 라마단 기간에는 새벽 2시까지 운행한다.
미니버스는 보통 일반버스와 같은 정류장을 사용하는데, 알 타흐리르 광장이나 알 아타바 광장 등에는 일반버스 정류장 근처에 미니버스 전용 정류장이 따로 있다. 요금은 50피아스트르~1이집트파운드로 일반버스보다 조금 비싸지만, 그만큼 덜 붐빈다.

관광안내소

안내서나 지도를 받을 수 있고 호텔 관련 정보를 얻을 수 있다. 관광객들을 위한 파출소도 같은 곳에 위치해 있어, 사기를 당하거나 도둑을 맞았을 때 이곳에 신고하면 된다. 람세스 역의 중앙홀에도 관광 사무실이 있는데 아침 9시에서 저녁 8시까지 문을 연다.

- 5 Sharia Adly, Midan al-Opera 근처 • ☎ (02)391-3454 • 09:00~19:00

인터넷 사용

Claridge Hotel

- 41 Sharia Talaat Harb • 하루 종일 이용 가능
- 5대의 컴퓨터가 비치되어 있고 호텔 투숙객이 아니어도 이용 가능

Onyx Internet Service

- 26 Sharia Mahmoud Bassiouni • 09:00~14:00
- 4대의 컴퓨터 비치, 가게 근처에 소매치기가 많으니 주의

Cleopatra Hotel

- 알 부스탄Al-Bustan 가와 알 타흐리르Al-Tahrir 광장 모퉁이
- 중심가에서 가장 저렴한 곳 가운데 하나지만 소매치기 주의

Cyber Corner

- 알 타흐리르Al-Tahrir 광장, 나일 힐튼Nile Hilton 호텔의 쇼핑몰 지하에 위치
- ☎ (02)578-0325 • 09:00~24:00 • 최소 접속 시간 15분이다. 쾌적하고 조용하며 에어컨이 있다. 12대의 컴퓨터가 있다.

Internet

- Zamalek에 있는 Sharia Shagaret ed-Dor
- ☎ (02)738-3557 • 24시간 영업

우체국

아타바 광장 우체국

호텔에서 우표를 구입할 수도 있으나 대부분 우체국보다 값이 비싸다. 소포를 부치고 싶다면 우체국으로 가는 것이 좋다. 우표 수집가들은 아타바 광장Midan al-Ataba 우체국을 한번쯤 방문해 보면 좋을 것 같다. 새로 인쇄된 우표들을 살 수 있는 좋은 기회이기 때문이다.

람세스 광장 우체국

- Midan Ramses • 토~목 08:30~15:00
- 해외로 소포를 보낼 수 있는 유일한 우체국이다.

수하물 보관함

람세스 역 1번 플랫폼에 있다. 안내판이 아랍 어로 쓰여져 있으므로 마클랍 알 압쉬 Maklab al-Afch가 어디에 있는지 물어본다. 24시간 이용 가능. 배낭은 보관하지 않는 것이 좋다. 주로 자물쇠가 달린 짐만 보관 가능. 15일 정도 짐을 보관할 수 있으나, 보관함에 남는 자리가 없는 경우가 많다.

Special

카이로 역사

파라오 시대

하이집트의 수도였던 헬리오폴리스가 카이로의 기원이다. 헬리오폴리스는 '태양의 도시'라는 뜻으로 태양신 레Re를 숭배하던 이집트 도시에 고대 그리스 인들이 붙인 이름이다. 헬리오폴리스는 고왕국 시대부터 정치, 경제, 문화의 중심지였다. 현재 카이로에는 중왕국, 제12왕조(기원전 2000~1780) 당시의 파라오인 세소스트리스 3세가 세운 오벨리스크 이외에 유적이 거의 남아 있지 않다. 현재 카이로 동부의 교외에 있는 헬리오폴리스는 20세기 초인 1905년 벨기에의 부호가 세운 신시가지이다. 이 신시가지는 인근에 있던 고대 헬리오폴리스의 이름을 따랐을 뿐, 전혀 무관한 곳이다. 헬리오폴리스의 건축물들은 후일 사원 건축용 석재를 필요로 했던 아랍 인들에 의해 대부분 파괴되었다.

구약성경, 창세기 속의 헬리오폴리스

구약성경에 등장하는 애굽이 이집트를 뜻한다는 것은 대부분의 사람들이 알고 있다. 하지만 구약에서 여러 번 언급되는 애굽 왕 '바로'가 이집트 왕 '파라오'를 지칭한다는 것을 아는 이들은 그리 많지 않다. 현 카이로의 옛 이름인 헬리오폴리스는 그리스 인들이 붙인 이름인데, 그 이전에는 '온On'이라고 불렸다. 창세기 41장 44~45절에 등장하는 온이 바로 헬리오폴리스이다.
"44. 바로가 요셉에게 이르되 나는 바로라 애굽 온 땅에서 네 허락 없이는 수족을 놀릴 자가 없으리라 하고, 45. 그가 요셉의 이름을 사브낫바네라 하고 또 온 제사장 보디베라의 딸 아스낫을 그에게 주어 아내를 삼게 하니라 요셉이 나가 애굽 온 땅을 순찰 하니라."
45절의 '온 제사장 보디베라의 딸'에서 '온'은 태양신 레를 섬기는 헬리오폴리스를 가리킨다.

그리스, 로마 시대

알렉산드로스 대왕의 마케도니아 군이 이집트를 침공한 기원전 332년부터 로마 제국이 멸망하는 서기 337년까지 카이로는 알렉산드리아에 수도로서의 자리를 내주게 된다. 기원전 332년, 알렉산드로스 대왕의 마케도니아 군이 이집트를 침공할 당시 페르시아의 지배를 받고 있던 이집트는 이들을 해방자로 맞아들였다. 알렉산드로스 대왕은 이집트를 통치하면서 나일 델타 지역의 하구에 항구 도시 알렉산드리아를 건설해 수도로 삼았다. 이후 지중해에 면해 있는 알렉산드리아는 이집트 최대의 도시로 발전해 정치, 경제는 물론이고 특히 문화적으로 지중해 일대를 지배하게 된다. 기원전 323년 알렉산드로스가 바빌론에서 숨을 거두자, 이집트는 마케도니아 귀족 가문인 프톨레마이오스의 지배에 들어간다. 하지만 심한 권력투쟁에 휩싸인 프톨레마이오스 왕가는 기원전 30년 안토니우스와 힘을 합해 옥타비아누스와 대결했던 클레오파트라 7세가 악티움 해전에서 패해 독사를 이용해 자살할 때까지 300년 이상 로마의 지배를 받는다. 한편, 로마 지배 말기에 기독교가 이집트로 유입된다. 콘스탄티누스 황제와 테오도시우스 황제의 보호 속에서 기독교 시대를 맞이해 카이로의 많은 우상과 신전들이 파괴된다. 이후 비잔틴 시대를 맞는다.

이슬람 시대

이슬람 시대는 이슬람 군의 이집트 정복(640~969), 파티마Fatima 왕조의 이집트 지배(969~1171), 아유브Ayyub 왕조(1171~1252), 맘루크Mamluk 왕조(1250~1517), 오스만투르크의 지배(1516~1805) 등 크게 5시대로 구분된다.

이슬람 군의 이집트 정복 (640~969)

많은 콥트 교도들이 이슬람으로 개종하고 아랍 어가 콥트 어를 대체하는 문화적 사건이 일어났다.

파티마 왕조의 이집트 지배 (969~1171)

예언자 마호메트의 사위인 알리Ali(예언자의 딸 파티마와 결혼)를 정통 칼리프로 인정하는 시아 파 이슬람 왕조가 수니 파인 우마이야Ummayya 및 아바스Abbasid

왕조의 칼리프Khalif 승계에 도전해 승리를 거두었으며, 969년 이집트를 정복했다. 이 기간 동안 알렉산드리아에서 카이로로 수도를 옮겨, 카이로가 제2의 전성기를 맞는다.

아유브 왕조 (1171~1252)

유럽의 십자군과의 전쟁이 가장 큰 사건이었다. 이집트를 침입한 십자군에 대항하기 위해 셀주크투르크의 술탄이 파견한 살라흐 알 딘Salah All-Din(줄여서 살라딘이라고 함)이 십자군을 물리친 후 이집트 지역을 실질적으로 지배했다. 파티마 왕조가 멸망하고 시아파도 숙청된다. 이 기간 동안 십자군의 공격에 대비하기 위하여 카이로 주변에 성채Citadel를 세웠다.

맘루크 왕조 (1250~1517)

십자군에 대항하기 위해 아유브Ayyub 왕조에 의해 고용된 터키계 노예 출신인 맘루크 족이 반란을 일으켜 아유브 왕조를 멸망시키고 맘루크 왕조를 세운 사건이 일어났다. 맘루크 왕조는 몽고 군의 침입을 격퇴하고, 십자군 세력도 물리쳤다. 맘루크 왕조에서는 터키 어가 널리 사용되었으며, 내정은 불안하였으나 대외적인 관계는 강력한 군사력을 바탕으로 대체로 안정을 유지했다.

오스만투르크의 지배 (1516~1805)

오스만 왕조의 셀림Selim 1세가 맘루크 왕조를 멸망시키고 이집트를 정복함으로써 시작되었다. 이후 오스만 왕조에서 파견한 총독인 파샤Pasha가 이집트를 통치했다. 이집트는 문화 중심지로서의 역할을 상실했으나, 이슬람 종교 중심지로서의 중요성을 확보해 나갔다.

19세기, 근대 이후

이집트의 19세기는 나폴레옹의 침공으로 문을 열었으며, 19세기 내내 프랑스, 영국 등 서구 열강의 침공과 영향을 강하게 받았다. 프랑스의 이집트 지배(1798~1801)는 짧았지만, 그 영향은 지대해서 이집트가 서구인들에게 알려지며 학문적 연구 대상과 관광지로 각광을 받기 시작했다.
프랑스 학자들이 로제타 석Rosetta Stone이 발견(1799)하는 등 많은 고고학적 유물 및 유적 발굴이 이루어졌으며, 이집트 근대 왕조가 성립된 것도 19세기이다. 무하마드 알리Muhammad Ali(1769~1849)는 원래 프랑스의 이집트 침입에 대항하기 위해 터키 왕조에서 파견한 장군이었으나 이집트 정착 후 정치, 군사, 경제개혁 단행, 근대 이집트 건설의 기초를 닦고, 수단 정벌(1820), 팔레스타인 지역 및 아라비아 반도 파병 등을 통해 세력을 확장했다. 알리Ali의 장손 이스마일Ismail the Magnificent(1863~1879)은 대규모 국토개발계획(수에즈 운하 건설, 철도, 통신, 공장, 관개수로 등)을 추진함으로써 외채가 누적되어 1875년, 영국 정부에 수에즈 운하 주식 43%를 매각하고 만다. 1876년 외채 상환이 정지됨에 따라 공채정리위원회(영국, 프랑스, 독일, 이탈리아, 오스트리아)에 의한 국가 재정 관리가 실시되어 이집트는 식민지화의 길을 걷게 된다. 이후 영국의 군사점령과 통치는 1936년까지 지속된다.

20세기, 독립 이후

1, 2차 세계대전 이후 이집트 역사는 강한 민족주의를 큰 특징으로 한다. 1948년 제1차 중동전쟁에 참전한 것도, 1947년 이스라엘이 독립국가를 건설하는 것에 반대하기 위한 것이었는데, 이러한 민족주의 성향은 1952년 나세르Nasser 중령 휘하의 자유장교단 혁명 이후 더욱 강하게 이집트를 지배했다. 나세르는 왕정을 폐지하고 이집트 아랍 공화국을 건립했으며, 이로써 기원전 341년 이래 약 2300년 간에 걸친 이민족 지배에 종지부를 찍게 되었다. 1956년 나세르 대통령은 수에즈 운하를 국유화했으며, 이로 인해 영국과 프랑스 및 이스라엘의 이집트 공격으로 제2차 중동전쟁이 발발했다. 1967년 6일 전쟁인 제3차 중동전쟁이 발발해 패전하고 만다.
1970년 사다트Sadat 대통령 취임 이후 이집트는 그동안의 반미에서 돌아서 친서방 온건노선을 추구했다. 하지만 1973년 다시 10월전쟁(제4차 중동전쟁)이 터져 시나이 반도 등의 회복을 위해 이집트 등 아랍 연합군이 이스라엘을 공격하였으나 실패하고 만다.
이후 1981년 무바라크Mubarak 대통령이 취임하여 현재까지 무려 25년을 집권하고 있다. 이집트-이스라엘 평화협정 체결 이래 이집트는 아랍 권으로부터 소외당했으나, 걸프 전 참전을 계기로 아랍의 중심으로 재부상했다.

레스토랑, 카페, 바 & 나이트, 호텔 등의 지도상 위치는 카이로 〈SIGHTS〉의 구역 지도 '카이로 중심가' 참조

Eating & Drinking

| 레스토랑 |

■■■ 저가 (25이집트파운드 이하)

▶ **Baba Abdo** [R-1] [D-3]

• Sharia Manshiet al-Katara(프랑스 영사관으로 가는 길 중 하나)

- 매일 저녁 늦게까지 • 전통 요리와 토마토 소스 파스타를 먹을 수 있다. 이 지역에서는 꽤 알려진 식당으로 단골들이 많다. 저렴한 가격에 많은 양을 먹을 수 있다. 테이크아웃 가능

▶ Snack de l'Hotel Nile Hilton [R-2] [C-4]

- 10:00~18:00 • 이집트 박물관 입구 정면, 호텔 바로 모퉁이에 있다. 박물관 견학 후 배가 고플 때 가면 좋다. 샌드위치, 피자 등을 먹을 수 있다. 음료수는 비싼 편이다.

▶ Fatatri al-Tahrir [R-3] [D-4]

- 166 Sharia al-Tahrir(Al-Tahrir 광장에서 100m)
- 시내 중심가에 위치해 있으며 이집트 식 피자 전문 가게이다. 크레이프도 먹을 수 있으며 입맛에 따라 다양하게 고를 수 있다. 자리가 많지 않기 때문에 앉아서 먹으려면 줄을 서서 기다려야 할 때도 있다.

▶ Le Grillon [R-4] [D-3]

- 8 Sharia Qasr al-Nil(Galleria 상점가 작은 골목길 안쪽)
- 조용한 분위기에서 편하게 쉴 수 있는 곳이다. 간단한 스낵 종류가 먹기 좋다. 여름에는 아이스크림도 판다. 저녁에는 물담배를 피울 수 있다.

▶ Café Riche [R-5] [D-3]

- 17 Sharia Talaat Harb
- 카이로의 위대한 문학가, 가수, 정치가들이 자주 들렀던 곳이다. 지하에 있는 바는 저녁 7시 이후부터 문을 열며 생맥주를 마실 수 있다. Café Riche의 주 고객이었던 사람들의 초상화가 있고 안쪽에서는 간단한 식사를 할 수 있다. 가격이 믿을만 하고, 카이로에 머무는 여행객, 이집트 인, 외국인들이 서로 이야기를 나누기에 좋다.

▶ Club Grec [R-6] [D-3]

- Midan Talaate Harb • 18:00~01:30
- Groppi 찻집 위에 있다. Mahmoud Bassiouni 가에 있는 제과점 근처에서 입구를 찾을 수 있다. 다양한 그리스 식 요리를 맛볼 수 있다. 특히 샐러드는 양이 많고 치즈와 함께 나온다. 차가운 맥주를 마시기 위해 사람들이 많이 찾는다.

▶ Felfela [R-12] [D-4]

- 15 Sharia Hoda Sharaawi • 07:00~01:30
- 다양한 샌드위치가 있다. 앰배서더Ambassador 호텔 옆, 법원 바로 앞에 있으며 잠깐 들러 끼니를 때우기에 좋은 곳이다.

▶ Al-Tabie al-Domiety [R-13] [D-2]

- 32 Sharia Orabi(26th of July 가와 Ramses 역 사이)

- 매일 06:00~02:30
- 카이로 시내의 가장 저렴한 식당 가운데 하나이다. 지나가는 관광객들이 자주 찾는 레스토랑이다. 분위기가 비교적 좋다. 샐러드 바에서 직접 샐러드를 고를 수 있고 신선한 주스와 디저트도 준비되어 있다.

▶ International Public Meal Kochery [R-14] [D-2]

- Emad ed-Din과 Alfi Bey 가 모퉁이
- 이집트의 전통 요리인 코샤리Koshery를 맛볼 수 있다. 토마토 소스나, 콜라 등을 주문할 때에는 추가 요금을 내야 하지만 가격은 매우 저렴한 편이다.

중가 (25~50이집트파운드)

▶ Terrasse de l'Hotel Odeon palace [R-7] [D-3]

- 6 Sharia Abdel Hamid Said(Talaat Harb 가 위)
- 카이로 중심에 있으며 호텔 옥상에 있다. 식사도 가능하고 맥주 한 잔 마시기에 좋다. 여름에는 일주일에 두 번 바비큐 파티도 열린다. 맛있는 이집트 요리를 맛볼 수 있고 가격도 저렴하며 분위기도 좋다.

▶ Al-Nil Fish [R-8] [D-4]

- 25 Sharia al-Bustan • 매일 12:00~24:00
- 시내 중심가에 있는 해산물 전문 식당이다. Bab al-Louq 광장까지 간 뒤 Al-Bustan 가로 가면 된다. 입구는 두 개로, 오른쪽 입구는 샌드위치를 테이크아웃 서비스하는 곳이고 왼쪽이 레스토랑 입구이다. 새우, 오징어, 생선 샌드위치와 감자튀김은 양도 많고 가격도 싸다. 레스토랑에서는 생선을 선택해서 취향대로 구워 달라고 할 수 있다. 술은 팔지 않는다.

▶ Le Bistro [R-9] [D-4]

- 8 Sharia Hoda Shaarawi(Felfela[R12]와 같은 길에 있지만 길 맨 끝쪽에 위치) • ☎ (02)392-7694 • 11:00~23:00
- 프랑스 인들이 많이 찾는 프랑스 요리 전문점이다. 가격도 저렴한 편으로 주류와 와인도 판매한다. 카이로 시내에서 프랑스에 와 있는 듯한 기분을 느낄 수 있다.

▶ Peking [R-10] [E-2]

- 14 Sharia Saray al-Esbekia(Emad ed-Din 가 뒤) • ☎ (02)591-2381
- 1963년 카이로에서 제일 처음 문을 연 중국 식당이다. 음식이 한결같고 가격도 저렴해서 단골이 많다. 중국식으로 만든 닭, 육류, 생선, 오리 요리를 먹을 수 있다. 주류와 칵테일 종류도 많다. 1층에는 바가 있고 2층에 레스토랑이 있다. 시내 중심에 위치. 비자 카드 결제 가능하다.

▶ Alfi Bey Restaurant [R-15] [D-2]

- 3 Sharia Aifi-Bey • ~01:30
- 1938년에 문을 연 오래된 식당이다. 양고기가 신선하고 맛있다. 쌀과 양고기

를 섞은 페타스Fattas를 추천한다. 주류는 판매하지 않는다. 파스타 요리를 저렴하게 먹을 수 있고 돌마Dolma라는 다진 고기를 넣은 야채 요리도 맛있다.

고가 (50이집트파운드 이상)

▶ Arabesque [R-11] [C-4]

- 6 Sharia Qasr al-Nil • ☎ (02)574-7898 • 매일 12:00~23:30
- 서비스가 좋고 이집트와 유럽의 요리를 모두 맛볼 수 있지만 음식은 평범한 편이다. 양이 많은 전채 요리가 인기 있다. 비둘기 구이, 바다표범 같은 희귀한 요리도 있지만 매우 비싸다.

| 카페 & 바 |

▶ Groppi [C-1] [D-3]

- Midan Talaat Harb • 07:00~01:00
- 그로피 찻집은 19세기 말인 1891년에 문을 연 카이로에서 가장 오래된 찻집이다. 차와 곁들여 과자와 달콤한 빵 종류를 들 수 있는 곳이다. 영어와 프랑스 어를 사용할 수 있으며 영국이 이집트를 정복하고 있을 당시 영국 신사들이 이집트 현지 애인들을 데리고 즐겨 찾던 고급 사교장이었다. 본토에서 배달된 각종 신문이나 잡지를 읽을 수 있는 곳이기도 했다. 찻집이지만 물론 커피도 마실 수 있다. 인근에 여행사, 항공사 등이 많아 외국인들이 자주 찾는 곳이다.

▶ Al-Horreya [C-2] [D-4]

- Midan al-Falaki, Bab al-Louk, Amin 호텔 근처
- 맥주를 마시거나 물담배를 피우기에 좋다. 주류 판매 허가증을 가진 카이로에서 가장 오래된 카페 가운데 하나이다.

▶ Café Ole [C-3] [C-4]

- Midan al-Tahrir, 나일 힐튼Nile Hilton 호텔 상점가 2층에 있다.
- 알 타흐리르 광장의 전경과 사람들로 북적거리는 광경을 바라볼 수 있는 전망 좋은 카페이다. 아침 메뉴도 있는데 가격이 좀 비싸다.

▶ Patisserie Al-Abd [C-4] [D-3]

- 42 Sharia Talaat Harb • 아랍 식 과자 전문점으로 가볼 만한 곳이다.

▶ Stella Cafeteria [N-1] [D-4]

- Talaat Harb 가와 Hoda Shaarawi 가의 모퉁이
- 밖에서 보면 항상 문을 닫은 것처럼 보이는 작은 바로, 맥주만 판다. 스텔라Stella 상표만 취급하지만 가격이 저렴하고 친절하다.

Accommodation

| 호 텔 |

저가

▶ Ismailia House [H-1] [D-4]

- 1 Midan al-Tahrir(아메리칸 대학교 바로 옆) • ☎ (02)796-3122
- 욕실이 있는 방은 55이집트파운드, 없는 방은 40이집트파운드, 둘 다 아침식사 포함
- 9층에 위치해 있어서 소음은 적은 편이다. 방은 1인실, 2인실, 3인실로 나뉘며 깨끗하고 편안하다. 몇몇 방은 알 타흐리르Al-Tahrir 광장이 보여 전망이 좋다. 4인용 도미토리도 있다. 호텔에서 저렴한 가격으로 피라미드 투어를 주관하기도 하니 관심이 있다면 리셉션에 문의해 본다.

▶ Sun Hotel [H-2] [D-4]

- 2 Sharia Talaat Harb 10층 • ☎ (02)578-1786, 773-0087
- sunhotel@hotmail.com • 아침식사 포함한 2인실 약 40이집트파운드, 도미토리 한 사람당 15이집트파운드
- 객실은 깨끗한 편으로 욕실이 구비되어 있는 방은 없지만 각 층마다 공동욕실이 있고, 뜨거운 물도 잘 나온다. 매주 금요일 아침에는 낙타 시장 투어가 있는데 한 사람당 25이집트파운드를 받는다. 호텔 투숙객이 아니라도 참여 가능하고 하루나 이틀 전에 예약을 해야 한다. 이 호텔은 공항에서 픽업 서비스도 해 주며 도착 시간과 비행기편을 정확하게 가르쳐 주어야 한다. 가격은 자동차 1대(3인용)당 35이집트파운드다.

▶ Magic Hotel [H-3] [D-4]

- 10 Sharia al-Bustan • ☎ (02)579-5918 • magichotel@hotmail.com
- 알 타흐리르Al-Tahrir 광장에서 탈라트 하르브Talaat Harb 가 쪽으로 간 뒤, 알 부스탄Al-Bustan 가 왼쪽 편으로 돌면(10번가에서), 오른쪽 길에 위치 • 아침식사 포함한 2인실 45이집트파운드
- 건물 4층에 위치해 있으며 22개의 객실이 갖추어져 있고 방안에 욕실이 없다. 선풍기가 있지만 창문이 없는 방은 피하는 것이 좋다.

▶ Dahab Hotel [H-4] [D-3]

- 26 Sharia Mahmoud Bassiouni • ☎ (02)579-9104
- ibrahimkha@hotmail.com • 도미토리 한 사람당 10이집트파운드, 2인실은 욕실의 구비 여부에 따라 25~35이집트파운드(아침식사 별도)
- 건물 옥상에 위치해 있고 총 35개의 작은 객실이 있다. 야외에 리셉션이 있고 저녁을 맞이하기에 좋은 테라스도 있다. 객실은 보통이지만 공공욕실은 비교적 잘 관리되어 있다. 시트가 준비되어 있지 않기 때문에 미리 챙겨 두는 것이 좋다.

▶ **Claridge Hotel** [H-5] [D-3]

- 41 Sharia Talaat Harb(26th of July 가 모퉁이 건물 4, 5층)
- ☎ (02)393-7776, 392-5261 / F (02)579-6243
- hotelclaridge@yahoo.com • 2인용 기준, 욕실과 에어컨 구비 여부에 따라 40~70이집트파운드, 아침식사 포함 도미토리 한 사람당 10~15이집트파운드. 욕실 구비 여부에 따라 가격이 변동한다.
- 방은 넓고 깨끗하며 대부분의 방에는 발코니가 있다. 아침에는 시끄럽지만 길거리의 전망도 볼 수 있고 활기차게 생활하는 이집트 인들을 느낄 수 있다.

▶ **Pension Select** [H-6] [D-3]

- 19 Sharia Adly • ☎ (02)343-3707 • 2인실 기준 아침식사 포함 40이집트파운드 • 큰 유대교 사원 왼편에 위치. 욕실이 구비되어 있지 않다. 6, 7, 8번 객실은 마을 전경이 보이는 발코니가 있어 인기가 있다.

▶ **Anglo-Swiss Hotel** [H-7] [D-3]

- 14 Sharia Champollion(Sharia Mahmoud Bassiouni 모퉁이)
- ☎ (02)575-1497 • 아침식사 포함, 욕실 구비 여부에 따라 2인실 30~35이집트파운드 • 가격 흥정을 해 보는 것이 좋다. 건물 7층에 있고 방들은 오래되었지만 몇 개의 객실에는 커다란 발코니가 있다.

중가

▶ **Tulip Hotel** [H-8] [D-3]

- 3 Midan Talaat Harb • ☎ (02)392-2704, 393-9433 / F (02)761-1995
- 욕실과 에어컨의 구비 여부에 따라 아침식사 포함된 2인실 50~85이집트파운드
- 4층부터는 큰 객실들이 있는데 일반 객실과는 5이집트파운드 정도 차이가 난다. 광장이 보이는 방들은 다소 시끄럽긴 하지만 멋진 전망을 볼 수 있다. 몇몇 방에는 작은 욕실과 에어컨도 구비되어 있다. 가격과 서비스가 괜찮은 편이고 친절하다. 맥주를 마실 수 있는 작은 바도 있다.

▶ **Happyton Hotel** [H-9] [E-2]

- 10 Sharia Aly al-Kassar(Naguib al-Rihani 극장과 Karim 영화관 사이의 길)
- ☎ / F (02)592-8676, 8671
- 기차역에서 오는 방법은 Emad ed-Din 가를 내려오다 보면 왼쪽에 있는 두 번째 거리이다. 역에서 걸어서 10분 정도 걸린다.
- 2인실 아침식사 포함 66이집트파운드 정도
- 현대적이고 깨끗한 건물인 데다가 작은 길가에 있어서 자동차 경적 소리가 잘 들리지 않아 조용하다. 객실은 잘 정비되어 있고 욕실이 갖추어져 있다. 위성 TV를 시청할 수 있으며 대부분 에어컨이 설치되어 있다. 5층 테라스에 있는 카페에서 물담배를 피우거나 7시 이후에는 저녁식사를 할 수 있다.

▶ **Lotus Hotel** [H-10] [D-4]

- 12 Sharia Talaat Harb • ☎ (02)575-0966, 0627 / F (02)575-4720

- wdoss@link.com.eg • 욕실 구비된 2인실 90이집트파운드, 욕실과 에어컨이 구비된 방 120이집트파운드 • 시내 중심가에 있으며 위치가 좋다. 호텔은 건물 8층에 위치해 있다. Felfela 레스토랑 맞은편에 있는 상점의 출구 근처에 있다. 방 내부에는 세면대를 포함한 욕실이 있으며 커다란 침대가 있다. 에어컨이 있기 때문에 여름에 여행을 하는 사람들에게 좋다. 비자, 유로, 마스터 카드 결제 가능. 공항 픽업 서비스도 제공한다.

▶ Victoria Hotel [H-11] [E-2]

- 66 Sharia al-Gumhuriya
- ☎ (02)589-2290, 2291, 2294 / F (02)591-3008
- Victoria@gega.net.com • Orabi 역에서 5분, Ramses 역에서 10분
- 아침식사 포함 2인실 115이집트파운드 • 100년 이상 된 아름다운 호텔이다. 2인실은 넓은 편이며 전화, 욕실, 에어컨, 위성 TV 등이 갖추어져 있다.

▶ Berlin Hotel [H-12] [D-3]

- 2 Sharia al-Shawarby(Qasr al-Nil 가에 있는 보행자 거리), 건물 5층
- ☎ / F (02)395-7502 • berlinhotelcairo@hotmail.com
- 2인실 100이집트파운드 • 고풍스러운 분위기가 느껴지는 인기 있는 호텔로 미리 예약을 해야 한다. 객실은 넓고 샤워실과 에어컨을 갖추고 있다.

▶ Carlton Hotel [H-13] [D-3]

- 21 Sharia 26th of July • ☎ (02)2575-5022 / F (02)2575-5323
- www.carltonhotelcairo.com • 아침식사 포함되지 않고 2인실 90~110이집트파운드 • 탈라트 하르브Talaat Harb(리볼리Rivoli 영화관 바로 위) 가 근처에 있다. 옆의 작은 길을 따라가면 된다. 샤워실, 에어컨, 위성 TV가 갖추어진 객실은 편안하지만 간혹 욕실이 깨끗하지 않을 때가 있다. 바와 함께 옥상에는 큰 테라스가 있어서, 저녁식사를 할 수 있고 맥주를 마시거나 물담배를 피울 수 있다. 시내 중심가에 위치해 있다.

고가

▶ Happy City Hotel [H-14] [D-4]

- 92C Sharia Muhammad Farid • ☎ (02)395-9222 / F (02)395-9333
- www.windsorcairo.com • 아침식사 포함 2인실 기준 약 140이집트파운드
- 이 별 3개짜리 호텔은 시내에 위치해 있으며 가격과 질이 괜찮다. 무료로 공항 픽업 서비스도 해 준다. 객실은 깨끗하고 편안하며 모든 객실에는 욕실, 에어컨, 위성 TV, 냉장고가 구비되어 있다. 8층에는 레스토랑이 있는데, 테라스에서 카이로의 분위기를 한껏 느낄 수 있다.

▶ Windsor Hotel [H-15] [E-2]

- 19 Sharia Alfi Bey(Diana 영화관 근처)
- ☎ (02)591-5277, 5810 / F (02)592-1621 • www.windsorcairo.com
- 아침식사 포함 2인실 150~220이집트파운드
- 1896년 호텔이 되기 전에는 영국 장교들의 클럽으로 이용되었다. 모든 객실

에는 욕실이 있고 몇몇 방은 에어컨이 설치되어 있다. 4명을 수용할 수 있는 큰 방도 몇 개 있어서 가족단위 여행객들에게 실용적이다. 카드 결제 가능

▶ Cosmopolitan Hotel [H-16] [D-3]

- 1 Sharia Ibn Taalab • ☎ (02)392-3663, 393-6914 / F (02)393-3531
- 탈라트 하르브Talaat Harb 광장에서, 무스타파 케말Mustapha Kemal 광장 쪽으로 가면서 Qasr al-Nil 가로 올라가다 오른쪽에서 두 번째 길
- 아침식사 포함 2인실 340이집트파운드
- 보행자 전용 도로에 위치해 있으며 각 방마다 욕실이 있고 발코니가 있는 방들도 있다. 1940년대 스타일의 건물이다. 시내 중심가에 위치해 있으며 호텔 옆에 있는 둥그런 외관을 가진 건물이 카이로 증권거래소이다.

▶ Shepheard's Hotel [H-17] [C-4]

- Corniche al-Nil, Garden city • ☎ (02)792-1000 / F (02)792-1010
- salesshs@helnan.com • 알 타흐리르Al-Tahrir 광장에서 남쪽으로 약 2분 거리에 위치 • 아침식사 포함 2인실 790이집트파운드, 나일 강 전경을 바라볼 수 있는 방 1,000이집트파운드
- 영국 식민지 시대의 분위기가 남아 있고 강 근처에 있어 인기가 많다.

Shop & Services

| 쇼 핑 |

카이로에서 쇼핑하기에 적당한 상점을 소개한다. 아래 소개하는 상점들의 대부분이 비자 카드로 결제 가능하다. 싼 가격으로 물건을 구입할 수 있는 것은 아니지만, 적당한 가격에 좋은 질의 물품을 살 수 있는 상점들이다.

수공예품

▶ Nomad

- 14 Sharia al-Gezira(2층), Zamalek(Marriot 호텔 바로 근처)
- ☎ (02)341-2132 • 10:00~19:00
- 매리어트Marriot 호텔에 있는 작은 상점으로 나일 힐튼Nile Hilton 호텔에도 체인점이 있다(영업시간 10:00~21:00). 베두인 수공예품과 자수가 놓인 전통 의상, 은장신구와 보석, 오아시스에서 사용되는 물건들, 책, 양탄자, 면으로 된 침대 시트, 바구니 등과 같은 이집트 전통 공예품들이 가득하다. 분위기가 독특하며 가게에 있는 모든 상품들은 시나이 반도, 누비아, 아프리카, 그리고 이집트 전역에서 공수해 온 것들이다. 신용카드 결제 가능. 가게에는 나일 강이 보이는 작은 발코니가 있다.

▶ Misr Tulun

- Ibn Tulun 사원 입구 정면 • ☎ (02)365-2227

- 10:00~17:00, 매주 토, 일 휴무 • 이곳에서 파는 모든 물품은 주인이 직접 이집트 시골 마을과 오아시스 근처에서 가지고 온 것들이다. 리비아 사막, 파이윰 사막 등지에 있는 오아시스의 도기 제품들, 나가다Nagada의 직물, 시나이 반도의 자수, 사진이나 그림이 새겨져 있는 앤티크 엽서, 베두인 양탄자, 인형, 다채로운 색상의 유리컵, 다양한 스타일의 스카프 등과 같은 다양한 물건이 가게에 전시되어 있다. 카드로 결제 가능하고 가격도 적당하다. 선물을 사기 좋은 곳이다.

▶ Tukul Craft

- All Saints Cathedral 내부, 성당 입구 오른편에 위치. 26th of July 가 바로 뒤에 있다. • ☎ (02)736-4836 • 월~목, 토 09:00~16:30, 금, 일 11:00~15:00
- 수단 인들이 직접 만든 수공예품을 취급한다. 물품을 만든 방식이나 완성도가 뛰어나고 질도 좋다. 실크스크린 인쇄 공법으로 만든 아프리카 풍의 면직물, 가방, 쿠션, 식탁보, 티셔츠, 화장 도구 상자 등을 볼 수 있다. 품질에 비해 가격도 적당하고 주문 제작도 가능하다. 헤나 문신도 할 수 있는데, 예약을 하고 가야 한다.

▶ Egypt Crafts Centre

- 27 Sharia Yehia Ibrahim, Zamalek(2층)
- ☎ (02)736-5123 / F (02)738-3091
- 매일 09:00~20:00, 금 09:00~17:00
- 여성들이 손으로 만든 전통 수공예품들이 많다. 적당한 가격으로 재미있는 소품들을 구입할 수 있다. 손으로 뜬 자수, 전통 직물, 모카탐Moqqatam의 종이, 양모 카펫, 뜨개질로 만든 식탁보, 누비아 산 바구니, 면스카프 같은 지방 특산품들이 있고, 가격도 그리 비싼 편은 아니다. 카드 결제 가능.

▶ Al Khatoun

- 3 Sharia Muhammad Abdo(Maison Harrawi 옆, Elzahr 사원 뒤)
- ☎ (02)2514-7164 • 매일 12:00~21:00
- 이곳만의 독특한 스타일을 지닌 상품들이 많다. 수공업자들이 만든 멋진 공예품들을 전시해 놓은 부티크로 현대적인 상품과 전통 상품을 동시에 볼 수 있다. 가격은 다소 비싼 편.

▶ Shahira Mehrez

- 12 Sharia Abi Emama, Dokki(4층 왼편, Sheraton Cairo 호텔 정면에 보이는 작은 길에 위치) • ☎ (02)348-7814
- 동절기 10:00~20:00, 하절기 10:00~15:00, 17:00~21:00, 매주 금요일 휴무
- 가게 주인이 수십 년 전부터 이집트 전역을 돌아다니며 구한 상품들이 많다. 지방 전통 의상과 바구니, 보석, 도기 등을 볼 수 있다.

▶ Nagada

- 13 Sharia Refa'a, Dokki • ☎ (02)748-6663 • www.nagada.net
- 09:30~17:00 • 나가다Nagada라는 지방의 작은 마을에서 가져온 전통 직

물을 가지고 3명의 예술가가 만든 상품을 취급한다. 이집트 순면으로 만든 전통 의상이 매우 아름다우며 수수한 스타일의 도기들은 완성도가 높은 제품들이다. 가격은 비싸지만 가격에 상당하는 품질을 자랑한다.

동으로 된 기념품

칸 알 칼릴리Khan al-Khalili에서 구입하지 말고, Beb al-Futuh 쪽에 있는 Mouiz Li Din Allh 가에 가 보길 권한다. 이 거리의 141번지에(번지 주소가 적인 표지판은 사라진 지 오래다.) 칸 알 칼릴리에 물건을 납부하는 납품업자 가게 하나가 있다.

© Photo Les Vacances 2007

[상점에 진열되어 있는 각종 기념품들. 미니어처 조각상들은 이집트 상점에서 쉽게 볼 수 있다.]

▶ Al-Askary

- 141 Sharia Mouiz Li Din Allah(Al-Aqmar 사원 앞에서 10분 거리)
- 15이집트파운드에서 많게는 15,000이집트파운드까지 다양한 가격대의 제품을 구비해 놓고 있다. • 램프와 샹들리에, 화분 덮개, 작은 상자, 거울, 고대 이집트 풍의 장식품 등을 취급한다. 독특한 이슬람 풍의 물품을 전문적으로 취급하는 상점이기도 하다. 칸 알 칼릴리 지역의 상점에 비해 가격이 저렴한 편이다.

면제품과 직물

알 아즈하르Al-Azhar 가에 있는 AUF에서는 예쁜 면제품을 살 수 있다. 알 아즈하르 가와 Egyptian Pancake House 레스토랑 사이의 좁은 길을 따라 들어가면 된다. 왼편에 보이는 첫 번째 상점이다. 이 가게에서는 모든 천을 원하는 크기만큼, 6m에서 작게는 60~70cm로 살 수 있다. 물결무늬 천과 다양한 색상과 줄무늬 천을 구매할 수 있다. 탈라트 하르브Talaat Harb 광장과 무스타파 케말Mustafa Kemal 광장 사이에 있는 Qasr al-Nil 가에 위치한 Salon Vert에서는 예쁜 천들을 살 수 있다.

▶ Atlas Silk

- Semiramis Intercontinental 호텔에 있는 상점가 2층
- 손으로 직접 짠 다양한 색의 면직물들을 취급하고 침대 매트나 직물은 미터당으로 판매한다. 가격도 저렴한 편.

백화점

▶ Omar Effendi

- 2 Sharia Talaat Harb(시내), Sharia Adly(관광안내소 근처)
- 카이로의 대표적인 백화점이다.

▶ Arcadia Mall

- Wekalet Al-Balah(직물 시장)을 지나 나일 강을 따라 난 Corniche 산책로를 따라가면 북쪽으로 세계무역센터World Trade Center가 나온다. 여기서 조금만 더 가면 카이로에서 가장 좋은 쇼핑몰 중 하나인 아르카디아 몰 Arcadia Mall이 나온다. 이 쇼핑몰에서는 나일 강을 바라보며 음식을 먹을 수 있다. 이집트와 외국의 유명 상표 제품이 구비되어 있으며 쇼핑몰 중 First Residence Mall(35 Sharia Guiza)은 고급 물건만을 취급하기로 유명하다. 옆에는 바로 프랑스 대사관이 있다.

킬림

카이로에서 거래되는 많은 수의 킬림은 기자 근처에 위치한 Kerdassa에서 만들어지는 것이다. Kerdassa에서 물건을 구입하려 할 때는 기하학 문양의 양털 킬림(융단)과 베두인 스타일의 킬림 가운데 고르면 된다.

돈 많은 수집가들은 Al-Harrania에 있는 Wissa Wassef Centre를 꼭 들른다. 다른 상점에서는 볼 수 없는 독창적인 융단들이 많이 있다. 가격은 많이 비싸지만 일반 융단이 아닌 예술품으로 생각해야 한다.

파피루스

많은 택시 기사들이 자신이 수수료를 받을 수 있는 가게로 관광객들을 데려가려 하기 때문에 조심해야 한다.

▶ Atlantis Papyrus Institute

- 26 Sharia Abou al-Houl 또는 Sphinx Street • ☎ (02)386-0419
- atlantis@intouch.com • 10:00~21:00 • Avenue des Pyramides에서 피라미드 앞, 왼쪽 편에 보이는 큰 길로 가면 된다. 진품이라고 증명된 파피루스 종이만을 파는 곳이다. 가격은 전문가들도 놀랄 만큼 고가이다. 카드 결제 가능.

Entertainment

| 극 장 |

카이로에서 영화관을 찾는 일은 매우 쉽다. 길거리가 포스터로 도배되어 있기 때문이다. 대부분의 영화관은 시내에 있고 아랍 어로 영화를 상영한다. 미국 영화만을 보여주는 상영관은 6개 밖에 없지만 아랍 어로도 자막을 넣어 준다. 상영관과 자리에 따라 가격이 다르다. 좌석번호가 있기 때문에 그에 맞춰 앉으면 된다(팁 주는 것을 잊어선 안 된다). 영화 상영은 일반적으로 15시, 18시, 21시에 하고 가끔 자정에 시작하는 영화도 있다.

▶ Al-Metro

- 35 Sharia Talaat Harb • ☎ (02)393-7566
- 가격이 저렴하고 상영관은 1950년대 스타일이다.

▶ Al-Tahrir

- 122 Sharia al-Tahirir, Dokki 구역 내 • ☎ (02)335-4726
- 현대적이지만 다른 곳보다 가격이 비싼 편이다.

▶ Karim I & Karim II

- 15 Sharia Emad al-Din • ☎ (02)592-4830
- 아랍 영화와 외국 영화 프로그램이 골고루 있다.

▶ Ramses Hilton

- 람세스 힐튼 호텔 뒤에 있는 쇼핑센터 맨 위층 • ☎ (02)574-7436
- 현대적인 상영관 두 개가 갖추어져 있다.

▶ Renaissance

- Boulaq에 있는 세계무역센터World Trade Center 쇼핑센터 별관
- ☎ (02)580-4039 • 디지털화된 현대적인 상영관. 다른 영화관보다 비싸다.

▶ Normandy

- Sharia al-Ahram, Heliopois에 있는 Korba 지역 중심 • ☎ (02)258-0254
- 두 개의 영화관이 나란히 붙어 있지만 야외 상영관을 추천한다. 가격이 매우 저렴하고, 한 장의 디켓으로 연이어 방영되는 2편의 영화(아랍 영화 한 편과 미국 영화 한 편)를 볼 수 있다. 1940년대의 분위기가 느껴진다.

| 스포츠 |

■■■ 수영장

카이로에는 시립 수영장이 없다. 사립 스포츠 클럽에는 수영장이 있지만 회원증이 필요하다. 호텔 수영장은 호텔 투숙객이 아니더라도 이용 가능하지만, 낮에만 이용할 수 있고 가격도 비싸다.

▶ Heliopolis 스포츠 클럽

- Sharia al-Merghany, Heliopolis • ☎ (02)291-0075
- Midan al-Tahrir에서 27, 356, 357번 미니버스(요금 2이집트파운드) Manchiet al-Bakry에서 하차(Nadi Heliopolis라고 물으면 된다.)
- 입장료 약 25이집트파운드 정도, 호텔에 비해 싸다. • 2개의 수영장은 깨끗하고 조용하다. 금, 토요일과 학생들이 많은 방학 기간은 피하는 것이 좋다.

단순히 더위를 피하고 싶은 것이라면, 시내 근처 저렴한 가격의 수영장을 이용하는 것도 좋다.

▶ Pyramisa Hotel

- 60 Sharia al-Giza(Sheraton Cairo 호텔에서 멀지 않은 곳에 있다)
- ☎ (02)336-7000, 8000 • 저렴한 가격으로 이용할 수 있는 수영장 가운데 하나로 약 20이집트파운드 정도 한다.

▶ Atlas Zamalek Hotel

- Sharia Gameat al-Dowal al-Arabeya, Mohandessin
- ☎ (02)346-5782 • 입장료 약 30이집트파운드

▶ Safir Hotel

- Midan al-Messaha, Dokki • ☎ (02)748-2424
- 입장료 약 30이집트파운드

카이로에서 가장 아름답다고 정평이 난 수영장 가운데 하나는, 피라미드 지구에 있는 Meridian Pyramids 호텔 수영장이다. 하지만 거리가 멀고 입장료만 80이집트파운드로 비싼 편이다.

Sights

카이로는 크게 3개의 구역으로 나누어 관광할 수 있다.

카이로 중심가 : 이집트 박물관과 알 타흐리르 광장 등이 있는 카이로의 중심가
이슬람지구 : 카이로 동부의 이슬람 지구로, 수많은 회교사원과 근동 지방 특유의 장들이 들어서 있는 서민적인 곳
구시가지 : 중심가 남쪽 나일 강변의 구 카이로

카이로 중심가
City Centre

▶ 알 타흐리르 광장 Midan al-Tahrir

공식 명칭은 대통령을 지낸 사다트의 이름을 딴 사다트 광장이지만 흔히, 독립 광장이라는 뜻의 알 타흐리르 광장이라고 부른다. 이집트는 2차 세계대전 직후 이스라엘이 건국되는 외교적 위기와 가난과 권력층의 부패라는 내부의 위기에 직면했다. 이러한 위기 상황에서 일부 군인들이 파루크 국왕을 몰아내고 독립국으로서의 지위를 확고히 하고자 공화국을 선포하고 이듬해에 나세르가 대통령에 오른다. 알 타흐리르 광장은 이 사건을 기리기 위해 만들어진 광장이다. 미단Midan은 아랍 어로 광장을 뜻한다.

인근에 19세기 중엽인 1857년에 문을 연 이집트 박물관, 카이로 최초의 서구식 호텔인 나일 힐튼 호텔, 튀니지에서 옮겨온 아랍 연맹 본부 그리고 13개 부처의 2만 명에 가까운 공무원들이 일하는 흔히 모감마Mogamma로 불리는 정부종합청사 등이 들어서 있는 카이로 중심가 중의 중심가이다. 카이로 시청, 국회의사당도 이곳에 있다. 또 인근에 이집트 최고 명문 대학인 아메리칸 대학American University이 자리잡고 있다. 1년 학비가 1,500만 원에 달하는 대학으로 많은 사람들의 질시와 눈총을 받으며 최상류층 자녀들만 다니는 학교다. 또한 이 대학은 서구화와 자유화의 총본산으로 부러움과 비난을 동시에 받는 곳이기도 하다. 대학 앞에 들어서 있는 각종 패스트푸드점들이 이런 사실을 잘 일러준다.

알 타흐리르 광장에서 북동쪽으로 난 샤리아 탈라트 하르브 즉, 탈라트 하르브 거리(샤리아Sharia는 아랍 어로 길을 뜻한다.)와 그 끝의 유명한 찻집 그로피가 있는 탈라트 하르브 광장, 그리고 그 너머의 오페라 광장과 아타바 광장 일대는 모두 19세기 중엽 카이로를 유럽의 파리와 런던처럼 재개발하고자 했던 이집트 부왕 이스마일이 유럽의 건축가들을 초청해 조성한 거리들이다. 이 일대의 건축물들이 제대로 관리를 못해 낡아있지만 르네상스, 바로크 등 다양한 양식을 보이는 것은 이 때문이다. 때론 아랍 양식과 고대 이집트 양식까지 섞여 있기도 하다.

알 타흐리르 광장 남쪽의 나일 강변은 흔히 가든 시티로 불리는 곳인데, 1960년대까지만 해도 가로수들이 울창하게 우거져 있던 곳이었다. 이후 알 수 없는 이유로 나무들이 병들거나 베어져 옛 명성을 잃어버렸다. 현재는 미국, 일본, 스페인, 그리스 대사관 등의 외국 공관과 다국적 기업들이 밀집되어 있다. 나일 강변에는 무려 7년 동안이나 공사를 한 끝에 완공된 세미라미스 인터콘티넨탈Semiramis Intercontinental 호텔, 셰퍼드Shepheard's 호텔 등의 특급 호텔이 자리잡고 있다.

- 교통편 지하철 Sadat 역

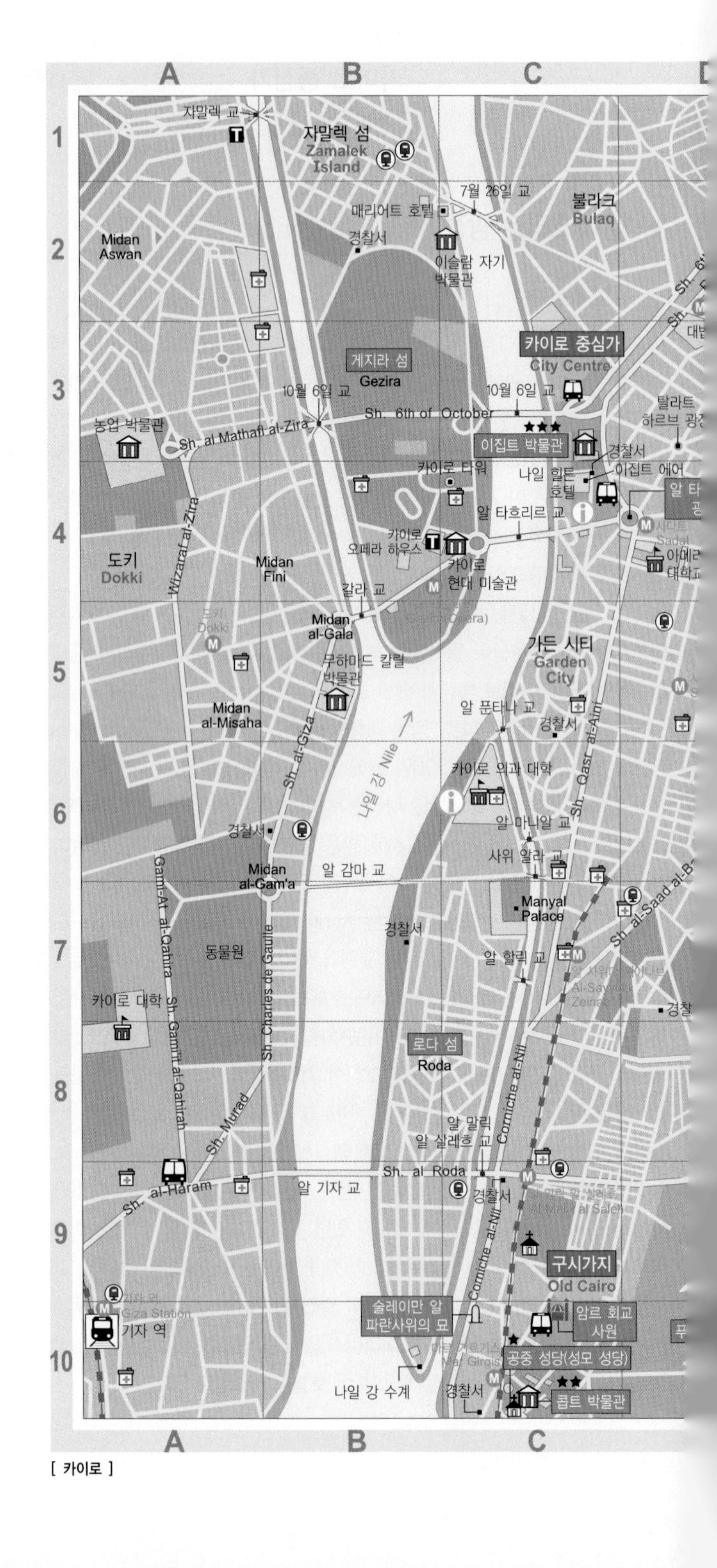

자말렉 교
자말렉 섬
Zamalek Island
7월 26일 교
불라크
Bulaq
매리어트 호텔
경찰서
Midan Aswan
이슬람 자기 박물관
카이로 중심가
City Centre
게지라 섬
Gezira
10월 6일 교
10월 6일 교
Sh. 6th of October
탈라트 하르브 광장
농업 박물관
Sh. al Mathafi al-Zira
이집트 박물관
경찰서
카이로 타워
나일 힐튼 호텔
이집트 에어
알 타흐리르 교
Wizarat al-Zira
카이로 오페라 하우스
도키
Dokki
Midan Fini
카이로 현대 미술관
갈라 교
Midan al-Gala
가든 시티
Garden City
무하마드 칼릴 박물관
Midan al-Misaha
알 푼타나 교
경찰서
Sh. al-Giza
나일 강 Nile
카이로 의과 대학
Sh. Qasr al-Aini
알 마니알 교
경찰서
사위 알라 교
Midan al-Gam'a
알 감마 교
Manyal Palace
Gami-At al-Qahira
Sh. Charles de Gaulle
경찰서
알 할릭 교
동물원
Sh. al-Saad al-B
카이로 대학
Sh. Gamrit al-Qahirah
로다 섬
Roda
Sh. Murad
Corniche al-Nil
알 말릭 알 살레흐 교
Sh. al Roda
Sh. al-Haram
알 기자 교
경찰서
구시가지
Old Cairo
기자 역
Giza Station
술레이만 알 파란사위의 묘
암르 회교 사원
공중 성당(성모 성당)
나일 강 수계
경찰서
콥트 박물관

[카이로]

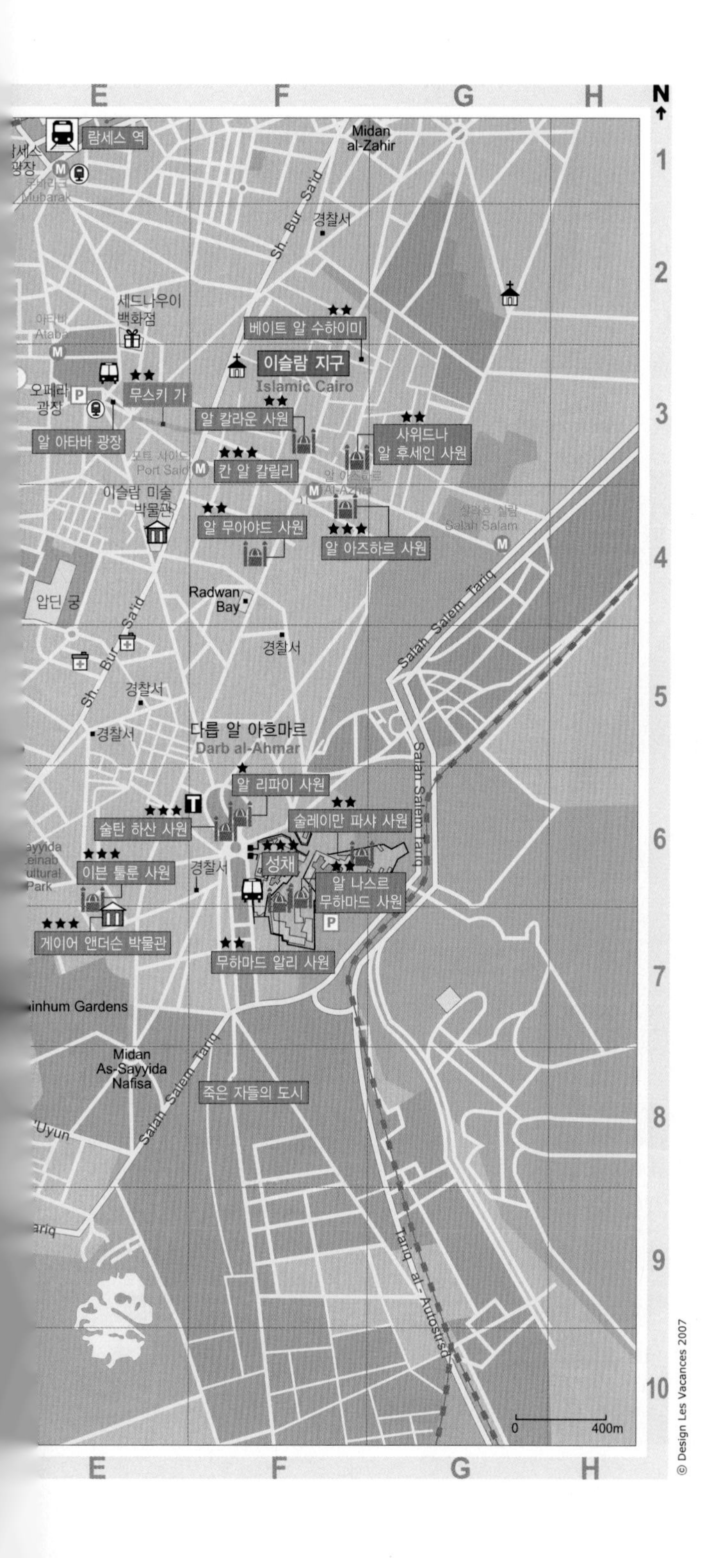
E
F
G
H
N
1
2
3
4
5
6
7
8
9
10
람세스 역
Midan
al-Zahir
Sh. Bur Sa'id
경찰서
세드나우이
백화점
★★
베이트 알 수하이미
이슬람 지구
Islamic Cairo
★★
무스키 가
오페라
광장
★★
알 칼라운 사원
★★
사위드나
알 후세인 사원
알 아타바 광장
★★★
칸 알 칼릴리
이슬람 미술
박물관
★★
알 무아야드 사원
★★★
알 아즈하르 사원
Salah Salam
압딘 궁
Radwan
Bay
Salah Salem Tariq
경찰서
경찰서
경찰서
다릅 알 아흐마르
Darb al-Ahmar
★
알 리파이 사원
★★★
술탄 하산 사원
★★
술레이만 파샤 사원
★★★
이븐 툴룬 사원
경찰서
★★★
성채
알 나스르
무하마드 사원
★★★
게이어 앤더슨 박물관
★★
무하마드 알리 사원
Salah Salem Tariq
Midan
As-Sayyida
Nafisa
Salah Salem Tariq
죽은 자들의 도시
Tariq al-Autostrad
0
400m

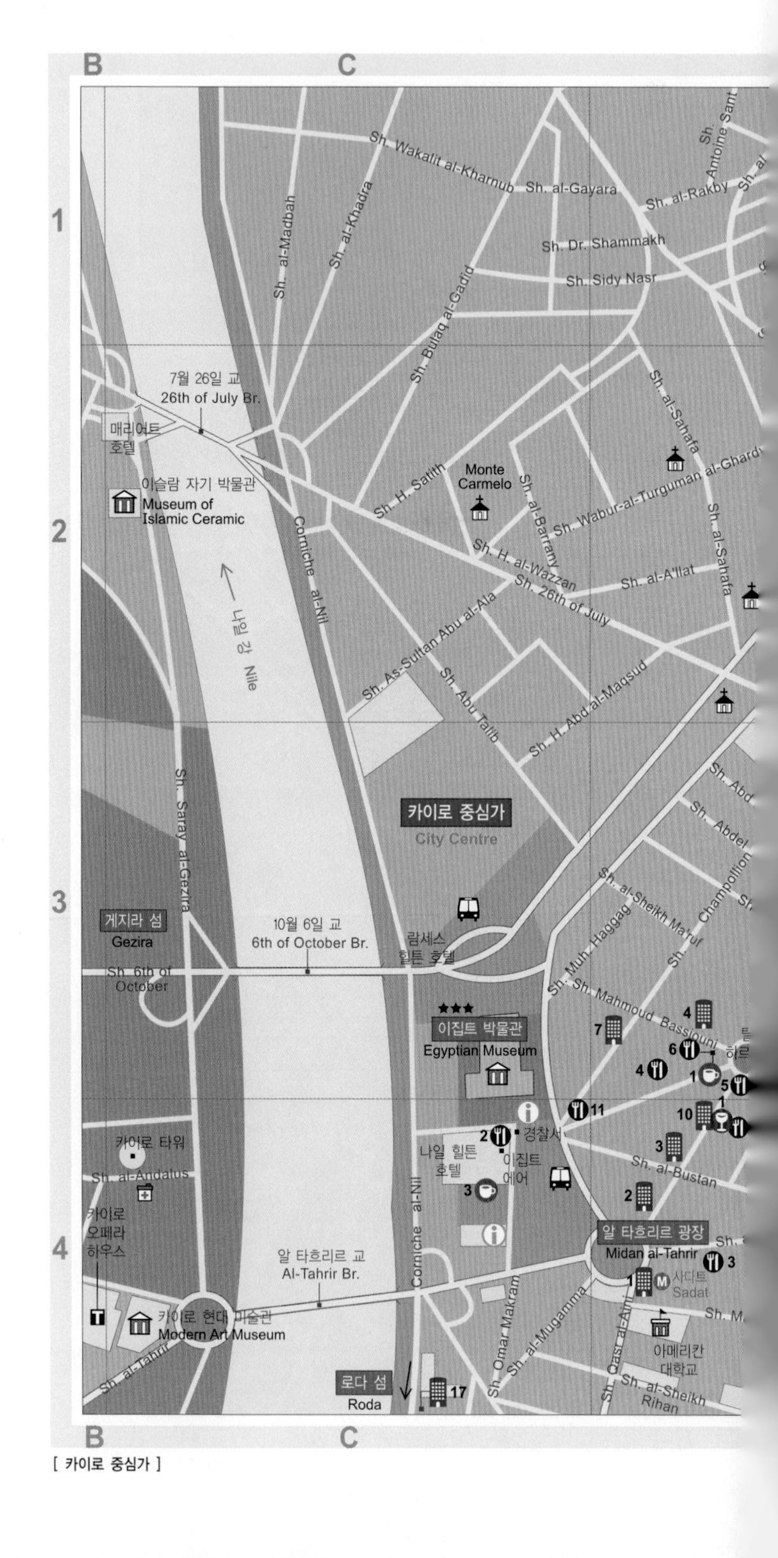
B
C
1
2
3
4
Sh. Wakalit al-Kharnub
Sh. al-Gayara
Sh. al-Rakby
Sh. Antoine Sant
Sh. al-Madbah
Sh. al-Khadra
Sh. Dr. Shammakh
Sh. Sidy Nasr
Sh. Bulaq al-Gadid
7월 26일 교
26th of July Br.
매리어트 호텔
이슬람 자기 박물관
Museum of Islamic Ceramic
Sh. al-Sahafa
Monte Carmelo
Sh. H. Satith
Sh. al-Barramy
Sh. Wabur-al-Turguman al-Ghardi
Corniche al-Nil
Sh. H. al-Wazzan
Sh. al-A'llat
Sh. 26th of July
나일 강 Nile
Sh. As-Sultan Abu al-Ala
Sh. Abu Talib
Sh. H. Abd-al-Maqsud
Sh. Saray al-Gezira
카이로 중심가
City Centre
Sh. al-Sheikh Ma'ruf
Sh. Champollion
게지라 섬
Gezira
10월 6일 교
6th of October Br.
람세스 힐튼 호텔
Sh. Muh. Haggag
Sh. 6th of October
Sh. Mahmoud Bassiouni
이집트 박물관
Egyptian Museum
경찰서
카이로 타워
나일 힐튼 호텔
이집트 에어
Sh. al-Andalus
Sh. al-Bustan
카이로 오페라 하우스
알 타흐리르 광장
Midan al-Tahrir
알 타흐리르 교
Al-Tahrir Br.
사다트 Sadat
카이로 현대 미술관
Modern Art Museum
Sh. Omar Makram
Sh. al-Mugamma
Sh. Qasr al-Aini
아메리칸 대학교
Sh. al-Tahrir
로다 섬
Roda
Sh. al-Sheikh Rihan
17

[카이로 중심가]

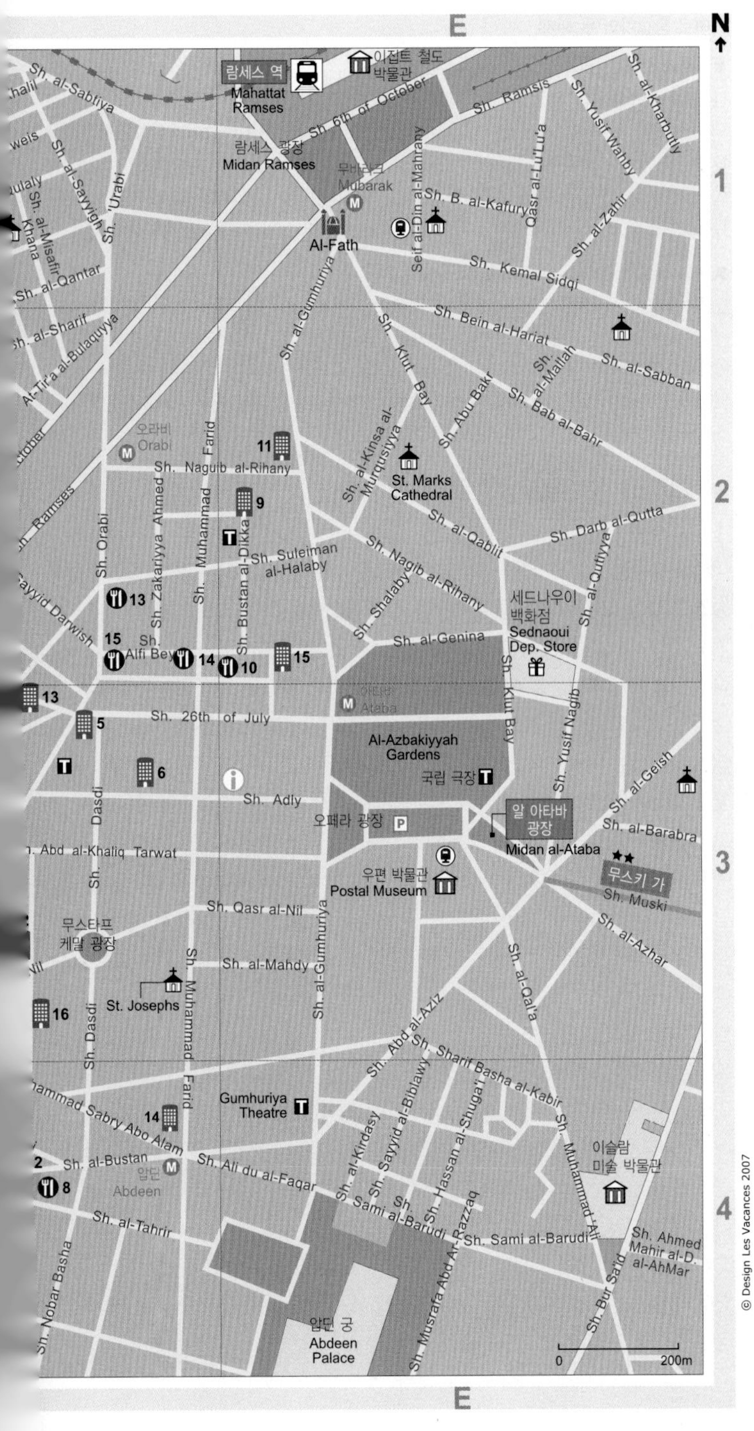
람세스 역
Mahattat Ramses
이집트 철도 박물관
람세스 광장
Midan Ramses
Al-Fath
St. Marks Cathedral
세드나우이 백화점
Sednaoui Dep. Store
Al-Azbakiyyah Gardens
국립 극장
오페라 광장
알 아타바 광장
Midan al-Ataba
우편 박물관
Postal Museum
무스키 가
무스타프 케밀 광장
St. Josephs
Gumhuriya Theatre
이슬람 미술 박물관
압딘 궁
Abdeen Palace
Sh. Ramsis
Sh. 6th of October
Sh. 26th of July
Sh. Adly
Sh. Qasr al-Nil
Sh. al-Mahdy
Sh. al-Gumhuriya
Sh. Muhammad Farid
Sh. Muski
Sh. al-Azhar
Sh. Bur Sa'id
0
200m

카이로 중심가의 두 카페

■ 그로피 찻집 Groppi – 카이로 〈Services〉 [C-1] 참조

탈라트 하르브 광장에 자리잡고 있는 그로피 찻집은 19세기 말인 1891년에 문을 연 카이로에서 가장 오래된 찻집이다. 7시부터 다음 날 새벽 1시까지 영업을 하며, 차와 곁들여 과자와 달콤한 빵 종류를 들 수 있는 곳이다. 영어와 프랑스 어를 사용할 수 있으며 영국이 이집트를 정복하고 있을 당시 영국 신사들이 이집트 현지 애인들을 데리고 즐겨 찾던 고급 사교장이었다. 본토에서 배달된 각종 신문이나 잡지를 읽을 수 있는 곳이기도 했다. 인근에 여행사, 항공사 등이 많아 외국인들이 자주 찾는 곳이다.

■ 카페 리슈 Café Riche – 카이로 〈Services〉 [R-5] 참조

탈라트 하르브 가 17번지에 있는 이 카페는 카이로의 지식인들이 즐겨 찾는 명소다. 20세기 초인 1908년에 문을 연 오래된 곳으로 카이로 기념물로 지정되어 있는 곳이기도 하다. 처음에는 커피만 팔았지만 1942년 이후 레스토랑도 겸하고 있다. 이집트 요리와 기타 서양식 요리를 동시에 맛볼 수 있다. 오전 8시에서 새벽 1시까지 문을 연다. 이집트 전통 복장을 한 웨이터들이 서빙을 한다.

▶ 게지라 섬 Gezira / 로다 섬 Roda

나세르 대통령 시절 정비된 긴 나일 강변로는 나일 강변을 멋진 산책코스로 만들어 놓았다. 늦은 오후 많은 이들이 이곳을 찾아와 산책을 하기도 하고 벤치에 앉아 쉬기도 한다. 나일 강에는 게지라와 로다 두 개의 섬이 있다. 게지라 섬은 10월 6일 다리, 7월 26일 다리, 알 타흐리르 다리 등 세 개의 다리를 통해 카이로 동부와 연결되며, 육지와 가깝게 붙어 있는 로다 섬은 로다 가 등의 도로를 통해 동부와 연결되어 있다. 길이 4km, 폭 800m 정도 되는 게지라 섬은 주거지역이다. 자말렉 축구 클럽 때문에 유명해진 섬 북부의 자말렉Zamalek 지구에는 부르주아 주택들이 많고 남쪽은 스포츠 콤플렉스가 조성되어 있다.

게지라 섬의 지하철 오페라 역에서 내리면 높이 185m의 카이로 타워에 갈 수 있다. 9시부터 자정까지 타워에 올라갈 수 있으며 요금은 거의 10달러에 가까워 비싼 편이다. 타워에 올라가 카이로 시내를 조망하려는 이들은 이른 아침이나 늦은 오후에 올라가는 것이 바람직하다. 그 외의 시간에는 공해로 인해 시가지를 한눈에 조망하기가 쉽지 않다.

1961년에 세워진 종려나무라는 별명을 갖고 있는 카이로 타워에 오르면 기자의 피라미드 군과 사막까지 눈에 들어온다. 카이로 타워는 미국 기금으로 지어졌는데, 원래 이 기금은 다른 목적으로 만들어진 것으로 나세르가 기금을 전용한 셈이다. 인근에 오페라 콤플렉스가 자리잡고 있다. 1971년 화재로 무너진 오페라 하우스를 헐고 일본이 지어준 오페라 하우스이다. 이집트만이 아니라 전 세계의 유명 오페라단, 오케스트라, 발레단을 초청해 공연을 갖는다. 건너편에는 1908년에 문을 연 이집트 현대 미술관이 있다. 마흐무드 사이드(1897~1964) 등 이집트 현대 예술가들의 작품을 소장하고 있다.

▶ 알 아타바 광장 Midan al-Ataba

19세기 중엽 이후 건설된 고층빌딩이 즐비한 현대적인 카이로 중심가와 동부의 오래된 이슬람 지역의 경계에 있는 광장이다. 아타바는 아랍 어로 경계를 뜻하는 말이기도 하다. 인근에 레스베키야 정원과 오페라 광장이 있고, 우표 수집가들에게 인기가 있는 우편 박물관도 자리잡고 있다. 레스베키야 정원은 1800년 나폴레옹이 프랑스 정원사들을 동원해 조성한 공원인데, 후일 이집트 인들이 축소시켰다. 이스마일 이집트 부왕은 파리를 모방해 이 공원에서 매일 야외 연주회를 열도록 했다. 게지라 섬에 일본인들이 지어 준 현대식 오페라 센터가 있지만 오페라 광장은 계속해서 오페라 광장으로 불리고 있다. 1869년 수에즈 운하가 개통될 당시, 동시에 문을 연 곳으로 프랑스 황비 으제니를 위해 지어진 오페라 하우스가 있었기 때문이다. 1869년 11월 1일, 베르디의 오페라 〈리골레토〉가 공연된 곳이다. 오늘날은 관리가 잘 안 되어 옛 정취를 많이 잃어버렸다.

- 교통편 지하철 Ataba 역

▶ 람세스 역 Mahattat Ramses

카이로 중앙 철도역인 람세스 역은 광장에 멤피스에서 출토된 람세스 2세의 거상이 놓여있기 때문에 붙여진 이름이고 정식 명칭은 현 대통령의 이름을 딴 무바라크 역이다. 카이로와 알렉산드리아, 룩소르, 아스완 등을 연결하는 철도의 출발점이자 종착역이다. 카이로에서 가장 번잡한 곳 중 한곳으로 카이로의 엄청난 인구를 실감할 수 있는 곳이다. 역에는 이집트 철도 박물관이 있다. 영국의 지배를 받으면서 1862년 첫 철도가 개통될 정도로 역사가 깊은 이집트 철도의 역사를 볼 수 있는 곳이다. 람세스 역 인근은 고대부터 카이로의 관문 역할을 했던 곳이다. 19세기 중엽인 1847년까지만 해도 이곳에 카이로의 관문인 '철의 문'이라는 뜻의 바브 알 하디드 문이 있었다. 이 문은 람세스 역을 건설하면서 철거되고 만다.

- 교통편 지하철 Mubarak 역

공해 때문에 고향으로 돌아가게 된 파라오, 람세스 2세

역 광장에 서 있는 높이 11m, 무게 80t이 나가는 람세스 2세의 거상은 1883년 고대 왕국의 수도였던 멤피스에서 발견되어, 1955년 이곳에 세워졌다. 하지만 매일 석상 주위로 지나가는 100만여 대의 차량으로 인해 람세스 2세 상에는 미세한 균열이 가고 석상 일부는 이미 습기와 배기가스로 마모되기 시작해 이전 계획을 세우고 있다. 그러나 워낙 거대한 석조 조각이라 옮기는 일도 만만치 않다. 우선 X-레이 촬영부터 할 예정이며 25t 가량 되는 금속상자로 포장을 한 다음 군대의 탱크 운반 트레일러에 실어 옮긴다고 한다. 총 예상 경비만 100만 달러 정도 소요될 것으로 추산된다. 람세스 2세는 이집트 제19왕조의 제3대 왕(재위 기원전 1279~1213)으로 평생을 전쟁을 하며 보낸 왕이었다. 또한 자신의 권위를 만방에 알리기 위해 아비도스, 테베, 그리고 아부 심벨 등에 수많은 신전을 건축하며 자신의 거상을 남긴 파라오이기도 하다.

EGYPT SIGHTS

Museum & Gallery

▶ 이집트 박물관 Egyptian Museum ★★★

〈역사〉

카이로의 세계적인 고대 이집트 박물관은 프랑스 고고학자인 오귀스트 마리에트 Auguste Mariette(1821~1881)의 고대 이집트에 대한 열정이 없었다면 존재하지 못했을 것이다.

마리에트는 1858년 카이로 시내 나일 강변의 불라크에 작은 규모의 이집트 고대 유물 관리국을 창설하는데, 이것이 이집트 박물관의 전신이다. 그의 사후 1890년

[세계 최대의 이집트 유물 소장처인 이집트 박물관]

나일 강이 범람하는 바람에 이 유물들은 기자에 있는 이집트 부왕 관저로 옮겨진다. 이후 마스페로, 모르강 등 프랑스 인들의 유적 발굴에 힘입어 유물이 급증하게 되었고 늘어나는 유물들을 별도로 보관, 전시할 수 있는 건물이 필요해지자, 1902년 네오클래식 양식으로 현재의 박물관이 건립되기에 이른다. 건축가는 프랑스 인 마르셀 두르농이었다.

나폴레옹의 이집트 원정으로 서구인들에게 이집트가 본격적으로 알려지게 되고 이집트 학이 성립된 것도 19세기 초, 파리 루브르 박물관 초대 관장을 지낸 비방 드농, 이집트 상형문자의 비밀을 풀어낸 장 프랑수아즈와 샹폴리옹 같은 프랑스 학자들 덕택이었기 때문에 이집트 박물관 설립에 프랑스 인들이 공헌을 한 것은 자연스러운 일이었다. 마리에트의 유언대로 그의 유해는 현재 이집트 박물관 정원에 묻혀 있다.

루브르 박물관, 대영 박물관, 베를린 박물관, 뉴욕 메트로폴리탄 박물관 등에 중요한 이집트 유물들이 흩어져 있지만, 이집트 박물관은 명실상부한 세계 최대의 이집트 박물관이다. 유물들이 늘어나면서 한 파라오나 한 시대 전체를 조망해 볼 수 있을 정도로 유물들이 체계를 갖추어 나갔다.

현재 전시 중인 유물이 약 15만 점이고 지하 수장고에만 약 3만여 점의 유물이 보관되어 있다. 기원전 3100년, 상하 이집트가 통일된 제1왕조부터 서기 2세기의 그리스 로마 시대의 유물까지 약 3천여 년 동안 지속된 고대 이집트 유물이 1, 2층으로 나뉘어 전시되어 있다. 1층은 시대별 전시관이고 2층은 주제별 전시관이다. 1층 중앙홀에는 대형 석상들이 전시되어 있다.
1996년 도난사고가 날 뻔한 이후, 보안이 강화되었고, 최신 전시 기법이 적용되어 투탕카멘 실과 보석실 등이 재정비되었다. 협소한 공간으로 기자의 피라미드 인근에 새로운 박물관을 건립할 계획이라고 하지만 언제 건립될 지는 알 수 없다.

© Photo Les Vacances 2007

[이집트 박물관 내부]

오귀스트 마리에트의 이집트 사랑

1821년 프랑스의 한 작은 마을 볼로냐에서 태어난 마리에트는 평생을 이집트 유물 발굴과 보존에 바친 인물로 카이로 이집트 박물관의 아버지라고 부를 만한 인물이다. 21살 되던 해인 1842년 당시 이집트 붐을 타고 이집트 연구에 몰두하던 사촌의 노트에서 이집트 오리 그림으로 된 상형문자를 보고 그 아름다움과 신비로움에 매료되어 이집트로 건너가 평생을 보냈다. "이집트 오리는 위험한 동물입니다. 한번 그 부리에 물리면 열병에 걸려 평생을 이집트 연구에 바칠 수밖에 없습니다." 그가 자신의 일생을 회고하면서 한 말이다.
이집트 유물은 19세기 내내 이집트 인은 물론이고 유럽 각지에서 몰려든 도굴꾼들로 몸살을 앓고 있었다. 1850년 루브르 직원으로 콥트 어 사본을 구하는 임무를 띠고 이집트에 파견되었지만 마리에트 역시 이런 위험한 상황에서 도굴꾼으로 오해를 받아 임무를 완수할 수가 없었다. 그러나 그는 사카라에서 모래 속에 묻혀 있는 스핑크스와 아피스 황소의 지하묘지인 세라페움을 발굴하는 등 이집트 유물 발굴사에 큰 획을 긋는 대발굴 작업을 해내며 도굴꾼으로부터 유물을 보호하기 위해 1858년 이집트 고대 유물 관리국을 창설하고 책임자가 되었다.
왕의 계곡에서 아멘호테프 왕비의 무덤을 발굴한 사람도 마리에트였다. 이 유물 관리국이 현 카이로 이집트 박물관의 전신이다. 이후에도 마리에트는 몰려드는 도굴꾼들의 온갖 도굴과 문화재 약탈 행위에 맞서 전쟁을 치러야만 했다. 만일 마리에트가 없었다면 그렇게 많은 이집트 유물들이 카이로 박물관에 들어오지 못했을 것이다.

마리에트의 위대함은 고대 이집트 유물이 이집트 인들의 것이라는 확고한 신념을 갖고 있었다는 데에서 찾을 수 있다. 그는 이집트 도굴꾼들과 육박전을 해 가며 유물을 지켰고, 심지어 당시 총독이던 케디브가 온갖 방법을 동원해 발굴 작업을 방해하며 발굴된 유물 중에서 자신의 부인들에게 줄 보석을 달라고 해도 끝내 응하지 않았다.
1881년 그가 숨을 거두었을 때 이집트에 와 있던 전 유럽 인과 이집트 인들은 그를 이집트 명예총독으로 임명하며 경의를 표했고, 고대 이집트 석관을 모방해 만든 묘에 안치했다.

- 위치 알 타흐리르 광장
- 교통편 지하철 Sadat 역
- 개관시간 매일 09:00~16:45
- 휴관일 금요일 11:15~13:30, 라마단 기간에는 15:00에 관람 종료
- 입장료 50이집트파운드(미라를 보려면 100이집트파운드의 입장권을 구입해야 한다.

관람 안내 오전 시간은 가급적 피하는 것이 좋다. 부득이 오전에 관람을 해야만 한다면 2층의 투탕카멘 실과 황금실을 먼저 보는 것도 구름같이 몰려드는 단체 관람객을 피하는 한 가지 방법이다. 오후에 관람을 한다면 유물을 시대별로 전시하고 있는 1층을 먼저 보고 2층으로 올라가 주제별로 전시된 유물을 보는 것이 정상적인 순서다. 1층은 고대 석상들이 대부분이며 2층에는 장식품, 가구, 미라 같은 유물들이 많다. 전시실은 시계방향으로 돌면서 시대순으로 관람이 가능하도록 배치되어 있다.

1층

전왕조 및 초기 왕조 : 43전시실
고왕국 : 31, 32, 36, 37, 41, 42, 46, 47, 48, 51전시실
중왕국 : 16, 21, 22, 26전시실
신왕국 : 3, 6~15, 18전시실
제3중간기 및 후기 이집트 왕조 : 20, 24, 25, 30, 49전시실
그리스 로마 점령기 : 34, 35, 40, 44, 45, 49, 50전시실

2층

투탕카멘 전시실 : 3, 7, 8, 9, 10, 13, 15, 20, 25, 30, 35, 40, 45전시실
보물실 : 4전시실
타니스 보물실 : 2전시실
장례 가구실 : 12, 17, 22, 27, 32, 37전시실
프톨레마이오스, 로마 전시실 : 39, 44전시실
일상생활실 : 34전시실
파피루스와 도편화 : 24전시실

유물들이 주제별로 전시되어 있는 2층에서는 모든 유물을 다 보려고 하기보다는 박물관에서 구입할 수 있는 안내 책자를 참고하여 유명하고 개인적으로 관심 있는 유물을 선별해서 관람하는 것이 바람직스럽다. 박물관 전체를 둘러보는 데 약 3시간 정도의 시간이 소요된다.

또 하나의 전시실, 박물관 정원

박물관 입구의 정원에도 뛰어난 고대 이집트 석상들과 기념물들이 있다. 길이 2.62m의 붉은 화강암으로 조각한 스핑크스는 기원전 1479~1425년 사이 이집트를 통치했던 신왕국 제18왕조의 파라오, 투트모시스 3세의 스핑크스이다. 마리에트가 카르나크의 태양신인 아몬 레 신전에서 발굴했다. 높이 3.25m의 오벨리스크 파편은 기원전 1279~1212년 사이 파라오였던 신왕국 제19왕조의 람세스 2세 때 제작된 것으로 1860년 역시 마리에트에 의해 타니스에서 발굴된 것이다.

주요 작품

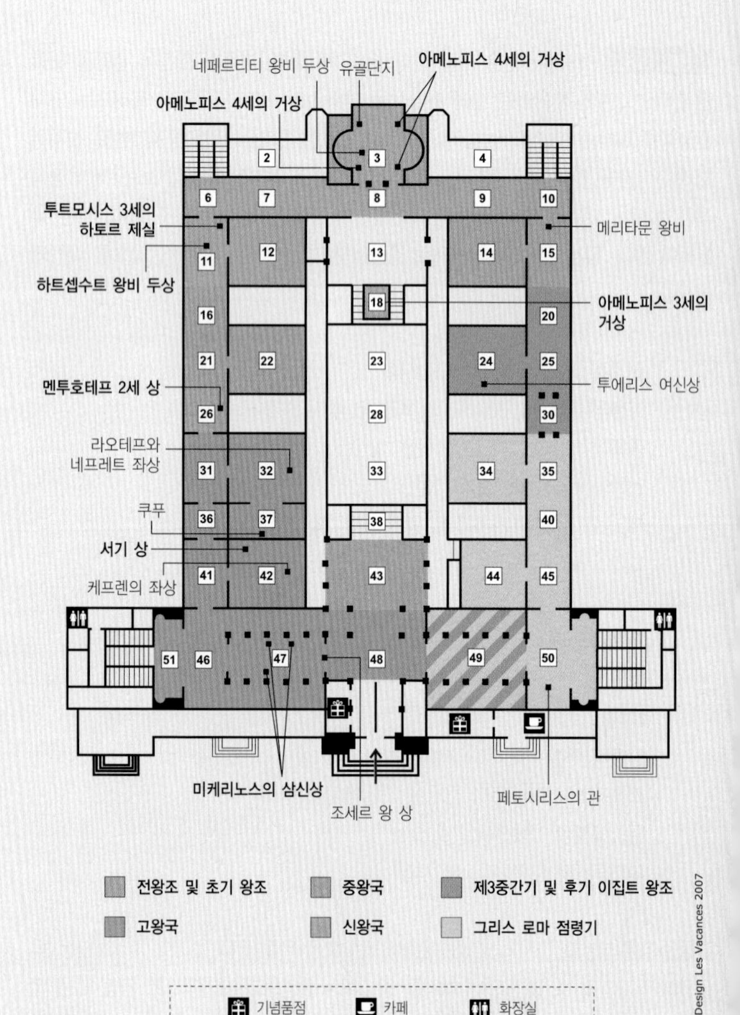

[이집트 박물관 1층]

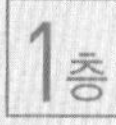

전왕조 및 초기 왕조 (초기 왕조는 티니트 시대라고도 함. 기원전 4000~3000) - 43전시실

〈나르메르의 부조 석판〉

높이 : 64cm, 폭 : 42cm, 두께 : 2.5cm, 재질 : 녹색편암, 용도 : 신에게 바치는 봉헌물 겸 색분 제조기, 43전시실, 전왕조, 나메르 파라오 (기원전 3000년경)

[나르메르의 부조석판]

상이집트와 하이집트로 나뉘어 있던 이집트를 최초로 통일한 파라오인 나메르가 적군을 사살하는 장면을 묘사한 부조다. 녹색 편암에 돋을새김으로 묘사된 장면에서 후일 장구한 세월 동안 이집트 미술의 전형으로 자리잡게 되는 '정면성의 원리'가 나타나고 있음을 알 수 있다. 조각된 부분이 균일한 높이를 유지하고 있는 숙련된 기술도 엿볼 수 있을 뿐만 아니라 이미 상형문자가 출현했음을 일러주는 전왕조 시대의 중요한 유물이다. 1894년 발굴된 이 부조는 앞뒷면에 상이집트 왕인 나메르가 델타 지역에 자리잡고 있던 하이집트 우아슈를 정복하는 장면이 묘사되어 있다. 삼단으로 된 앞면 가장 윗부분에는 목이 잘린 채 두 줄로 늘어서 있는 적군을 돌아보는 장면이 묘사되어 있다. 파라오 뒤에는 그의 신발을 든 신하가 뒤따르고 있고 앞에는 각기 다른 깃발을 든 4명의 신하들이 행진하고 있다. 주대종소 즉, 왕이나 신을 크게 묘사하고 신하나 인간을 작게 묘사하는 이집트 미술의 특징을 알 수 있다. 파라오가 쓰고 있는 관은 적색 관으로 나메르가 정복한 하이집트 파라오의 것이다. 나메르가 양손에 들고 있는 것은 철퇴와 왕홀이다. 석판의 가장 윗부분에 돌출되어 있는 뿔 달린 암소는 여신 하토르를 상징한다. 한가운데에는 고양이과 맹수를 길들이는 장면이 상징적으로 묘사되어 있다. 이는 혼란을 극복하고 통일을 이루었음을 말한다. 중앙에 홈이 패여 있는 이 석판은 녹색염료를 얻기 위해 공작석(孔雀石)을 빻는 데 쓰였다. 뒷면에는 상이집트의 백색 관을 쓴 나메르가 적군을 물리치는 장면이 묘사되어 있고 하단에는 뒤를 돌아보며 도주하는 적이 보인다.

고왕국 (기원전 2649~2152) - 31, 32, 36, 37, 41, 42, 46, 47, 48, 51전시실

제3왕조에서 제6왕조까지 약 5백 년 동안 지속된 고왕국은 고대 이집트 역사상 가장 찬란한 번영을 구가했던 시대로 후일 모든 왕조의 모범으로 간주된다. 주변 국가와의 교역도 활성화되고 있었고, 질서와 정의의 신인 마아트Maat 신을 중심으로 파라오의 신격을 인정하는 이집트 인들의 세계관이 확립된다. 고대 이집트의 황금시대였던 시기다. 악과 혼란의 신인 세트와 맞서 싸우는 매의 신 호루스가 파라오를 상징하는 보편적인 신으로 본격적으로 숭상된 시기이기도 한 고왕국은 파라오의 통치를 합리화하기 위해 이집트 신화가 완성되는 시기였다. 세트는 호루스의 아버지인 오시리스를 살해하고 그 시신을 흐트러뜨리지만 이시스가 시신을 수습해 부활시킨다는 신화도 이 당시에 완성된다. 멤피스로 수도를 옮긴 이후 전설적인 건축가 임호테프의 지휘로 계단식 피라미드가 건설되기 시작하고 이어 대 피라미드의 시대가 뒤를 잇는다. 피라미드는 단순한 파라오의 무덤이 아니라 파라오의 신격을 상징하는 건물이었다. 다시 말해 혼돈의 물이 지배하던 시절 최초의 언덕이 솟아 올랐고 그 언덕으로부터 최초의 생명이 탄생했다는 이집트 신화에서 피라미드는 바로 이 최초의 언덕을 상징하는 건축물이었다. 완벽함을 상징하기도 하는 피라미드는 태양신 레와 동일시된 파라오를 영원의 세계로 인도하는 태양의 빛을 나타내게 된다.

〈미케리노스의 삼신상〉

높이 : 92.5cm, 질 : 녹회색 편암, 용도 : 기념석상, 47전시실, 제4왕조,
미케리노스 파라오 (기원전 2494~2472)

제47전시실에는 모두 3개의 미케리노스의 삼신상이 있다. 크기와 구성이 거의 동일해 보이지만 약간씩 차이를 드러내고 있다. 세 명의 인물 중 가운데 있는 가장 크게 묘사된 인물이 파라오이다. 파라오는 상이집트의 백색 관을 머리에 쓰고 있다. 오른쪽에는 태양을 상징하는 원반이 들어가 있는 암소의 뿔을 쓰고 있는 하토르 여신이 있고 반대편에는 하토르 여신의 제관이 머리에 아누비스 상이 들어가 있는 깃대를 꽂은 관을 쓰고 있다. 아누비스는 검은 자칼의 신으로 죽은 자의 심판에 참여해 미라를 만드는 신이다. 파라오의 신격은 크게 묘사되어 있을 뿐만 아니라 세 명의 인물 중 가장 앞으로 돌출되어 있다는 사실에서도 확인할 수 있다. 받침대에는 상형

문자로 "영원히 사랑받는 상하 이집트의 파라오"라는 글귀 등이 새겨져 있다. 한덩어리의 돌을 깎아 만든 이 삼신상은 인체 각 부위에 대한 묘사뿐만 아니라 옷에 가린 몸의 리듬을 표현할 수 있었던 놀라운 미적 감각을 드러내고 있다.

〈아크와 그의 부인상〉
높이 : 49cm, 재질 : 석회석에 채색, 용도 : 장례용 조각, 46전시실,
제5왕조 (기원전 2465~2323)
시간의 흐름에 따라 조각은 다양한 양식으로 제작이 되었지만 그 양식은 언제나 정

© Photo Les Vacances 2007
[미케리노스의 삼신상]

© Photo Les Vacances 2007
[아크와 그의 부인상]

해진 규범을 벗어날 수는 없었다. 아크와 그의 부인인 헤테프 헤르 노프레트의 무덤에 들어있던 이 조각 역시 남자는 붉은 피부로 묘사하고 여자는 노란 피부로 채색하는 양식을 지키고 있음은 물론이고 두 인물이 걸치고 있는 옷과 앉아 있는 장방형 의자의 경우도 모두 정해진 양식에 따른 것들이다. 하지만 이 조각을 만든 이는 오른팔로 남편의 가슴을 끌어안고 있는 다정한 모습을 조각함으로써 차갑고 경직된 조각에서 인간적인 정취가 물씬 풍겨 나오도록 했다.

〈서기 상〉
높이 : 51cm, 너비 : 41cm, 두께 : 321cm, 재질 : 석회석에 채색, 용도 : 장례용 조각, 42전시실, 제5왕조 (기원전 25세기 중엽)
19세기 말인 1893년 사카라 인근에서 출토된 이 서기 상은 이집트에서 문자를 통한 기록과 관련된 읽고 쓰는 일의 중요성을 일러주고 있다. 실제로 이집트에서 문서를 작성하고 관리하는 관료층은 공공 영역은 물론이고 사적이거나 종교적인 제반

사에서 중요한 위치를 차지하고 있었다. 모든 관료들 중에서도 서기들은 가장 상층에 속해 있었고 가장 많은 지식과 교양을 갖춘 식자층이었다. 자연히 서기는 직업 중에서 가장 대접받는 직업이었다. 갈대로 만든 붓과 파피루스를 사용할 수 있는 이들은 문맹자들에게 거의 절대적인 권위를 갖고 있었으며 헤아릴 수도 없이 많은 조각으로 제작되었다. 서기 상은 흔히 무릎 위에 파피루스를 펼쳐놓고 한 손에는 붓을 든 채 앉아 있는 좌상으로 제작되곤 하는데, 카이로 이집트 박물관의 서기 상 역시 이러한 정형화된 양식을 충실하게 따르고 있다. 이러한 양식과 더불어 모든 서기 상에서 유심히 볼 것은 말하는 사람의 얼굴을 예의 주시하고 있는 긴장된 눈

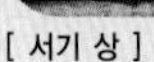
[서기 상]

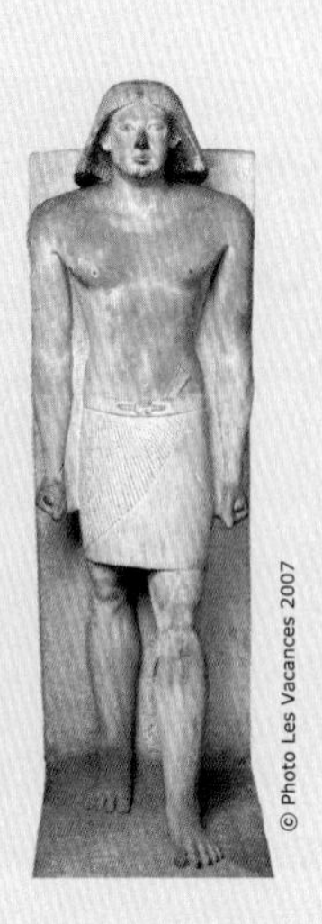

[란페르의 두 입상]

빛과 얼굴 표정이다. 잘못된 기록은 의사소통을 방해할 뿐만 아니라 사후에 엄한 벌을 받기 때문이다.

〈란페르의 두 입상〉

높이 : 178cm, 186cm, 재질 : 석고 채색, 용도 : 장례용, 31전시실,
제5왕조 중엽 (기원전 25세기 중엽)

거의 실물 크기로 조각된 두 조각은 작은 것이 젊었을 때의 모습이고 큰 것이 장년의 모습이다. 부인을 조각한 상과 함께 란페르의 무덤에서 발굴된 제사장 상이다. 약간 불룩하게 묘사된 큰 조각은 이러한 세부 묘사를 통해 나이가 들었을 때의 모습임을 암시하고 있다. 석고로 제작되어 일반적인 석상 제작의 패턴을 그대로 따르고 있다. 석상 조각에서 파라오나 고관대작들은 늘 정면을 응시하며 걸어가는 자세로 묘사되는데 이 조각상 역시 그러한 기법을 그대로 따르고 있다. 양팔 역시 석고판에서 분리되지 못한 채 붙어 있다. 그러나 이 모든 경직된 패턴에도 불구하고 인물의 눈과 자세에서는 권위와 생동감이 느껴져 온다.

〈메이듐의 거위 벽화〉

높이 : 27cm, 높이 : 172cm, 벽화, 무덤 장식, 32전시실, 제6왕조 초, 스네프루 파라오 (기원전 2323~2551)

스투코, 즉 화장 벽토에 그림을 그리는 것은 고대 이집트부터 자주 사용되었던 장식 기법이다. 특히, 조각으로 장식하기 어려운 부분에는 언제나 화장 벽토를 이용한 벽화가 사용되었다. 또한 시간과 비용을 절약하는 방법이기도 했다. 당시 화장 벽토는 잘게 썬 짚과 전토를 섞어 만들었다. 그런 다음 그 위에 그림을 그리기 위해 표면을 평평하게 고른 다음 가죽 등으로 문질러 윤기를 냈다. 그림에 사용된 염료는 자연에 널려 있는 다양한 재료 속에서 얻었다. 황토는 붉은색과 황색을 제공했고 회색 점토는 무채색을 얻는 데 쓰였다. 그 외에 공작석, 터키석 등의 광물을 이용해 물감을 얻었다. 뿐만 아니라 이미 여러 염료를 섞어 사용했기 때문에 실로 놀라울 정도의 다양한 색을 얻을 수 있었다. 붓은 종려나무의 섬유질을 채취해 만들었다. 엄청나게 많은 벽화들이 제작되었지만 세월에 오래 견디지 못하는 물리적 한계와 무엇보다 수많은 도굴꾼들로 인해 남아 있는 벽화는 그리 많지 않다. 메이듐의 거위들은 얼마 남아 있지 않은 벽화들 중 하나로 마치 동양화 속에 등장하는 것 같은 거위들의 유연하고 자연스러운 움직임이 돋보이는 수작이다. 제3왕조 마지막 파라오였던 후니의 피라미드가 있는 메이듐 소재, 네페르마트와 이테트의 무덤 벽을 장

[메이듐의 거위 벽화]

식하고 있던 그림이다. 그림은 정확하게 좌우에 3마리씩 모두 6마리이고 마리 수에서만이 아니라 동작도 대칭을 이루도록 했다. 단조로움을 피하기 위해 거위들의 깃털을 다르게 묘사하는 섬세함도 엿볼 수 있다.

〈가마〉

높이 : 52cm, 길이 : 99cm, 폭 : 52~53.5cm, 재질 : 목재와 금박, 37전시실, 제4왕조, 스네프루 파라오 (기원전 2575~2551)

1925년 기자의 헤테페레스 무덤에서 출토된 가마이다. 고대 이집트에서 가마는 제1왕조 때부터 사용된 오래된 이동수단이다. 하지만 현재 남아 있는 가마는 이집트 박물관에 있는 가마가 유일하다. 가죽끈과 금으로 덮인 부분들이 각 부분을 연결하고 있다. 등받이와 팔걸이는 흑단 나무로 만들었으며 그 위에 "상, 하이집트 왕의 어머니이자 호루스의 딸이고 이마트의 일을 담당하셨던 신의 딸, 헤테페레스"라는 내용의 상형문자가 새겨져 있다.

중왕국 (기원전 2060~1785) - 16, 21, 22, 26전시실

〈멘투호테프 2세 상〉

높이 : 138cm, 재질 : 사암에 채색, 26전시실, 제11왕조,

멘투호테프 2세 파라오 (기원전 2065~2014)

1900년 영국인 하워드 카터에 의해 발굴된 석상이다. 이 석상의 발견은 이집트 발굴사에서 가장 유명한 에피소드로 남아 있다. 잘 알려져 있다시피, 하워드 카터는 그 유명한 투탕카멘의 황금 마스크를 발굴한 사람이다. 하루는 카터가 말을 타고 가다 낙마를 했는데 바로 그곳이 지하 묘지의 입구로 통하는 입구였다. 입구로 들

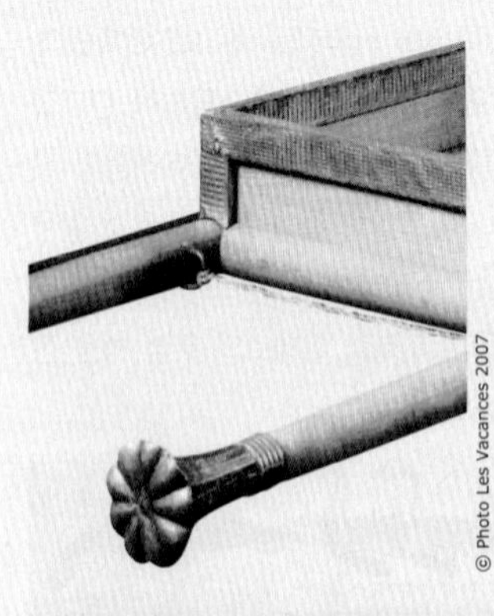

[기자의 헤테페레스 무덤에서 출토된 가마]

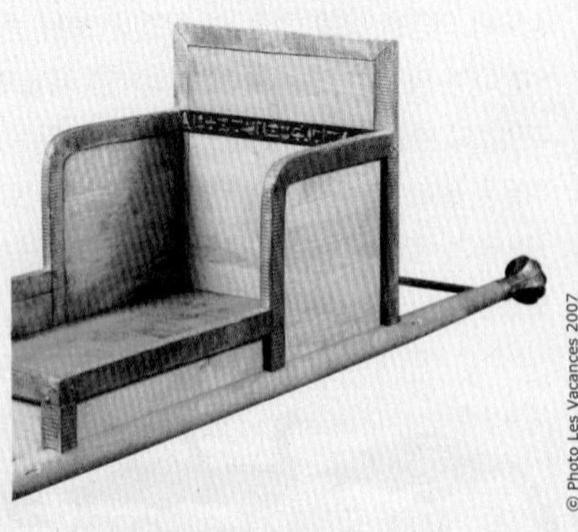

[가마의 등받이에는 상형문자가 새겨져 있다.]

어가자 묘실이 나왔고 그곳에 아마로 둘러싼 멘투호테프의 거대한 상이 놓여 있었다. 멘투호테프는 혼란기인 제1중간기를 청산하고 다시 이집트를 통일한 파라오이다. 지하 구조물은 그가 신에게 제사를 드리는 곳이었다. 이곳에 거의 실물 크기로 제작된 파라오의 석상이 놓여 있었던 것이다. 짧은 흰 망토를 걸치고 머리에는 하이집트 파라오를 상징하는 백색 관을 쓰고 있다. 흰 짧은 망토는 왕권의 강대함을 위해 1년에 한 번 제(祭)를 올릴 때 파라오가 입는 옷이었다. 각이 진 큰 얼굴, 신과 조상으로부터 왕권을 물려 받았음을 상징하는 긴 턱수염, 그리고 무엇보다 당장이라도 껌벅거릴 것 같은 크고 부리부리한 두 눈에서는 위엄과 힘이 느껴진다. 피부는 검은색으로 칠해져 있는데, 이는 고인이 된 파라오가 저승을 지배하는 오시리스 신과 동일시되었음을 일러준다. 파라오가 두 팔을 가슴 위에 모으고 있는 자세도 역시 오시리스의 자세다. 하지만 하체는 고왕국 때부터 전해 내려온 이집트 석조 좌상의 전통에 따라 간소하게 처리되어 있다.

〈세소스트리스 1세 기둥〉

높이 : 434cm, 폭 : 95cm, 재질 : 석고 채색, 21전시실, 제12왕조,
세소스트리스 1세 파라오 (기원전 1964~1929)

20세기 초, 카르나크의 태양신 아몬 레 신전에서 발굴된 이 사각 기둥은 네 면에 조각된 아름다운 부조로 인해 고대 이집트 중 왕국시대의 최고의 유물로 손꼽힌다. 발굴 당시 이 기둥만이 아니라, 100여 개의 파라오 석상을 비롯한 다양한 건축장식들이 함께 출토되었다. 세소스트리스 1세는 오랜 치세 동안 강력한 통치력을 행사해 이집트의 국경을 확장시켰으며 이집트 전역에 많은 건축과 조각을 남긴 파라오

[멘투호테프 2세 상]

[세소스트리스 1세 기둥]

였다. 기둥의 네 면을 보면 파라오가 네 신과 포옹을 하고 있는 장면이 묘사되어 있다. 장면이 바뀔 때마다 파라오의 관과 복장이 바뀌고 있다. 또한 파라오는 신과 동일한 격을 갖추고 같은 크기로 조각되어 있어 주대종소의 원칙을 의도적으로 어기고 있다. 이는 세소스트리스 1세가 신들과 동일시 될 정도로 강력한 파라오였음을 일러준다. 하이집트의 붉은 관인 네메스를 쓰고 나타나기도 하고, 통일 이집트의 이중관을 쓰고 있기도 하다. 또한 매의 머리를 한 호루스 신과 함께 모습을 보이기도 하고 다른 면에는 이중관을 쓴 헬리오폴리스의 아툼 신과 함께 있기도 하다. 기둥에는 또한 세로로 기록된 상형문자 기록이 있는데, 여러 인물들의 이름과 직함이 기록되어 있다. 세소스트리스 1세 치하에서 부조 예술은 형태적 아름다움과 양식적 우아함을 동시에 갖추며 절정기를 맞이했다. 면을 가득 채운 인물과 장식적 기능을 하고 있는 상형문자들, 정면성 원리를 충실하게 따른 육체의 우아한 선, 인체의 볼륨을 드러내는 살붙임 등 고도로 발달된 기법들은 부조의 신비감을 잘 드러내고 있

다. 현재는 색이 거의 탈색되었지만, 원래는 이 아름다운 부조에 현란한 채색이 되어 있었다.

〈아메넴하트 3세의 스핑크스〉

높이 : **150**cm, 길이 : **236**cm, 재질 : 회색 화강암, **16**전시실, 제**12**왕조, 아메넴하트 파라오 (기원전 **1842**~**1794**)

제21왕조에서 제22왕조 사이 새로운 수도였던 타니스에서는 모두 7개의 화강암으로 제작된 아메넴하트 스핑크스가 출토되었다. 스핑크스는 파라오의 초인간적인 권

[아메넴하트 3세의 스핑크스]

능을 나타내는 기념물이었다. 특히, 아메넴하트의 스핑크스는 전통적인 파라오의 두건을 대체하고 있는 사자의 갈기를 그대로 묘사한 것에서 알 수 있듯이 강력하면서도 잔혹했던 그의 통치를 일러주고 있다. 돌출한 광대뼈, 살집이 느껴지는 두툼한 입술, 코 언저리의 깊은 주름은 파라오의 얼굴에 음영을 드리우며 강인한 인상을 만들어 내고 있다. 파라오의 신성을 상징하는 긴 수염과 머리 중앙부의 코브라도 파라오의 권위를 강조하고 있다. 스핑크스 전체를 받치고 있는 높고 묵직한 받침대의 여러 개의 타원형 속에는 아메넴하트 3세의 스핑크스들을 가져다 사용했던 다른 파라오들의 이름이 새겨져 있다. 제21왕조의 프수세네스가 이 스핑크스를 타니스로 옮겨놓은 장본인이다. 타원형 속의 상형문자는 파라오의 이름을 표기할 때만 사용한다. 타니스의 피라미드들은 파라오를 조각한 것이지만 원래는 바스테크와 부바키스라는 두 신을 모시는 신전을 장식하기 위해 제작되었던 것들이다.

〈아우이브레 호르의 카 조각상〉

높이 : 170cm, 재질 : 나무, 금박, 돌, 11전시실, 제13왕조,
아우이브레 호르 파라오 (기원전 17세기 초)

이집트 인들은 모든 인간에게 4가지 비물질적인 속성을 부여했다. 신이나 죽은 자들은 아크Akh라고 하는 그림자가 되며, 바Ba라고 하는 성격을 갖고 태어나고, 모두 다른 이름으로 불리며, 마지막으로 생명력인 카Ka를 갖고 있다고 믿었다. 죽은 자에게 죽어서도 생명이 지속된다는 믿음을 갖도록 하기 위해 고대 이집트 인들은 그의 생명력인 카에게 음식과 음료를 바쳤다. 대개 이 음식물들은 죽은 자의 미라

[아우이브레 호르의 카 조각상]

[아메넴하트 3세 피라미드의 피라미디온]

곁에 두었는데, 그러면 죽은 자의 카가 주기적으로 나타나 음식물들의 엑기스를 취한다고 믿었다. 이런 이유로 죽은 자 곁에는 카의 조각상을 세워두곤 했다. 파라오의 모습을 한 카의 머리 위에는 카를 의미하는 들어올린 두 팔 모양의 상형문자가 올라가 있다. 조각은 대단히 우아한 몸매를 보여주고 있다. 특히, 깊은 두 눈과 잘록한 허리 그리고 경쾌하게 걷고 있는 두 다리는 생명을 상징하는 카의 속성을 잘 드러내주고 있다.

〈아메넴하트 3세 피라미드의 피라미디온〉

높이 : 140cm, 밑변 길이 : 185cm, 재질 : 현무암, 아트리움, 제12왕조,
아메넴하트 파라오 (기원전 1842~1794)

아메넴하트 3세는 숨을 거두었을 때 자신이 번영케 했던 파이윰 지방의 하와라에 건설된 웅장한 장례 신전에 묻히기를 희망했다. 하지만 그는 또한 아메넴하트 2세의 무덤이 있는 다슈르에 이와 유사한 자신의 유해가 들어가 있지 않은 장례 신전 하나를 짓고 싶어했다. 바로 이곳에 벽돌로 축조한 거대한 계단식 피라미드가 세워

졌고, 박물관에 있는 단단한 현무암으로 만든 작은 피라미드인 피라미디온은 이 계단식 피라미드 정상부에 올라가 있던 것이다. 계단식 피라미드는 벽돌로 짓고 석회암으로 마감 처리를 했는데, 투박한 피라미드와 단단하고 검은 돌인 현무암으로 만든 피라미디온은 선명하게 대조가 되었을 것이다. 피라미디온 중앙에는 '우라에이'로 불리는 두 마리의 코브라가 감싸고 있는 날개 달린 태양이 들어가 있다. 그 밑에는 두 개의 눈이 그려져 있다. 태양이 들어가 있는 면은 동쪽을 향하고 있었는데, 그것은 태양신 레Re가 빛을 비추는 방향을 의미했다. 두 눈은 태양신의 눈을 의미한다. 좌우 두 개의 타원형 속에는 아메넴하트와 니마아트라 두 명의 파라오의 이름들이 각각 "레의 아들", "상하 이집트의 왕"이라는 글귀와 함께 들어가 있다. 그리고 파라오의 이름이 적힌 타원 옆으로는 그들의 영원한 생명을 기원하는 글이 들어가 있다.

신왕국 (기원전 1580~1090) - 3, 6~15, 18전시실

약 500여 년 동안 지속된 신왕국은 초기, 중기, 말기로 나뉘어진다. 정치적으로나 문화적으로 가장 번성했던 시기이다. 람세스 2세의 통치 시기도 신왕국 때의 일이다. 1881년 발굴된 강력했던 여러 파라오들의 미라 덕분에 어느 왕국보다 훨씬 우리에게 가깝게 느껴지는 시기이기도 하다. 하지만 이러한 번영은 주변 왕국들과의 고통스러운 싸움을 통해 힘겹게 얻어낼 수 있는 것들이었다. 특히, 나일 강 하류의 델타 지역을 점령한 후 이집트 전체를 집어삼키기 위해 침공을 계속했던 중동 지방의 힉소스 왕들의 위협이 가장 컸다. 이들과 맞서 카모스, 아메노피스 등의 파라오들이 싸웠고 이들은 전승을 거두며 이집트 영토를 확장하는 기회를 얻을 수 있었다. 이런 이유로 신왕국의 파라오들은 단순한 왕들이 아니라 전쟁터에서 보내는 시간이 많은 전사들이었고 언제나 주변 왕국에 위협적인 존재로 비쳤다. 이런 상황은 예술에도 큰 영향을 미쳐 예를 들어, 신왕국 시대의 파라오를 묘사한 벽화들은 많은 경우 적군을 사로잡아 살해하는 장면을 보여준다. 이런 벽화에서 파라오의 육체적 강인함이 강조되는 것이나 당시 사냥, 궁술, 승마 같은 운동경기가 크게 장려된 것도 같은 이유에서다. 자연히 군벌 출신의 귀족이나 군인들이 대접을 받았고 땅을 하사받아 세습을 할 수도 있었다. 반면 잦은 전쟁은 근동의 문화가 유입되는 계기가 되어 종교와 기술 분야에서 많은 영향을 받게 된다. 주석, 구리, 은 등의 금속과 가공 기술이 전해진 것도 이때다. 한 가지 특이한 점은 신왕국 시대에 들어 파라오 못지않게 왕비들이 강력한 권력을 쥐고 행사했다는 점이다. 아몬 신의 아들들이라고 간주되었던 파라오가 동정 탄생을 한 신적 존재로 추앙받으며 파라오를 낳은 여인들 역시 추앙을 받은 것이다. 이러한 신화적 탄생과 여인에 대한 숭배는 데이르 알 바하리에 있는 하트셉수트 왕비의 장례 신전에서 처음으로 모습을 나타냈다. 하트셉수트 왕비는 신왕국을 이해하는 열쇠를 쥐고 있는 중요한 인물이다. 그녀는 어린 파라오를 대신해 섭정을 펼쳤고, 자신의 아들인 투트모시스의 몸에 자신의 생명인 카Ka가 들어가 있다고 믿어 아직 죽지도 않은 어린 아들을 경배하는 '영원무궁 궁전'이라는 이름의 신전을 짓기도 했던 인물이다. 이후 아메노피스, 람세스 2세, 3세 등 다른 파라오들도 이 선례를 따랐다.

기원전 1350년, 아메노피스 4세의 통치로부터 시작되는 중기는 무엇보다 유일신을 섬기려는 파라오의 종교개혁이 가장 중요한 사건이다. 아메노피스는 태양신 '레'를 유일신으로 받들며 자신을 그 신의 수호자로 간주했다. 젊은 시절 파라오 자리에 오른 아메노피스는 선왕의 부인으로 내정되어 있던 네페르티티를 왕비로 맞아들였다. 이때까지만 해도 여러 신을 공경하는 다신교 전통을 따랐지만, 그 후 점차 자신이 아톤Aton이라고 부른 유일신을 섬기는 경향을 강하게 띠어갔다. 하지만 이에 대한 기존 제사장들과 토속 신을 믿는 민중의 반발이 예상외로 강했다. 특히, 중왕국 시대부터 섬겼던 아몬 신을 대체하려고 하는 아메노피스는 많은 시련을 겪었다. 상황이 이렇게 전개되자 갈수록 종교에 빠져들던 아메노피스는 테베를 떠나 멤피스와 테베 사이에 있는 아케나톤(아톤 신의 지평이란 뜻. 현재의 텔 알 아마르나)으로 수도를 옮기고 자신의 이름도 아메노피스에서 '아톤의 빛'이라는 의미를 지닌 아케나톤으로 바꾼다. 아몬 신은 홀대를 받기 시작했고 갈수록 아케나톤은 종교에 심취해 들어가 정무를 돌보지 않게 되었다. 그러나 그의 뒤를 이은 투탕카멘은 위기를 직감하고 다시 테베로 돌아와 아케나톤의 통치와 단절을 선언하게 된다.

신왕국의 마지막 시기는 기원전 1291년, 제19왕조부터 시작된다. 이 시기는 흔히 람세스 기로 불리기도 할 정도로 람세스 왕가가 지배했던 시기이다. 수도는 멤피스로 다시 돌아왔지만 외적의 침입을 고려해 얼마 후 다시 상이집트에 새로운 수도인 피람세스를 만들어 천도를 한다. 가장 유명한 파라오는 람세스 2세인데, 가장 많은 통치 흔적을 남긴 파라오였기 때문이다. 또한 람세스 2세는 현재의 레바논 민족과 자주 전쟁을 치르기도 했고 또 이들과 세계사 최초의 문서로 된 평화조약을 체결하기도 했다. 살아있는 인간에 불과했던 파라오를 신격화하기도 했다. 그러나 람세스 사후 이러한 신인동격 풍조는 정치 군사적 쇠퇴와 함께 수그러들었다. 제20왕조 들어 기근, 폭동, 궁정의 혼란 등이 차례로 이집트 파라오의 권위를 약화시켰다. 나일 강의 범람이 예전 같지 않게 되자 수확이 줄었고, 자연히 식량 가격이 폭등하고 도적질이나 횡령 등에는 엄한 처벌이 내려져 사회가 불안했다.

〈아메노피스 2세와 메레트세게〉

높이 : **125cm**, 재질 : 화강암, **12**전시실, 신왕국 제**18**왕조,
아메노피스 **2**세 파라오 (기원전 **1424~1397**)

파라오 아메노피스 2세는 적군을 상징하는 9개의 아치를 밟으며 앞으로 걸어 나오고 있다. 머리에는 상이집트의 백색 관을 쓰고 있고 그 뒤에는 거대한 코브라인 우라에우스가 올라가 있으며 그 위에 다시 하토르 여신을 상징하는 암소의 뿔과 태양의 원반이 들어가 있다. 거대한 코브라는 테베의 토속 여신인 메레트세게인데, 거대한 코브라의 몸을 한 여신이 파피루스를 감싸고 있다. 나일 강 서쪽에 펼쳐져 있는

왕의 계곡에서 신왕국 들어 자주 모습을 나타낸 여신이 메레트세게다. 메레트세게라는 말은 '침묵을 사랑하는 자'라는 뜻인데, 코브라의 특징에서 유래했다. 이 신은 매장 인부들의 신이었고 람세스 시대에 들어 크게 인기를 얻었다.

〈하토르 여신과 아메노피스 2세 상〉
높이 : 225cm, 재질 : 사암에 채색, 12전시실, 신왕국 제18왕조, 투트모시스 3세 파라오 (기원전 1424~1397)

[아메노피스 2세와 메레트세게]

[하토르 여신과 아메노피스 2세 상]

암소의 형상을 한 하토르 여신은 날카로운 두 뿔로 성년이 된 파라오를 지키는 수호신이자, 암소의 젖을 받아먹는 옆구리의 묘사가 일러주듯이, 풍부한 젖으로 어린 파라오를 기른 양육의 여신이기도 하다. 당시 젖과 고기를 생산하는 암소가 얼마나 중요한 의미를 지니고 있었는지를 잘 일러준다. 여신 하토르 숭배는 서(西)테베의 산악 지대에 널리 퍼져있었던 원시 신앙인데, 지진으로 투트모시스 신전이 무너지고 제실 입구가 흙 속에 묻히는 바람에 그 후 시들해졌다.

〈투트모시스 3세의 하토르 제실〉
높이 : 225cm, 깊이 : 404cm, 폭 : 157cm, 재질 : 사암에 채색, 11전시실, 신왕국 제18왕조, 투트모시스 3세 파라오 (기원전 1424~1397)
하토르 여신상과 여신상이 놓여 있던 제실은 우연한 기회에 발견이 되어 발굴되었다. 옛날 모습 그대로 아름다운 채색이 된 채로 발굴되었는데, 투트모시스 3세가 부인과 함께 하토르 여신에게 공물을 봉헌하는 장면이 묘사되어 있다. 양쪽 벽에도 여인의 모습을 한 채 암소의 뿔과 태양을 상징하는 원반을 머리에 올린 하토르 여

신이 그려져 있다. 뒷벽에는 아몬 레 신이 의자에 앉아 있고 그 앞에서 투트모시스 3세가 제주를 올리고 향을 피우는 모습을 하고 있다. 천장은 푸른색으로 별들이 그려져 있다. 이집트 상형문자 체계에서 하토르 여신은 호루스의 집으로 표시되는데, 집 안에 매가 있는 형상은 하토르를 의미한다. 또 하토르 여신은 하늘과 밀접한 관련을 맺고 있는 여신이기도 한데, 많은 이집트 인들이 하늘을 암소와 관련지어 생각했기 때문에 하토르 여신이 암소의 형상을 갖게 되었다. 장례 예술에 하토르가 자주 등장하는 것은 여신이 하늘에서 죽은 자를 맞이해 준다고 믿었기 때문이다.

[투트모시스 3세의 하토르 제실]

[여인의 두상]

〈여인의 두상〉

높이 : 20cm, 폭 : 15cm, 재질 : 흑요석, 12전시실,
신왕국 제18왕조 (기원전 14세기 중엽)

큰 조각의 일부였지만 현재는 두상만 남아 있다. 그러나 이 작은 두상만으로도 카이로 이집트 박물관에서 가장 아름다운 조각으로 꼽을 수 있다. 이집트에서 나지 않는 돌인 흑요석은 가공이 힘든 돌이지만 조각가는 놀라운 솜씨로 여인의 얼굴이 지니고 있는 모든 아름다움을 표현하고 있다. 얼굴 전면에 흐르는 잔잔한 미소, 오똑한 콧날, 선과 양감이 분명한 입술과 인중, 그리고 길지도 넓지도 않은 얼굴 등은 그 묘사의 아름다움만으로도 수천 년이 지나 이 조각을 찾은 우리를 먼 시간을 초월해 유혹하기에 충분하다. 원래 깊이 파인 눈과 눈썹은 유리 가루로 채색했을 것으로 추정된다.

〈투탕카멘의 형상을 한 콘수 신〉

높이 : 250cm, 재질 : 화강암, 12전시실, 신왕국 제18왕조,
투탕카멘 파라오 (기원전 1333~1323)

콘수 신을 조각했지만 모델은 파라오 투탕카멘이다. 채찍과 왕홀을 포개어 가슴에 교차시켜 들고 있는 모양과 가슴의 긴 목걸이 등은 콘수의 상징들이다. 그러나 머리를 땋아서 한 쪽으로 길게 내린 것에서 알 수 있듯이, 성인의 모습이 아닌 청소년의 모습으로 조각되었다. 조각은 카르나크 신전에서 출토되었는데, 중왕국 이후 카르나크에서는 콘수 신이 아몬, 무트와 함께 3신으로 함께 경배를 받았었다.

[투탕카멘의 형상을 한 콘수 신]

[하트셉수트 왕비 두상]

〈하트셉수트 왕비 두상〉

높이 : 61cm, 재질 : 석회석에 채색, 11전시실, 신왕국 제18왕조,
하트셉수트 왕비 치세 (기원전 1479~1458)

'영원무궁 궁전'의 세 번째 테라스를 받치고 있던 오시리스 기둥이었다. 머리만 61cm였으니 전신상의 크기를 짐작할 만하다. 8등신으로 예상하면 전체 크기가 대략 5m 정도 될 것이다. 파라오와 신을 상징하는 긴 수염, 이마에 남아 있는 두건 모양으로 추측할 수 있는 상하 이집트의 백색 관과 붉은색 관 2개의 왕관 등을 통해 왕비가 남자 파라오의 형상을 하고 있었음을 알 수 있다. 붉은 황토색으로 칠해진 피부 역시 파라오의 특징이다. 하지만 묘사된 얼굴을 보면 여자라는 것을 알 수 있다. 섬세하고 수려한 얼굴선이나 입술, 짧고 오뚝한 코 그리고 무엇보다 귀까지 연결된 화장 선으로 단장된 아름다운 눈매의 큰 눈 등이 여성임을 직감하게 해 준다. 여성들의 피부는 밝은 색으로 칠해졌다. 어린 투트모시스 3세를 대신해 섭정을 했던 이 왕비는 아들인 왕이 성인이 된 다음에도 20여 년 동안 계속 권력을 휘둘렀다. 여자가 파라오의 권좌에 앉는 것을 금지하는 이집트의 전통 때문에 정식 파라

오는 되지 못했지만, 이 거대한 전신상의 얼굴이 일러주듯, 상하 이집트를 통치하는 파라오로 인정받고 싶어했던 왕모의 야망은 대단한 것이었음을 알 수 있다.

〈환희의 축제 장면 부조〉
높이 : 51cm, 길이 : 105cm, 재질 : 석회석, 7전시실,
신왕국 제19왕조 (기원전 1291~1185)
사카라에서 발견된 축제를 묘사한 부조다. 이러한 '환희의 축제' 장면은 람세스 2세가 세운 테베의 '영원무궁 궁전'의 고위 공직자 무덤에서 자주 발견되기도 했는

© Photo Les Vacances 2007
[환희의 축제 장면 부조]

데, 당시 축제 모습을 볼 수 있는 중요한 자료다. 서기인 이멘카우와 신하 아나크트의 축제 참여를 기리기 위해 조각된 것이다. 한쪽에는 타악기를 흔들며 춤을 추고 있는 일군의 여성 무희들이 있고 반대편에는 양손을 치켜든 채로 무희들 곁으로 다가오는 남성들이 대칭을 이루고 있다. 축제의 환희와 춤에 도취된 모습을 생생하게 묘사했고 음악 소리까지 느껴질 정도로 몸 동작에 대한 묘사가 섬세하다. 특히, 여성들의 길고 가녀린 육체는 오래 전의 조각임에도 불구하고 에로틱한 분위기마저 풍기고 있다.

〈왕의 계곡 제55호 고분의 관〉
길이 : 185cm, 재질 : 목재, 금박, 채색 유리 가루, 8전시실, 신왕국 제18왕조,
아케나톤 파라오 (기원전 1350~1333)
제55호 고분에서 처음 발굴되었을 때에는 왕비의 미라가 들어가 있는 관으로 생각했으나, 아케나톤의 후계자였지만 25살의 나이에 일찍 숨을 거둔 세멘크카레의 관으로 판명이 났다. 전통적으로 파라오의 얼굴을 가리는 금박이 벗겨져 있고 파라오

의 전통적인 두건인 네메스 대신 여성의 긴 가발이 덮인 얼굴로 인해 미라의 주인공을 확인하기 어렵지만, 코브라인 우라에우스, 파라오와 신의 상징인 수염 등이 왕비의 관이 아니라는 것을 일러준다. 하지만 세멘크카레가 왜 테베에 묻혔는지 하는 의문은 쉽게 풀리지 않았다. 이 의문은 아몬 신과 아톤 신이 대립하던 당시 아몬 신을 섬기는 테베 지역과의 화해를 모색하려고 했던 것이 아닐까 추측된다. 하지만 관 덮개에 쓰여 있는 파라오의 이름을 적는 타원형 속의 이름이 누군가의 손에 의해 지워져 있어 확실한 것을 알 수 없는 미지의 관으로 남아 있다.

〈아메노피스 4세의 거상〉
높이 : 293cm, 185cm, 재질 : 사암, 3전시실, 신왕국 제18왕조,
아케나톤 파라오 (기원전 1350~1333)
아메노피스 4세와 아케나톤은 동일 인물이다. 유일신인 아톤 신을 섬기면서 이름을 바꾸었다. 카르나크 신전에서 발굴된 아메노피스 4세의 이 거대한 상은 종교 갈등의 와중에 제작된 것으로 신전의 기둥들에 기댄 채 신전을 장식하던 거상들 중 하

[왕의 계곡 제55호 고분의 관]

나다. 양손에 파라오의 상징을 들고 있는 팔을 교차시켜 가슴에 모으고 있고 팔찌와 복부에는 "아톤 신 속에 들어 있는 빛의 지평선을 향유하시는 레 호라크티 신이여 영원하라."라는 글이 들어가 있다. 가늘고 긴 눈, 유난히 길게 묘사된 턱이 눈에 들어오는 이 거상의 얼굴에서는 기쁨의 흔적을 찾아볼 수 없다. 185cm짜리 조금 작은 상의 경우에도 거의 마찬가지 모습을 하고 있다. 185cm짜리 상의 머리에는 '슈' 신을 상징하는 깃털이 올라가 있고, 293cm짜리 상은 상하 이집트를 상징하는 이중관을 쓰고 있다. 카르나크 신전 인근에서는 많은 수의 아메노피스 4세 상이 발견되었는데, 어느 상이나 거의 동일한 모습으로 묘사되어 있다. 특이한 것은 남자인지 여자인지 알아볼 수 없는 중성적 조각들이 있는데, 이는 아메노피스 4세가 이집트 백성들에게 아버지이자 어머니로 간주되길 원했기 때문이다.

〈딸과 입맞추고 있는 아케나톤〉
높이 : 39.5cm, 폭 : 16cm, 재질 : 석회암, 3전시실, 신왕국 제18왕조,
아케나톤 파라오 (기원전 1350~1333)

입을 맞추고 있는 인물이 아케나톤의 두 번째 부인인 키야가 아니라면 이 조각은 아버지와 딸의 애정 깊은 일상생활을 보여 주는 작품이라고 볼 수 있다. 받침대에 두 발을 모아 올려 놓고 있는 작은 키로 보아, 여자 인물이 아케나톤의 첫 딸인 메리타톤으로 보인다. 이렇게 가족간의 일상적 장면들을 묘사하는 것은 이전에는 볼 수 없었던 아마르나 시대의 큰 특징이다. 아버지 쪽으로 고개를 돌린 딸의 앙증맞은 동작은 조각이 미완성으로 남아 있음에도 불구하고 가족간의 깊은 애정과 함께 파라오의 인간적인 측면을 엿볼 수 있게 해 준다. 또한 이러한 사실적인 일상생활에 대한 묘사는 '사실에 충실한다'는 마아트Maat 신의 가르침으로 받아들여졌다.

[아메노피스 4세의 거상]

[딸과 입맞추고 있는 아케나톤]

〈메렌프타 승전비〉

높이 : 318cm, 폭 : 163cm, 두께 : 31cm, 재질 : 화강암, 13전시실,
신왕국 제19왕조, 메렌프타 파라오 (기원전 1212~1202)

아메노피스 3세의 신전을 허물어 나온 돌로 제작된 이 거대한 승전비는 리비아 족이 연합군을 형성해 이집트를 침공했을 때 적을 물리친 파라오의 업적을 기리기 위해 세워졌다. 당시의 이집트 주변 상황을 엿볼 수 있는 귀중한 기록이다. 에게 해를 비롯해 지중해 지역의 민족들이 이집트로 밀려 들어왔다는 내용을 읽을 수 있다. 6천 명의 사망자와 9천 명에 이르는 포로를 잡았다는 내용도 볼 수 있다. 흔히 '바다의 민족'으로 불리는 지중해 인근의 부족들은 이후에도 계속 침공을 해와 람세스 3세의 치하에서도 전쟁은 끊이지 않았다. 이 승전비는 흔히 '이스라엘 비석'으로도 불리는데, 이집트의 문자로 된 기록 중에 유일하게 이스라엘이라는 언급이 나오는 비문이기 때문이다. 하지만 이스라엘은 이집트를 침공한 적이 없다. 그럼에도 불구하고 이스라엘 이름이 적힌 것은 이러한 언급을 통해 사전에 겁을 주기 위한 것으로 풀이된다. 또한 비석에 나타난 이스라엘은 국가가 아니라 민족을 지칭한다. 비석

상단에는 서로 마주보고 있는 음각 조각이 있는데, 승리를 나타내는 낫을 아몬 레 신에게 봉헌하는 장면이다. 파라오 뒤로는 무트 여신과 콘수 여신의 모습을 볼 수 있다. 이 두 여신은 아몬 레 신과 함께 테베의 3신을 형성하는 신들이었다.

〈아메노피스 3세의 거상〉

높이 : **700cm**, 재질 : 석회암, 아트리움, 신왕국 제**18**왕조,

아메노피스 **3**세 파라오 (기원전 **1387~1350**)

중앙홀인 아트리움에 있는 높이 7m에 달하는 이 거대한 석상은 원래 서(西)테베 지

[메렌프타 승전비]

© Photo Les Vacances 2007

[아메노피스 3세의 거상]

© Photo Les Vacances 2007

역의 아메노피스 3세 신전에 있던 것이다. 엄청난 크기로 보는 이들을 압도하는 이 거상은 파라오와 그 부인의 신적 능력과 권위를 잘 나타내고 있다. 파라오 메렌프타가 자신의 신전을 짓기 위해 허물어뜨려 이 2개의 거상만이 남았다. 처음 발굴될 당시에는 여러 조각으로 부서져 있었던 것을 현재의 모습으로 조립해 복원한 것이다. 아메노피스 3세와 왕비 티이, 그리고 왕과 왕비의 발치에 작게 묘사된 세 딸들이 보인다. 왕비 티이가 아메노피스 3세와 함께 있는 모습은 당시에 제작된 여러 조각상이나 비석들에서 자주 목격할 수 있는데, 이는 '파라오의 위대한 부인'으로 추앙받으며 권력을 행사했던 왕비의 면모를 일러준다. 실제로 티이 왕비는 유일하게 신전을 갖고 있는 왕비였다. 이후 람세스 2세 역시 자신의 부인 네페르타리를 위해 신전을 지었다. 원래 여왕의 머리 위에는 하토르 신을 상징하는 암소의 뿔과 태양 원반이 들어가 있었으나 파괴되었다.

〈메렌프타 파라오의 석관〉

길이 : 240cm, 폭 : 120cm, 높이 : 89cm, 재질 : 붉은 화강암, 아트리움, 신왕국 제19왕조, 메렌프타 파라오 (기원전 1212~1202)

원래는 메렌프타 파라오의 석관이 사용되었지만, 제21왕조의 파라오, 프수세네스 1세가 자신의 석관으로 재사용하기 위해 메렌프타 파라오의 이름이 들어가 있는 타원형 속의 상형문자들을 단 하나만 남겨 놓고 모두 삭제하였다. 이 대형 석관 안에는 미라를 보관하는 두 개의 작은 관이 들어가 있었다. 하나는 화강암으로 만들어졌고 다른 하나는 금과 은으로 만들어졌다. 석관 외부에는 미라 처리가 된 파라오가 오시리스 신의 상징들을 가슴에 올려 놓은 채 누워 있다. 관 측면에는 장례와 관련

[메렌프타 파라오의 석관]

© Photo Les Vacances 2007

[적을 물리치는 람세스 2세]

된 신들이 묘사되어 있다. 파라오들은 이전 왕조의 파라오들의 석관을 이렇게 다시 사용하곤 했는데, 타케로트 2세, 아메넴호프 등도 이전의 석관들을 다시 쓰곤 했다.

〈적을 물리치는 람세스 2세〉

높이 : 99.5cm, 폭 : 50cm, 재질 : 석회암에 채색, 10전시실, 신왕국 제19왕조, 람세스 2세 파라오 (기원전 1279~1212)

고대 이집트에서 적을 살해하는 파라오를 묘사한 조각은 헤아릴 수 없이 많이 볼 수 있다. 전 왕조 시대의 나르메르의 부조 역시 적의 머리를 쥐고 살해하는 장면을 통해 파라오의 승전과 힘을 과시하고 있다. 람세스 2세가 등장하고 있는 이 석판에서 파라오는 작게 묘사된 여러 명의 적을 한꺼번에 거머쥐고 있는데, 그중에는 흑인의 모습도 들어 있다. 누비아 인, 시리아 인, 리비아 인들도 쉽게 구별할 수 있다. 람세스의 다른 손에는 적의 머리를 내려칠 도끼가 들려있다. 이 석판 역시 메렌프타 파라오가 다시 사용했었다.

제3중간기 및 후기 이집트 왕조 (기원전 1075~332) - 20, 24, 25, 30, 49전시실

일반적으로 중간기는 이집트 역사에서 혼란기를 지칭한다. 제3중간기 역시 인근 민족들과의 잦은 전쟁으로 외국인 출신의 파라오들이 등극을 하거나 대제사장과의 권력투쟁에서 파라오들이 실권을 하는 상황이 벌어진다.

파라오 람세스 11세의 치세 말기에 파라오와 아몬 신의 대제사장인 아메노피스와의 권력 투쟁으로 촉발된 혼란기이다. 이 권력 싸움은 내란으로 이어졌고 이 틈에 람세스 11세가 새로운 세기를 선포하며 자신의 권위를 신장하려고 시도했지만, 헤리오르라는 리비아 출신의 외국인 전사가 델타 지역에서 전권을 장악하고 파라오 행세를 했다. 이는 새로운 이집트의 국가 개념이 만들어지는 계기가 된다. 그 결과 테베 지역의 3신인 아몬 레, 무트, 콘수가 숭배되는 신정국가체제가 들어선다. 이러한 신정체제에서 파라오는 대제사장에게 밀려나게 된다. 제21왕조 때 작성된 파피루스 문서인 〈우나몬 보고서〉를 보면 파라오의 권력 누수 현상을 확인할 수 있다. 이 파피루스 문서는 일종의 역사소설인데, 대제사장 헤리호르의 명을 받아 아몬 신을 모시는 목선을 건조하기 위한 목재를 구하기 위해 레바논 지역으로 파견된 한 신하가 기록한 글이다.

예술적으로도 쇠퇴기를 맞이해 거대한 신전이나 왕궁보다는 금은 세공품, 도자기, 회화와 작은 조각 등이 많이 제작된다. 중앙집권체제가 흔들린 것도 이 당시이고 많은 외국인들이 이집트에 들어오기 시작했다. 이들 외국인들 중에서 기원전 945년에는 세숀크 같은 파라오가 출현하기도 했다. 레바논 민족인 이 파라오는 오소르콘 1세와 2세 치하에서 옛 이집트의 영광을 되살리려고 노력했고 팔레스타인이나 히비르 민족과 전쟁을 치르게 된다. 상이집트의 누비아 지역과도 싸워 이김으로써 많은 금은보화가 축적되어 재정이 튼튼해 진다. 이로 인해 카르나크 일대에 새로운 신전들이 들어서기 시작한다. 부바스티스 문이 이 당시의 대표적인 건물이다.

제22왕조에서 제25왕조 사이 이집트는 다시 여러 명의 파라오가 지배하는 혼란기를 맞이 하다가 에티오피아 출신의 파라오인 피난키에 의해 통일된다. 그러나 기원전 664년, 에티오피아와 아시리아가 전쟁에 돌입하면서 테베가 황폐화된다. 다행히도 아몬 신전은 큰 피해를 입지 않았다. 이런 충격을 딛고 아시리아의 지배를 받는 제26왕조의 파라오 프삼메티크가 등극해 사이스를 새로운 수도로 삼은 다음 멤피스, 헤라클레오폴리스, 테베 등지를 지배한다. 예술적 측면에서 보면, 제22왕조와 제23왕조 사이에 금속공예가 발달해 금속조각상들이 많이 제작된다. 이 당시 전체적으로는 고대 이집트 왕국으로의 복귀 운동이 일어나기도 한다. 제25왕조에서 제26왕조 사이의 시기에는 아몬 신의 대제사장인 몬투엠하트가 권력을 장악하고 이어 프삼메티크 1세가 파라오에 오른다.

〈이시스, 하토르, 오시리스 상〉
이시스 – 높이 : 90cm, 폭 : 20cm, 재질 : 편암
하토르 – 높이 : 96cm, 폭 : 29cm, 재질 : 편암
오시리스 – 높이 : 89.5cm, 폭 : 28cm, 재질 : 편암
24전시실, 제3중간기, 제26왕조 (기원전 6세기 전반)
동일한 재료를 사용해 동일한 양식으로 조각된 3신상은 고대 이집트의 수석 서기관인 프삼메티크의 묘에서 출토되었다. 이 수석 서기관은 옥새를 관리하는 직도 겸하고 있었고 사카라에 있는 왕궁도 그의 관리 하에 있었다. 옥좌에 앉아 있는 이시스

[이시스, 하토르, 오시리스 상]

[오시리스 입상]

여신은 발목까지 내려오는 몸에 달라붙는 옷을 입고 있다. 왼손은 빈손이지만, 오른손에는 생명을 상징하는 열쇠인 안크를 쥐고 있다. 머리의 정수리 부분에는 코브라인 우라에우스가 올라가 있고 하토르 여신을 상징하는 암소의 뿔과 태양을 상징하는 원반으로 이루어진 관을 쓰고 있다. 제3중간기에는 이시스 여신이 하토르 여신과 자주 혼동되었음을 알 수 있다. 받침대에는 수석 서기였던 프삼메티크가 여신에게 바친 봉물들이 열거되어 있다.
두 번째 조각은 하토르 여신이 프삼메티크를 보호하는 형상을 하고 있다. 이 양식은 신왕국 시대에 유행하던 것으로 제3중간기에 들어 신왕국 때의 것을 모방한 것이다. 암소로 묘사된 하토르 여신의 목에는 목걸이가 걸려 있고 암소의 뿔과 태양의 원반은 고전적인 여신의 상징이다. 또한 원반 앞에 이시스 여신과 마찬가지로 코브라인 우라에우스가 올라가 있다. 하토르 여신 앞에 서 있는 사람이 서기인 프삼메티크이다. 그의 목에 걸린 목걸이는 그의 직책을 일려주는 상징이다. 또한 그의 망토에 각인된 상형문자 기록을 통해 그의 이름과 직함들을 확인할 수 있다. 받침대에는 그가 하토르 여신에게 하는 기도문이 적혀 있다.

미라의 형상으로 묘사된 오시리스는 신을 상징하는 긴 수염을 달고 있다. 옥좌에 앉아 있는데, 긴 옷을 입고 있는 그의 두 팔만 밖으로 나와 있을 뿐 온몸이 옷에 가려져 있다. 왼손으로는 왕홀인 헤카를 들고 있고, 오른손으로는 역시 왕의 상징인 채찍을 들고 있다. 오시리스가 머리에 쓰고 있는 관은 상이집트의 파라오가 쓰는 아테프로, 양옆에 깃털 장식이 붙어 있고 중앙에는 우라에우스가 올라가 있다. 받침대에는 다른 두 신의 조각과 마찬가지로 오시리스에게 하는 기도문이 적혀 있다.

〈오시리스 입상〉
높이 : 150cm, 두께 : 24.5cm, 재질 : 현무암, 24전시실,
제3중간기 제26왕조 (기원전 664~610)

메디네 하부의 람세스 3세 고분에서 출토된 이 입상은 상이집트의 백색 관을 쓰고 있는 오시리스를 묘사하고 있다. 두 팔을 오므려 가슴에 올려 놓고 있는 신의 몸은 미라 처리가 된 형상이다. 받침대에는 왕비 니토크리스와 수석 서기관이었던 프삼메티크 1세의 이름이 보인다. 부시리스 일대에서는 물론이고 아비도스에서도 오시리스는 경배의 대상이었다. 세티 1세는 아비도스에 오시리스를 위해 무덤이 없는 묘를 지어 바쳤는데, 오시리스는 부활을 상징하는 신이었기 때문이다. 원래는 식물의 신이었지만, 이후 저승의 신이 되어 이집트의 중요한 신들 중 하나로 경배를 받았다. 그가 관장하는 우주의 요소는 물과 흙이었다. 하지만 다른 신들과는 달리 오시리스를 상징하는 동물은 존재하지 않는다. 푸른 식물의 색깔을 띠고 나타나기도 하고 때론 나일 삼각주의 검은 진흙 색깔을 띠기도 한다. 오시리스는 나일 강 범람이 끝날 때부터 파종기까지 이어지는 기간 동안 축제의 중심 신의 역할을 한다. 이 축제는 대중이 참가하는 파티와 밀교 의식이 거행되는 특수한 집회로 이루어져 있었다. 밀교 집회는 오시리스의 죽음과 부활을 재현하는 일종의 종교극이었다.

그리스 로마 점령기 (기원전 332~서기 313) – 34, 35, 40, 44, 45, 49, 50전시실

이집트와 그리스 사이의 교역은 이미 기원전 7세기부터 시작되어 많은 그리스 상인들과 용병들이 이집트에 정착하고 있었다. 당시 지중해상의 패권국인 페르시아는 이집트를 정복한 것은 물론이고 그리스와도 전쟁을 하고 있었다. 잠시 동안의 평화 기간을 지나 이집트는 제31왕조 때에 들어 페르시아 군주를 파라오로 받아들여야만 했다. 이 모든 상황에 일대 변화가 일어난 것은 기원전 332년, 알렉산드로스 대제의 마케도니아-그리스 군이 다리우스가 이끄는 페르시아 군을 이소스 전투에서 격퇴하며 이집트를 침공하면서부터다. 이집트 인들로부터 해방자로 환영받은 알렉산드로스 대제가 이 당시 나일 삼각주 서쪽에 자신의 이름을 따서 세운 도시가 바로 항구 도시 알렉산드리아이다. 알렉산드로스 대제는 스승이었던 아리스토텔레스의 충고를 받아들여 이집트의 신들을 공경하는 자세를 취했고 아몬 신전을 방문해 신

탁을 받기도 했다.
알렉산드로스 대제가 기원전 323년 바빌론에서 숨을 거두자, 이집트는 마케도니아 군벌 귀족 가문 출신인 프톨레마이오스 1세의 지배를 받게 된다. 이후 16명의 이집트 통치자를 내면서도 내부적으로는 심한 권력투쟁을 겪게 되는 프톨레마이오스 가문은 클레오파트라 7세가 기원전 30년 안토니우스와 손을 잡고 옥타비아누스와 대결한 악티움 해전에서 패해 자살할 때까지 약 270년 동안 이집트를 다스렸다.
프톨레마이오스 왕조의 수도였던 알렉산드리아는 이집트에 그리스 문명이 들어와 학문과 예술 분야에서 세계 최고의 도시가 되었다. 모든 행정령이 이집트 어와 그리스 어 2개의 언어로 작성, 공포되었으며 이집트의 파라오이면서도 그리스 문화를 즐겼던 프톨레마이오스 가문의 영향으로 그리스 문화가 이집트에 많이 전파되었다. 유명한 로제타 스톤이 그중 하나로 기원전 196년, 프톨레마이오스 5세 치하 때 작성된 문서다.
이질적인 두 문화가 융합되어 새로운 문명을 낳지는 않았지만, 종교 분야에서는 시간이 흐를수록 두 문화권의 신들이 통합되는 현상이 일어나 그리스 신학에 이집트 신학이 접목되는 현상이 일어나기도 했다. 그리스 인들은 이집트 신들의 속성을 자신들의 신에게 부여하기도 했는데, 아몬과 제우스, 호루스와 아폴론, 토트와 헤르메스 등의 상관성은 여기서 나온 것이다. 또한 이시스 여신은 아프로디테와 같은 그리스 여신과 동일시되기도 하여 이시스는 지중해 일대에서 크게 경배를 받았다. 난쟁이 형상을 한 이집트 가정의 수호신이던 베스도 민간에서 크게 경배를 받았다.
클레오파트라 7세의 자살로 고대 이집트는 막을 내리고 로마 제국의 속주가 된다. 공문서도 모두 그리스 어와 라틴 어로만 작성되고 황제들은 자신들의 흉상을 비롯한 조각이나 회화를 모두 그리스 식으로 제작하도록 했다. 로마 황제들은 이집트의 옛 파라오들의 고분과 신전을 보수하기도 했고 또 로마 식의 새로운 건물을 짓기도 했다. 이집트 신들은 빠른 속도로 로마 전역에 전파되었고, 심지어 황제가 이시스 여신의 제사장을 겸임하는 일까지 일어나기도 했다.
하지만 기독교가 이집트로 전파되면서 모든 것이 달라진다. 콘스탄티누스 황제와 테오도시우스 황제의 보호를 받은 기독교는 융성기를 맞이했고, 테오도시우스 황제 같은 사람은 이집트의 모든 우상들을 파괴하라는 명령을 내리기도 했다. 이후 이집트는 그리스 어를 사용하는 동로마 제국의 일부가 되었고, 비잔틴 제국이 기독교를 국교로 공인하자 이집트에서의 토착 종교는 거점을 점점 잃어갔다. 이집트의 상형문자 기록도 서기 394년을 마지막으로 완전히 사라져, 19세기 초에 샹폴리옹에 의해 전체 체계가 발견되기까지 사언어로 남아 있게 된다.

〈부키스 황소의 신에게 경배를 드리는 프톨레마이오스 4세 비석〉
높이 : **72**cm, 폭 : **50**cm, 재질 : 석회석에 채색, **34**전시실, 프톨레마이오스 **5**세 (기원전 **205**~**180**)
상이집트의 나일 강 서편에 있는 성우(聖牛) 묘지에서 출토된 비석이다. 전쟁의 신

인 성 우부키스는 제30왕조 들어 경배의 대상이 되었다. 모두 3단으로 구성된 전면을 보면, 강 위쪽인 반원 부분에는 중앙에 신성갑충이 있고 그 양옆으로는 우라에우스가 받치고 있으며 그 좌우에는 검은 자칼 모양을 한 아누비스가 앉아 있다. 가장 상부의 원호에는 날개 달린 태양이 그려져 있다. 중앙 부분에는 황소가 몬투 신의 상징인 2개의 깃털과 하토르 여신의 상징인 뿔과 원반으로 이루어진 관을 쓰고 있다. 파라오 복장을 한 프톨레마이오스 5세는 황소의 신 부키스에게 농사를 지을 수 있는 땅을 상징하는 봉물을 바치고 있다. 황소의 등 위로는 몬투 신이 매의 형상을 하고 날고 있다. 각인된 상형문자는 파라오, 그의 부인인 클레오파트라, 그리고

[부키스 황소의 신에게 경배를 드리는 프톨레마이오스 4세 비석]

몬투 신과 부키스 황소 신의 이름들을 일러준다. 하단부의 상형문자 기록은 파라오와 클레오파트라가 성우에게 바치는 헌사가 적혀 있다.

2층 연대를 따라가며 왕국 및 왕조별로 유물을 전시한 1층과 달리 2층에는 공예품과 미라를 중심으로 주제별로 이집트 유물들이 전시되어 있다.

내세를 믿는 이집트의 신화적, 종교적 신념에 따라 죽은 자들의 무덤에는 내세의 삶에 필요한 개인적 물건과 장례 용품들이 들어갔다. 관 속에도 부적 역할을 하는 각종 금은보화들이 들어갔다. 이런 이유로 아주 오랜 고왕국 때부터 파라오와 고관대작의 고분은 수많은 도굴꾼들의 약탈의 대상이 되어왔고 정치, 사회적인 혼란기만 되면 이런 현상은 극에 달했다. 도굴꾼들의 손이 미치지 않은 고분이 없을 정도였다. 이런 상황에서 거의 약탈자들의 손이 닿지 않은 원래 상태대로 발굴된 고분이 바로 그 유명한 투탕카멘의 고분이었다. 1922년 하워드 카터가 발굴한 신왕국 시대의 이 고분에서는 파라오 투탕카멘의 황금 마스크를 비롯한 놀라운 장례 용품들이 출토되었다. 이후 투탕카멘을 중심으로 한 온갖 전설과 소설들이 줄을 잇게 된다. 하지만

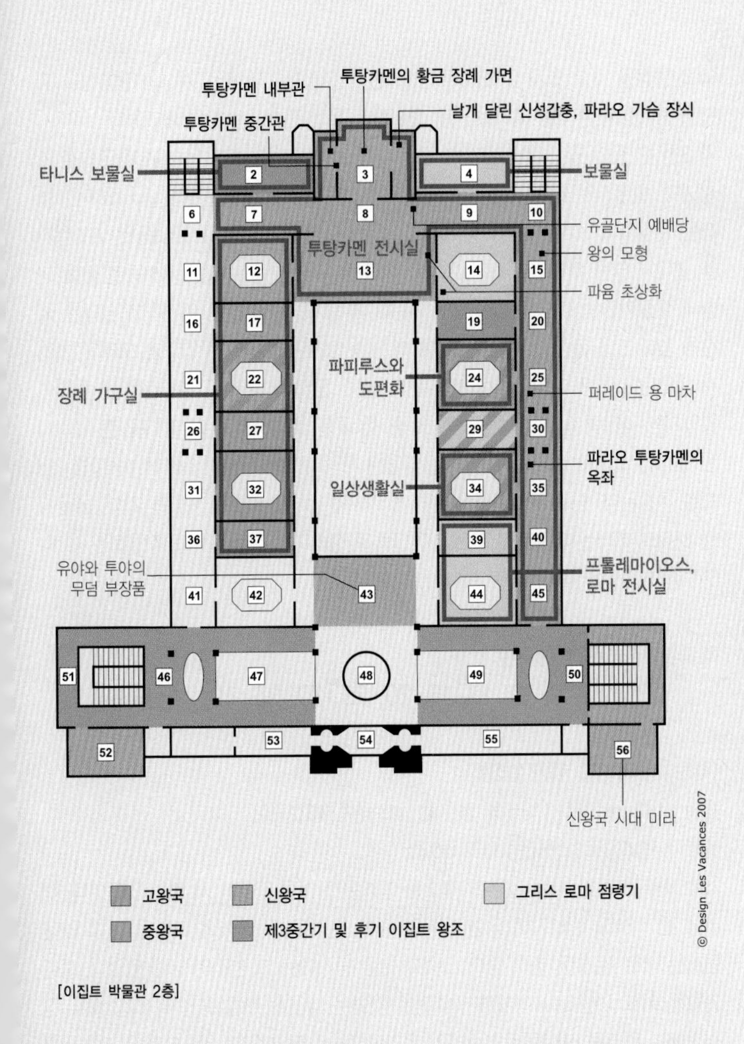

[이집트 박물관 2층]

실제로 이 젊은 파라오에 대해서 구체적으로 알려진 것은 그리 많지 않은 상태다. 기원전 1333년에 파라오 자리에 오른 투탕카멘의 원래 이름은 "살아 있는 아톤 신의 얼굴"이라는 뜻의 투탄카톤이었다. 8살에 등극한 투탄카톤은 투탕카멘으로 이름을 바꾸는데, 이는 그의 섭정이 바로 아몬 신의 제사장이었기 때문이다. 수도도 아마르나에서 멤피스로 옮겼다. 투탕카멘은 9년 정도 통치를 하다가 갑자기 죽음을 맞이한 것으로 추정된다. 그의 미라를 분석한 결과 사망 시 나이가 18살로 추정되며 사인은 뇌종양이나 폐결핵으로 짐작된다. 후계자 없이 숨을 거둔 후, 그의 젊은 부인은 히타이트 족 왕에게 편지를 써서 아들을 하나 보내주면 자신과 결혼한 후 이집트를 통치하게 하겠다는 제안을 전한다. 그러나 왕자를 보낸다는 답장이 왔지만, 왕자는 이집트에 오질 않았다. 중간에 암살당한 것으로 추정되는데, 어쨌든 이후 대제사장이던 아위와 그의 뒤를 이어 장군이던 호렘헤브가 파라오가 된다. 혈통의 정통성을 갖고 있지 못했던 호렘헤브는 즉위하자마자 왕권 계승의 정통성을 지닌 투탕카멘의 흔적을 제거하는 데 진력해 많은 신전과 신상들을 파괴했다.

약 3천 년 동안 망각되어 있던 이 젊은 파라오는 20세기 초에 온 세계에 모습을 드러냈다. 발굴자인 하워드 카터는 대학에서 고고학을 전공한 사람은 아니었지만 놀라운 관찰력의 소유자로 뛰어난 데생 실력을 겸비하고 있었다. 오랫동안 고고학자들 곁에서 일을 하며 누구보다 현장을 잘 꿰뚫고 있던 그는 갖은 우여곡절 끝에 마침내 투탕카멘의 고분을 발굴하게 되는데, 투탕카멘의 고분이 어딘가에 있다는 확신을 갖고 5년 동안 고생을 한 끝에 마침내 1922년 바람으로 입구가 모래에 가려져 있었던 고분의 계단을 발견하게 된다. 발견 당시 이미 누군가가 손을 댄 흔적이 있었지만, 4개의 작은 장례용 예배소 중 한 곳만 침입자의 손이 닿았을 뿐 나머지는 원상태 그대로 보존되어 있었다. 약탈은 투탕카멘이 사망한 직후에 이루어진 것으로 추정된다. 당시 약탈자들은 손쉽게 가져갈 수 있는 것만 약탈해 갔다. 발굴자인 하워드 카터는 이후 투탕카멘의 유물들을 정리하고 전체 목록을 작성하는 데 약 5년 간의 시간을 투자해야만 했다.

투탕카멘 전시실 – 3, 7, 8, 9, 10, 13, 15, 20, 25, 30, 35, 40, 45전시실

〈투탕카멘의 '카' 형상 입상〉

높이 : 192cm, 재질 : 나무에 검은 송진과 금박, 45전시실,
신왕국 제18왕조 (기원전 1333~1323)

서로 마주보고 있는 이 실물 크기의 두 입상은 장례실 입구에 서 있던 것들이다. 머리에 쓴 가발과 반바지에 적힌 내용만 다를 뿐, 똑같은 크기와 모양을 하고 있다. 원래는 마로 짠 얇은 천에 덮여 있었고 발굴 당시에는 그 흔적이 남아 있었다. 둥근 가발은 카트 가발이고 어깨까지 내려온 가발은 네메스 가발이다. 두 입상 모두 정수리에는 왕권을 상징하는 코브라인 우라에우스를 달고 있고 왼손으로 긴 지팡이를 들고 있다. 센디트라 불리는 삼각형 모양의 짧은 바지 한가운데에는 세로로 기록된 상이한 상형문자 기록이 있다. 네메스 가발을 쓴 입상에는 "레처럼 영원히 살아 있는 투탕카멘"이라는 글이 들어가 있고, 다른 입상에는 파라오 네브케페루레의 이름과 칭송의 글이 들어가 있다. 개인 인격인 카Ka는 죽은 자의 부활한 몸인 바Ba와 변용된 영혼인 아크Akh와 함께 한 인간으로 하여금 지상과 저승에서 삶을 영위하도록 하는 생명력을 구성했다. 계속 살아 남기 위해서 카는 육체적 실체를 필요로 하는데, 이를 위해 제작된 것이 바로 미라이다. 카의 형상으로 된 조각상은 혹시 있을지도 모를 육체의 파괴를 위해 제작되곤 했다. 피부를 채색하고 있는 검은색은 저승의 신이자 부활의 신이기도 한 오시리스의 색이다. 오시리스는 식물의 신이기도 해 때론 녹색으로 채색되기도 한다.

〈표범과 파피루스 조각배에 올라탄 투탕카멘〉

높이 : **85.6cm, 69.5cm**, 재질 : 나무에 금박 및 청동, **40**전시실,

신왕국 제**18**왕조 (기원전 **1333**~**1323**)

보물의 방에 있는 목재 장롱 속에는 나무로 제작한 34개의 조각상이 있었는데, 그 중 7개는 파라오의 상이었고 나머지는 신들의 상이었다. 거의 모든 조각상들이 검은 송진으로 방부제 처리가 된 받침대 위에 올라가 있다. 발굴 당시에는 얼굴만 제외하고 몸의 다른 부분들은 아마포 붕대로 감싸여 있었다. 표범이나 배 위에 올라가 있는 파라오는 작살로 낚시 하는 모습을 하고 있다. 이 두 입상의 움직임은 상징

[투탕카멘의 '카' 형상 입상]

[표범과 파피루스 조각배에 올라탄 투탕카멘]

적 의미를 가진다. 표범 위에 올라가 있는 파라오는 가운데 우라에우스가 올라가 있는 상이집트의 백색 관을 쓴 채 손에는 왕홀과 작살을 들고 있다. 등 부위는 인체에 대한 해부학적 지식을 이용해 사실적으로 묘사되어 있다. 이집트 신화에 따르면 표범은 밤하늘을 상징한다. 자연히 저승 세계를 나타내기도 했고 〈피라미드 문서〉에 따르면 옛날에는 하늘에 있던 별로 생각되었다. 파라오의 몸을 채색하고 있는 금빛은 태양의 색인데, 파라오가 표범 위에 올라가 있는 포즈는 낮의 태양이 밤의 별을 지배한다는 뜻을 담고 있다. 이는 죽음에 대한 승리를 의미하기도 한다. 배에 올라가 있는 하이집트의 붉은색 관을 쓰고 있는 파라오는 하마 사냥을 하는 모습인데, 왼손에 밧줄을 들고 있다. 배는 녹색으로 채색되어 있고 선수와 선미는 파피루스 꽃으로 장식되어 있다. 이집트에서 악의 상징으로 인식되었던 동물인 하마를 사냥하는 이 장면은 세상의 질서를 위해 악을 물리치는 의미를 담고 있다. 목을 앞으로 내밀고 있는 자세, 가볍게 부풀려진 복부 묘사에서 전형적인 아케나톤 시대의 특징들을 읽을 수 있다.

〈백색 관을 쓰고 있는 우셉티〉

높이 : 61.5cm, 재질 : 나무에 금박 및 청동, 40전시실,

신왕국 제18왕조 (기원전 1333~1323)

금박을 입혔기 때문에 황금색으로 빛나지만 가죽으로 만든 다음 백색을 칠한 백색 관을 쓰고 있다. 오른손에는 왕권을 상징하는 채찍을 들고 있었으나 사라졌다. 관 앞에는 코브라인 우라에우스와 독수리 상이 올라가 있는데 둘 다 왕권을 상징하는 동물들이다.

© Photo Les Vacances 2007

[백색 관을 쓰고 있는 우셉티(좌), 적색 관을 쓰고 있는 우셉티(우)]

© Photo Les Vacances 2007

[파라오 투탕카멘의 옥좌]

〈파라오 투탕카멘의 옥좌〉

높이 : 102cm, 폭 : 54cm, 재질 : 나무에 금박, 은 및 기타 보석, 35전시실,

신왕국 제18왕조 (기원전 1333~1323)

거의 전체가 금박으로 장식된 이 의자는 장례용 침대 밑에서 발견되었다. 금박 이외에 유리 가루와 기타 금속을 상감기법을 이용해 목재 의자를 장식했다. 4개의 의자 다리는 사자의 다리 모양을 하고 있으며, 양쪽 팔걸이는 날개 달린 뱀으로 장식되어 있고 날개 달린 뱀의 머리 위에는 상하 이집트를 동시에 통치하는 파라오의 권력을 상징하는 이중 관이 올라가 있다. 팔걸이 전면에는 사자 머리가 장식하고 있으며 등받이에는 투탕카멘 자신의 모습이 장식으로 들어가 있다. 투탕카멘 앞에 서 있는 인물은 그의 부인 아케세나몬이다. 두 사람의 머리 위에서는 아톤 신이 태양빛을 비추고 있다. 투탕카멘으로 기록하지 않고 투탄카톤으로 기록된 타원형 속의 상형문자 기록을 통해 이 옥좌가 아직 종교개혁을 실시하기 이전인 투탕카멘의 통치 초기에 제작된 것임을 알 수 있다.

〈파라오 투탕카멘의 놀이판〉

높이 : 8.1cm, 길이 : 46cm, 폭 : 16cm, 재질 : 흑단, 금, 상아, 35전시실,
신왕국 제18왕조 (기원전 1333~1323)

이집트 인들은 상당히 게임을 즐겼던 민족이었다. 투탕카멘만 해도 '세네트'라 불렸던 이러한 종류의 게임판을 4개나 갖고 있었다. 파라오의 게임판은 거의 보석함 수준으로 화려하게 제작되었는데, 수입 나무인 흑단에 30개의 사각형 바닥은 상아로 제작되었고 받침대는 순금이다. 주사위를 굴려 30개의 칸을 먼저 돌아 나오는 사람이 이기는 게임이었을 것으로 추정된다. 한국의 윷놀이와 비슷한 게임이었다.

© Photo Les Vacances 2007

[파라오 투탕카멘의 놀이판]

© Photo Les Vacances 2007

[향수병]

하지만 신왕국 시대에 들어서는 점을 치는 도구로 이용되기도 했다. 〈죽음의 서〉 제17장의 기록을 보면, 죽은 자가 부활하기 위해서는 눈에 보이지 않는 자와 게임을 해 이겨야만 한다는 구절이 나온다. 이를 통해 당시의 미신을 짐작할 수 있다.

〈향수병〉

높이 : 70cm, 폭 : 36.8cm, 재질 : 설화 석고, 20전시실,
신왕국 제18왕조 (기원전 1333~1323)

향유를 보관하던 병이다. 놀라운 장식으로 지금도 보는 이들을 매혹하는 이집트 최고의 공예품 중 하나다. 향유병의 모양 자체가 상형문자로 결합 혹은 통일을 뜻한다. 양옆에는 나일 강을 상징하는 신상정, 가운데에는 파라오가 앉는 옥좌가 들어가 있다. 옥좌 양옆에는 상하 이집트를 상징하는 2개의 왕관이 들어가 있다.

〈아누비스〉

높이 : 118cm, 길이 : 270cm, 폭 : 52cm, 재질 : 나무에 역청칠 및 금박, 9전시실, 신왕국 제18왕조 (기원전 1333~1323)

자칼의 모양을 하고 있는 장례의 신이다. 자칼은 한국에서는 흔히 승냥이로 알려진 개과 동물이다. 늑대나 이리와 유사하지만 긴 귀를 세우고 있으며 몸집이 조금 더 크다. 하루에 수십km를 걸어 다니기도 하고 몇 시간 동안 계속해서 달릴 수도 있다. 이런 이유로 이집트에서는 망자의 혼령을 저승에 전달하는 신으로 여겼다. 아누비스는 장례식 때면 가마에 올라가 행렬에 참여하곤 한다. 보물창고 앞에서도 발견되었는데, 이는 침입자를 물리치기 위해서였을 것으로 추정된다. 처음 발견될 당

[아누비스]

시 아누비스의 몸은 머리 부분만 제외하고 아케나톤 치세 7년째 되는 해에 감은 아마포 붕대를 그대로 간직하고 있었다. 목에는 얇은 천으로 짠 목도리와 연꽃과 백합꽃으로 만든 화환이 걸려 있었다. 두 앞발 사이에는 아케나톤과 네페르티티의 딸인 메리타톤의 소유였던 기록용 서판(書板)이 놓여 있었다. 귀 속, 목도리, 눈 등은 모두 금박으로 처리되어 있다. 발톱은 은으로 제작되어 있다. 밑의 가마 벽에는 오시리스와 이시스를 상징하는 제드와 티트가 새겨져 있다. '나오스'라고 불렸던 가마의 상자 안에는 설화석고로 제작된 그릇과 도기로 제작한 성냥 그리고 파라오가 옷 위에 걸치는 8벌의 가슴 장식이 들어 있었다. 이 유물들은 칸막이가 쳐진 상자 안에 어지럽게 흩어져 있었는데, 이는 도굴꾼들이 금은보화를 찾기 위해 이미 여러 차례 가마를 뒤졌음을 일러준다. 검은색 자칼 모양의 아누비스는 때론 머리만 자칼인 채 몸은 사람 몸을 한 형상으로 나타나기도 하는데, 죽은 자의 내장을 꺼내 방부 처리를 한 다음 오시리스 앞으로 인도해 영혼의 무게를 재는 역할을 한다. 장례 의식이 거행되는 동안 이러한 역할을 맡은 제관이 아누비스의 가면을 쓴 채 의식을 집전한다.

〈투탕카멘의 황금 장례 가면〉

높이 : 54cm, 폭 : 39.3cm, 무게 : 11kg, 재질 : 황금, 석영, 청금석, 홍옥수, 흑요석, 터키옥, 3전시실, 신왕국 제18왕조 (기원전 1333~1323)

11kg의 황금으로 만들어진 이 마스크는 이집트 유물 발굴 사상 최대의 업적 중 하나로 손꼽힌다. 수천 년이 지났건만 옛날의 화려함과 위엄을 그대로 간직하고 있어 오히려 영생을 간절히 원했던 인간의 한계를 더욱 더 강조하고 있다. 파라오 투탕카멘 미라의 머리와 가슴 윗부분을 보호하던 이 황금 마스크는 어린 시절의 미소년 얼굴을 하고 있는데 이는 실제 모습이기보다는 이상화된 모습이다. 두터운 입술, 갸름한 얼굴, 크고 인자한 눈매와 둥근 눈썹 등은 아케나톤 시대의 마스크에 자주 등

[투탕카멘의 황금 장례 가면]

[날개 달린 신성갑충, 파라오 가슴 장식]

장하는 특징들이다. 마스크에 나타난 파라오 투탕카멘은 네메스라고 하는 줄무늬가 있는 두건을 착용하고 있다. 네메스는 오직 파라오만 착용할 수 있는 두건이었다. 가슴까지 내려오는 앞자락은 물론이고 두건을 모아 등 뒤로 길게 땋아 내렸다. 정수리 부분에는 파라오를 상징하는 코브라인 우라에우스와 독수리 머리가 올라가 있는데 백색 관과 적색 관처럼 상하 이집트를 상징하고 두 상징을 모두 갖고 있는 경우 통일된 이집트를 일러준다. 긴 턱수염은 신들만의 상징으로 오직 파라오 상에만 들어갔다. 귓불은 구멍이 뚫려 있는데, 이는 아르마나 풍이다. 12줄로 이루어진 화려한 목걸이 끝에는 호루스를 상징하는 매가 들어가 있다. 등과 어깨에는 상형문자 기록이 남아 있는데, 〈죽음의 서〉 제151장의 내용이 기록되어 있다. 숨을 거둔 파라오가 신이 되도록 간구하는 내용이다.

〈날개 달린 신성갑충, 파라오 가슴 장식〉

높이 : 14.9cm, 폭 : 14.5cm, 재질 : 금, 은, 기타 보석 및 채색 유리 가루, 3전시실, 신왕국 제18왕조 (기원전 1333~1323)

파라오가 가슴에 걸고 다니던 장식이다. 옥수(玉髓)라고 하는 보석으로 만든 신성갑충(神聖甲蟲)인 풍뎅이가 장식의 중심을 차지하고 있다. 신성갑충은 태양을 상징한다. 신성갑충 위에는 하늘을 떠다니는 배가 있고 배 한가운데에는 달을 상징하는 호루스의 왼쪽 눈이 들어가 있다. 그 위로는 은으로 만든 원형의 만월과 금으로 만든 초승달이 들어가 있다. 만월 속에서 파라오는 양옆으로 서 있는 달의 신 토트와 태양신 레 호라크트의 보호를 받고 있다. 신성갑충 밑으로는 상하 이집트를 상징하는 연꽃과 파피루스들이 들어가 있다.

〈투탕카멘 중간관, 내부관〉

중간관

길이 : 204cm, 높이 : 78.5cm, 폭 : 68cm, 재질 : 나무에 금박, 기타 보석, 채색 유리 가루, 3전시실, 신왕국 제18왕조 (기원전 1333~1323)

[투탕카멘 중간관]

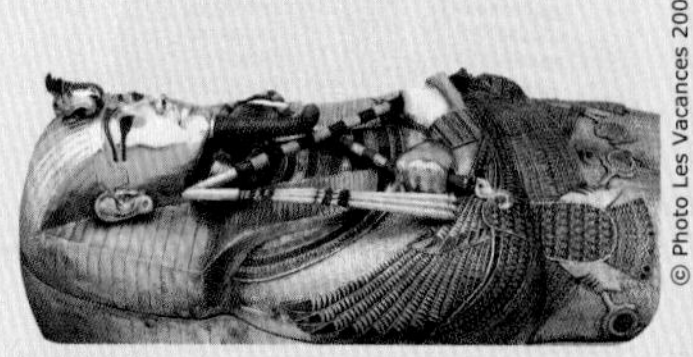

[내부관]

석영암으로 만든 무거운 뚜껑을 열자 나무로 만든 관이 나왔고 그 관을 열자 다시 금으로 만든 작은 관이 또 나왔다. 중간관이란 나무 관을 말하는데, 금박으로 덮여 채색 유리 가루와 각종 보석으로 화려하게 치장되어 있다. 투탕카멘은 두 팔을 모아 왕권을 상징하는 채찍과 왕홀을 교차시킨 오시리스의 형상으로 묘사되어 있다. 황금 마스크와 마찬가지로 정수리 부분에는 상하 이집트를 상징하는 우라에우스와 독수리가 올라가 있다. 관 옆에는 네크베트와 우아제트 여신이 날개를 활짝 편 채로 파라오를 보호하는 형상으로 묘사되어 있다. 관 전체는 새의 깃털로 된 기하학적 문양을 갖고 있다. 이 관은 원래 투탕카멘을 위해 만들어진 관이 아니었을 것으로 추정된다. 묘사된 파라오의 얼굴이나 특징들이 투탕카멘과 다르기 때문이다.

내부관

길이 : 187cm, 높이 : 51cm, 폭 : 51.3cm, 무게 : 110.4kg, 재질 : 금, 기타 보석, 채색 유리 가루, 3전시실, 신왕국 제18왕조 (기원전 1333~1323)

순금으로 만든 이 관에서도 투탕카멘은 역시 전형적인 오시리스의 형상을 하고 있다. 두 눈은 장례식 당시 지나치게 많이 넣은 향유로 딱딱하게 굳어 파손되었다. 네크베트와 우아제트 여신이 날개를 펼쳐 파라오를 보호하고 있다. 두 여신 각각 상하 이집트를 상징하는 여신들로 두 여신이 동시에 등장하는 것은 통일된 이집트를 상징하며, '센'이라고 불리던 파란색의 원형 상징은 영원을 상징한다. 발치에서는 이시스 여신이 날개를 펼친 채 무릎을 꿇고 앉아 있다.

보물실 - 4전시실

카이로 이집트 박물관의 보물실은 수천 년 동안 제작된 이집트 보석 공예품을 소장하고 있다. 금은을 포함해 다양한 보석들로 만들어진 공예품들이 내뿜는 강렬한 채색은 이집트 신화와 각종 상징들의 의미를 전하고 있다. 세련된 디자인, 깊은 상징적 의미, 그리고 무엇보다 큰 변화 없이 지속되어 온 양식의 통일성 등은 수천 년이 지난 지금도 보는 이들의 감탄을 불러일으킨다. 고대 이집트에서는 망자의 무덤에 보물을 함께 묻곤 했다. 이런 이유로 아주 옛날부터 이들 보물을 노린 도굴꾼들에 의해 파라오의 고분은 물론이고 기타 다른 묘와 신전 등이 여러 차례 도굴을 당했다. 특히, 미라가 있는 고분의 경우에는 도굴이 심해 상당한 양의 유물들이 약탈당했다. 아직 발굴되지 않은 채 땅 속에 묻혀 있는 조석들도 많을 것으로 추정되어 도굴된 것과 합하면 이집트의 보물은 우선 그 규모를 상상하기 힘들 정도다. 하지만 무엇보다 고대 이집트의 보석들이 간직하고 있는 진기함은 깊은 상징성과 양식적 아름다움에 있다고 해야 할 것이다. 이는 나폴레옹 이후 이집트 문화가 서구 유럽에 알려지면서 유럽 각국의 왕실에서 실내 디자인은 물론이고, 보석, 그릇, 가구 등의 양식 개발에 이집트 양식을 크게 활용한 것만 봐도 알 수 있다. 고왕국 시대의 것은 드문 편이며, 중왕국 시대의 보석들은 다량으로 출토되었다. 19세기 말에는 프랑스 인인 자크 드 모르강이 사타토르, 메레레트 왕비의 묘에서 다량의 유물들을 발굴했고, 1914년과 1955년, 그리고 최근인 1994년에도 계속해서 왕가의 고분에서 많은 보석류가 출토되었다.

크게 장례용과 일상용으로 구분할 수 있으나 구분이 쉽지는 않다. 이집트 인들은 귀금속과 보석에 마술의 힘이 있다고 믿었고 늘 상징성을 부여해 왔다. 그래서 공예품의 재료가 되는 금속을 선택할 때나 형태를 만들 때 언제나 제의적 가치를 가장 먼저 염두에 두었다. 많은 공예품들이 부적의 역할을 했던 것도 이와 무관하지 않다. 물론 언제나 귀금속만을 사용한 것은 아니다. 홍옥 같은 옥도 많이 사용되었고 석영이나 수정 같은 단단한 준보석도 함께 사용되었다. 홍옥이나 터키석 등은 색깔에 따라 피를 상징하거나 봄의 새싹을 나타내는 역할을 했다. 아프가니스탄에서 들여온 청금석은 물이나 하늘을 나타내는 데 사용되었다. 금은 신의 금속으로 간주되었다. 이집트 인들은 신들의 형상을 제작할 때 팔다리는 금으로, 두발은 청금석으로 제작하곤 했다. 이집트는 금광이 많은 나라다. 그래서 예부터 노예나 군인들을 동원해 많은 금을 채굴할 수 있었다. 순금을 얻기가 쉽지 않아 시간이 흐르면서

변색되는 경우도 있었다. 은의 경우는 조각상의 특수한 부분에만 제한적으로 사용되었다. 은은 일반적으로 달을 상징하는 금속으로 여겨졌는데, 이집트에서 생산되지 않아 아시아 국가들로부터의 수입에 의존했다. 기법적으로는 상감기법이 많이 사용되었는데, 이때는 단단한 준보석류의 돌들이 주로 이용되었다. 때론 유리 가루에 물감을 섞어 반죽을 만든 다음 홈에 집어 넣는 식으로 상감을 하기도 했다. 금은 세공사들은 탄산구리와 송진 등을 이용한 용접 기술을 알고 있었다. 장르별로 보면 목걸이, 귀걸이, 팔찌, 반지, 가슴 장식, 발목 팔찌, 혁대 등 현대인들이 착용하는 거의 모든 물건들이 제작되었다.

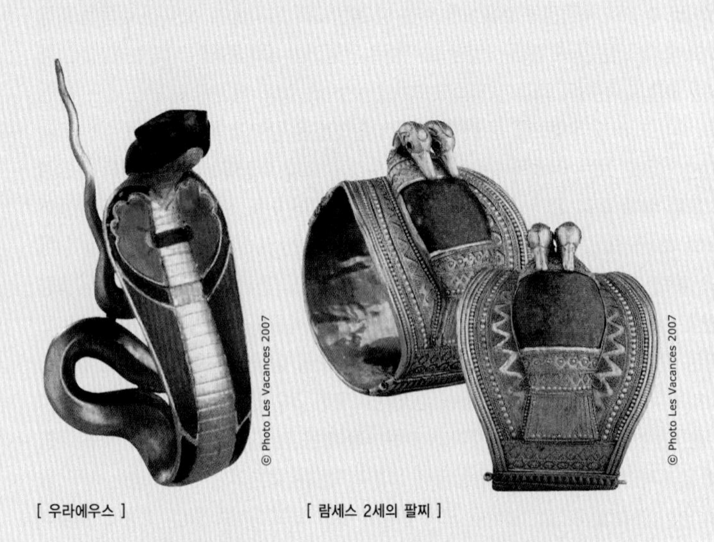

[우라에우스]

[람세스 2세의 팔찌]

〈우라에우스〉

높이 : 6.7cm, 폭 : 3cm, 재질 : 금, 청금석, 홍옥수, 아마조나이트, 4전시실,
중왕국 제12왕조, 세소스트리스 파라오 (기원전 1898~1881)

우라에우스는 이아레트라는 이집트 말을 그리스 인들이 자기네 식으로 옮겨 적은 말이다. 원래 의미는 머리를 치켜들고 공격 자세를 취하고 있는 코브라를 뜻했다. 왕권의 상징인 우라에우스는 늘 왕관의 한가운데 장식으로 들어갔고 파라오를 보호하기 위해 독을 쏘는 형상으로 묘사되곤 했다. 이 작은 우라에우스는 세소스트리스 파라오의 피라미드에서 발굴되었다. 이집트 전설에 의하면, 우라에우스는 태양신인 레의 눈이 뱀으로 변한 것이라고 한다. 또 하이집트의 여신인 우아제트도 같은 형상을 하고 있다.

〈람세스 2세의 팔찌〉

지름 : 7.2cm, 재질 : 금, 청금석, 4전시실, 신왕국 제19왕조,
람세스 2세 파라오 (기원전 1279~1212)

나일 강 하류의 델타에 위치한 텔 바스타 유적지를 관통하는 철도를 개설하던 중 수많은 금은 그릇과 기타 장신구들이 발견되었다. 노동자들이 우연히 발견한 이 유물들은 뉴욕과 베를린에서 일부를 소장하고 있다. 텔 바스타 지역은 옛날에는 부바스티스로 불렸던 곳으로 이곳이 바로 고양이 머리를 한 바스테트 여신의 신전이 있던 곳이다. 고왕국 시대에 지어진 바스테트 여신의 신전은 세월이 흐르면서 수많은 파라오들의 손을 거쳐 확장되었다. 당시 발견된 람세스 2세의 순금 팔찌는 두 부분으로 나뉘어져 버클로 이어져 있다. 정교한 끌질로 새겨진 기하학적 문양, 두 마리의 오리 머리를 이용한 모티브 등이 돋보이는 수작이다. 두 부분을 연결하는 버클에는 타원형 속에 람세스 2세를 나타내는 상형문자가 기록되어 있다. 람세스 2세가 바스테트 여신에게 자신의 팔찌를 봉헌했음을 알 수 있다.

타니스 보물실 - 2전시실

타니스 유적지는 카이로에서 북동쪽으로 약 130km 정도 떨어져 있는 현재의 사넬 하가르 마을 인근이다. 타니스가 산이라는 발음으로 변했고 여기에 돌을 뜻하는 알 하가르라는 말이 보태진 것인데, 이는 타니스 유적지가 대대로 건축물을 짓는 데 필요한 석재를 공급했기 때문이다.

타니스 유적지는 총 면적이 약 117ha에 달한다. 주로 제21왕조(기원전 1075~945년)와 로마 시대에 크게 융성했던 곳이다. 아몬 대신전이 있었고 1929년의 대발굴 결과 시아몬, 오소르콘 2세, 아프리에스, 넥타네보 1세 등의 파라오의 유물들이 출토되었다. 1939년에는 제21, 22왕조 파라오들의 고분이 발굴되었다.

〈프수세네스 1세의 장례 마스크〉

높이 : **48cm**, 폭 : **38cm**, 재질 : 금, 청금석, 채색 유리 가루, **2**전시실,
제**3**중간기 제**21**왕조, 프수세네스 파라오 (기원전 **1045**~**994**)

타니스 유적지에서 발굴된 유물 중 가장 귀중한 유물이 바로 프수세네스 1세의 장례 마스크이다. 흔히 이집트 인들이 '신들의 살'로 인식하고 있던 순금을 사용해 정교하게 만든 마스크인데, 파라오의 얼굴은 상당히 이상화되어 있어 실제 모습이라고 할 수 없다. 파라오임을 나타내는 두건, 턱수염, 정수리 부분의 코브라인 우라에우스 등이 모두 들어가 있다. 가슴에는 12중의 대형 목걸이가 걸려 있고 두 눈은 채색 유리 가루로 제작되었다.

장례 가구실 - 12, 17, 22, 27, 32, 37전시실

고대 이집트에 관련된 자료들 대부분은 무덤에서 출토된 것들로서, 이집트 연구와 관광에 무덤이 얼마나 중요한 역할을 차지하고 있는지 쉽게 짐작할 수 있다. 물론 무덤은 예나 지금이나 을씨년스러운 공간이고 불길한 곳임에 틀림없다. 하지만 유

적이나 유물로서의 가치는 결코 무시할 수 없어, 이러한 무덤이나 그곳에서 출토된 각종 유물들은 일상생활에서부터 왕권을 둘러싼 권력투쟁과 전쟁 그리고 당시 사람들의 세계관 등을 파악하는 데 결정적인 자료들을 제공한다.

고대 이집트의 한 기록에 등장하는 "한 번의 입김처럼 덧없는 인생"이라는 표현을 대하면 이집트 인들 역시 현대인들처럼 인생무상을 느꼈고, 그들의 성대하고 장엄한 장례 의식이나 피라미드 같은 웅장한 건물들이 모두 이 덧없는 인생과의 투쟁이었음을 느낄 수 있다. 역설적이지만 바로 이러한 깊은 허무 의식이 바로 그들의 예술에 웅장함과 고도의 상징성을 부여했는지도 모른다.

[프수세네스 1세의 장례 마스크]

안타까운 것은 고대 이집트의 장례 유물들이 완벽한 보존 상태에서 발견된 것이 거의 없다는 점이다. 이는 고대 이집트에서부터 자행되었던 도굴꾼들의 약탈 때문인데, 20세기에 들어서서도 끊이질 않았다. 프랑스, 영국 등의 선각자적 인식을 갖고 있었던 이집트 매니아들의 헌신적 노력이 없었다면 아마도 이집트 유물은 상당 부분 현재와 같이 이집트 카이로 박물관에 전시되지 못했을 것이다. 물론 서구인들의 이집트 방문이 전쟁이나 약탈을 목적으로 한 경우도 많았지만, 그들 곁에 고고학적 중요성을 깨달은 선각자들이 있었음을 부인할 수는 없다.

도굴꾼들에 의한 이집트 유물들의 약탈을 전적으로 부정적으로 봐서는 안 된다는 시각도 있다. 다시 말해, 그들이 없었다면 영원히 깊은 모래 속에 파묻힌 채 발굴되지 못했을 유물들도 많았다는 것이다.

장례용 장식이나 가구들에 각인된 상형문자 기록은 수많은 유물들이 사라졌음에도 불구하고 그 상징성과 사료로서의 높은 가치로 이집트 학의 기초 자료들이다. 망자가 등장하는 가장 전통적인 장면을 보면 온갖 공물들이 놓여진 탁자 앞에 망자가 앉아 있고 그 곁에는 사후 세계에서 필요한 물건의 목록이 적혀 있는데, 이는 글들이 실제 물건들과 동일한 가치를 지니고 있었음을 의미한다. 장례식은 특별한 제관들에 의해 집전되었고 이 제관들은 동업조합 같은 협회를 구성하고 있었으며 부자간에 세습이 가능했다. 고급 관료들은 생전에 그들의 장례를 치러줄 이들 제관들과 원만한 관계를 유지해야만 했다. 식량과 음료 이외에도 무덤에는 수많은 물건들이 함께 묻혔는데, 모두 사후 세계에서 계속되는 생을 살 때 필요한 물건들이었다. 이 중 가장 중요한 물건은 물론 석관이다. 석관은 무덤 입구에서 가장 멀리 떨어지고 가장 잘 보호를 받는 곳에 놓여졌다. 관 안에는 방부 처리가 된 미라가 들어가 있었다. 관 옆에는 내장을 꺼내 담아둔 유골 단지가 있었으며 대개 인체 내부의 장기의 종류에 따라 4개의 유골 단지들이 준비되곤 했다. 저승으로 들어가기 위해서 마지막으로 거쳐야 할 관문이 최후의 심판인데, 망자는 이때 흔히 〈사자의 서〉로 불리는 책에 의존해야 한다. 주문의 형식으로 기록된 이 〈사자의 서〉는 영원한 안식을 얻기 전에 극복해야 할 여러 가지 위험과 단계들을 기록한 것이다. 대개 〈사자의 서〉는

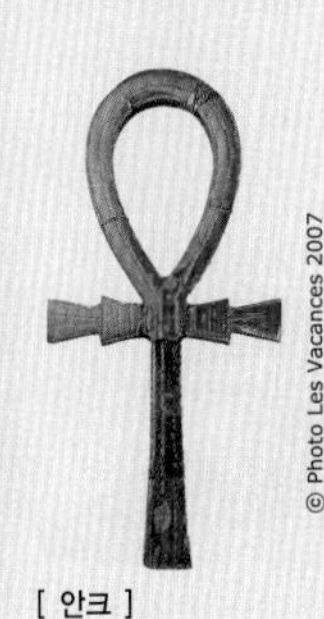

© Photo Les Vacances 2007

[안크]

© Photo Les Vacances 2007

[콘수의 석관]

미라 위에 직접 올려놓기도 했고 장례의 신들이 새겨진 상자에 담아 두기도 했다. 〈사자의 서〉 제 6장에 보면 이집트 인들은 '응답하는 자'라는 뜻의 우셉티 신들이 몸을 움직일 수 없는 망자의 삶을 지속시켜 준다고 믿었다. 이 6장은 직접 돌이나 기타 귀금속에 바로 새겨지곤 했다.

이러한 장례 용구 이외에 장례용 장식품들도 중요한 유물인데, 대부분 고도로 정교한 금은 세공품들이다. 하지만 이런 물건들이야말로 도굴꾼들이 가장 많이 노리는 물건들이기 때문에 가장 큰 피해를 입기도 했다. 이들 도굴꾼들은 미라의 몸을 장식한 금은보화를 가져가기 위해 미라를 감싼 붕대를 뜯어내는 것은 물론이고 심지어 시신을 유린하는 것도 서슴지 않았다.

이외에도 고대 이집트의 무덤에는 각종 측량기구, 농기구, 그릇류, 부적, 무기류, 노름 기구 등이 있었는데, 이 모든 것이 망자가 저승에서 필요한 물건들로 생각했던 것이다. 모든 장례 의식이 끝나면 무덤에는 봉인이 찍혔는데, 무덤에 넣은 물건들이 영원히 보호되도록 기원하는 것이었지만, 전혀 효력을 발휘하지 못했다.

〈안크〉

높이 : 42cm, 폭 : 21cm, 재질 : 도기, 12전시실, 신왕국 제18왕조,
아메노피스 2세 파라오 (기원전 1045~994)

열쇠 모양을 한 안크는 상형문자이기도 한데, 생명을 뜻한다. 아메노피스 2세의 무덤에서 발굴된 이 푸른색의 안크는 발견될 당시에는 9개 조각으로 부서져 있던 것을 복원한 것이다. 유약 칠이 되어있는 표면이 손상된 것도 이 때문이다. 안크는 가장 오래된 전설에 따르면 샌들의 윗부분이라고 한다. 둥근 고리는 발목에 신발을 묶는 샌들의 끈으로 볼 수 있다는 것이다. 파라오의 무덤이나 신적 등에서 가장 흔히 볼 수 있는 안크는 마치 부적처럼 신성한 문자로 인식되었다.

〈콘수의 석관〉

길이 : 262cm, 높이 : 125cm, 폭 : 98cm, 재질 : 나무에 채색 니스 칠,
17전시실, 신왕국 제19왕조, 람세스 2세 파라오 (기원전 1279~1212)

1886년 데이르 알 메디나 인근에서 발굴된 한 노동자의 무덤에서 출토된 목관이다.

[가축 수를 세는 장면]

데이르 알 메디나는 신왕국 당시 파라오의 고분과 신전을 건축했던 노동자들이 기거했던 마을이다. 이 노동자의 무덤에서는 거의 손상이 되지 않은 채로 20개의 목관이 발견되었는데, 그중 아홉 구의 시신은 보존 상태가 완벽했다. 그중 하나인 장인 세네뎀의 아들인 콘수 역시 아버지의 뒤를 이어 흔히 '진실의 장소에 봉사하는 자들'로 존경을 받았던 파라오의 무덤과 신전 건축에 종사한 건축 기사였다. 이 관을 통해 당시 건축 기사와 장인들의 공동체가 어떠한 사회적 지위와 능력을 갖고 있었는지를 알 수 있다. 관의 장식은 〈사자의 서〉 제17장을 주제로 하여 이루어져 있다. 한쪽 측면을 보면 검은 자칼의 모습을 한 아누비스가 오시리스의 시신을 수습하고 있는 장면이 묘사되어 있는데, 그 옆에는 누이이자 부인인 이시스와 이시스의 동생인 네프티스가 감시를 하고 있다.

〈가축 수를 세는 장면〉

길이 : 173cm, 높이 : 55cm, 폭 : 72cm, 재질 : 나무에 채색, 27전시실,
중왕국 제11왕조 말기에서 제12왕조 초 (기원전 2000~1900)

1920년 메케트라 무덤에서 발굴된 이 모형 목각은 당시 이집트 인들의 생활상을 일러주는 귀중한 유물이다. 주인 앞에서 가축의 마릿수를 헤아리는 흥미로운 장면이 영화 세트를 방불케 한다. 인물들의 다양한 몸짓과 각자의 일에 몰두하고 있는 모습 등은 모형 전체에 생동감을 주고 있는데, 아울러 당시 가축을 헤아리는 일이 상당히 중요한 일이었음을 일러준다. 여러 종류의 소들이 인부들의 명령에 따라 집 앞을 지나고 있고 집에는 메케트와 그의 아들 그리고 4명의 서기들이 무릎 위에 파피루스를 펼쳐놓고 앉아 있다. 메케트의 묘에서 출토된 이 모형은 사후 세계에서도 이승의 삶이 지속된다는 믿음을 당시 이집트 인들이 갖고 있었음을 일러준다.

〈누비아 궁수와 이집트 투창 부대〉
누비아 궁수 – 길이 : **190.2cm**, 높이 : **55cm**, 폭 : **72.3cm**, 재질 : 나무에 채색, **37**전시실, 중왕국 제**11**왕조 (기원전 **2135**~**1994**)
이집트 투창 부대 – 길이 : **169.8cm**, 높이 : **59cm**, 폭 : **62cm**, 재질 : 나무에 채색, **37**전시실, 중왕국 제**11**왕조 (기원전 **2135**~**1994**)

© Photo Les Vacances 2007
[누비아 궁수]

© Photo Les Vacances 2007
[이집트 투창 부대]

중앙 권력에 일대 위기가 찾아온 제1중간기 때 지역의 행정관을 지낸 메세티의 무덤에서 출토된 군인 모형이다. 살아 생전에 늘 이런 식으로 군인들을 대동하고 다녔음을 알 수 있는데, 그만큼 사회가 불안했음을 알 수 있다. 이 병사들을 사후 세계에까지 데리고 가겠다는 그의 뜻으로 보아 당시 이집트 인들이 얼마나 확고하게 사후 세계를 믿고 있었는지를 짐작할 수 있다. 40명의 흑인 누비아 궁수들과 같은 수의 이집트 투창 부대로 구성된 이 목각 군인상들은 당시 군대와 전투 유형 등을 일러준다. 궁수들은 왼손에 활을 오른손에는 화살을 들고 있다. 조각된 모든 병사들이 어딘가를 향해 행진을 하고 있는 역동적인 분위기를 연출하고 있다.

프톨레마이오스, 로마 전시실 – 39, 44전시실

〈이시스 아프로디테 상〉
높이 : **31.5cm**, 재질 : 테라코타, **39**전시실,
그리스 로마 시대 (기원전 **332**~서기 **313**)

알렉산드로스 대왕의 침공 이후 그리스의 영향을 받으면서 이집트 예술에는 두 문명이 갖고 있던 신들이 서로의 유사성을 통해 동일시되기도 했는데, 이집트의 이시스 여신과 그리스의 아프로디테도 이러한 동일시 현상의 한 케이스다. 이시스 여신이 아프로디테의 형상을 하고 나타난 이 작은 테라코타 조각은 당시 크게 유행했던 모델이다. 원래는 아름다운 색들로 채색이 되어 있었다. 이시스 여신은 치마를 들어 올려 음부를 보이고 있는데, 이러한 에로틱한 장면은 여인의 풍만한 육체를 애호했던 그리스 인들의 취향이 반영된 결과다.
컬이 진 머리 위에 화관이 올라가 있고 그 위에는 이시스 여신을 상징하는 암소의

[이시스 아프로디테 상] [손거울]

뿔과 태양 원반이 들어가 있는 칼라토스라고 하는 높은 관이 보인다. 이러한 작은 테라코타 상은 당시 신부가 지참해 갔던 물건들 중 하나였다. 그 상징적 의미는 다산과 사랑에 있었다. 그러나 이집트 예술의 엄격함도 그리스 예술의 정교함도 찾을 수 없는 일반 민간인들이 만든 민예품에 지나지 않는다.

일상생활실 - 34전시실

왕조사 위주로 진행된 고대 이집트의 역사는 피라미드나 신전 혹은 왕의 계곡에서 볼 수 있는 고분군 같은 대형 석조 유적으로 인해 수천 년 동안 지속되었을 일반 백성들의 일상생활에 대해서는 상대적으로 빈약한 기록과 유물만을 남겨 놓았다. 하지만 파피루스 기록, 고분 벽화와 결코 적다고 할 수 없는 각종 일상용품들을 통해 전모는 아니라 할지라도 대강의 생활상을 짐작해볼 수 있다. 우선 노동을 나타내는 그림이나 기록 혹은 유물들이 가장 많다. 밭갈이, 파종, 수확 등은 이집트 인들에게 가장 중요한 일이었다. 특히 가축을 기르는 모습은 흔히 볼 수 있다.

이집트 인들은 빵과 맥주를 주식으로 삼았고, 야채와 과일도 즐겼으며 포도주도 담가 먹었고 우유와 염소의 젖도 유용한 식량이었다. 빵은 다양한 형태가 존재했으며, 꿀, 대추야자, 건포도 등을 섞어 구운 빵을 즐겼다. 맥주는 빵을 발효시켜 얻은 효모로 만들었는데, 여기에 대추야자 즙을 첨가했다.
여가 시간에는 사냥, 활쏘기, 낚시를 즐겼고, 실내에서는 각종 도구를 이용한 게임도 많이 했다. 이집트 인들은 특히 외모에 상당히 신경을 쓰며 살았음을 알 수 있는데, 가발, 얼굴 화장, 의상 등에 많은 시간을 투자했다. 상류 계층과 부유한 계층 사람들은 남녀 모두 크림을 발랐고, 사람의 모발로 제작한 가발을 늘 쓰고 다녔다. 특히 여인들은 각종 리본으로 장식된 화려한 가발을 썼다.
이집트 인들의 일상생활에서 음악은 상당히 중요한 역할을 했는데, 군사적 용도에 있어서도 중요했지만, 노동이나 축제 때에는 상징적 의미까지 곁들여져 흥을 돋우거나 영의 세계를 환기시키는 역할을 했다. 안타까운 것은 악기가 전혀 남아 있지 않다는 점인데, 대신 악사를 조각하거나 묘사한 그림들을 통해 단편적으로 음악의 중요성을 짐작할 수 있을 뿐이다.

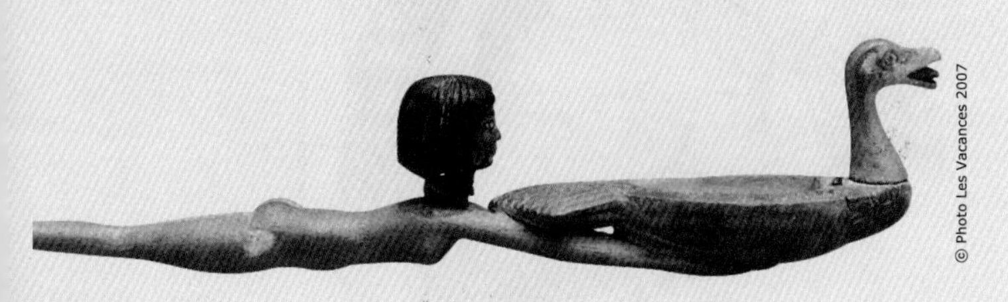

[화장 숟가락]

〈손거울〉

높이 : **24.9cm**, 재질 : 나무, 은, 청동, **34**전시실,
중왕국 제**11**왕조 (기원전 **2135**~**1994**)
거울의 반사면은 은으로 제작되었다. 파피루스 모양의 손잡이는 나무이고 묘사된 얼굴은 미와 쾌락과 사랑의 신인 하토르 여신이다. 거울은 흔히 장례 용품의 하나로 무덤에 넣곤 했다. 둥근 반사면은 태양을 상징하는 것이고 손잡이의 파피루스는 젊음을 나타낸다. 묘사된 하토르 여신은 거울을 보는 자에게 미와 쾌락과 사랑을 가져다 준다는 뜻이 담겨 있다.

〈화장 숟가락〉

길이 : **30.5cm**, 재질 : 나무에 채색, **34**전시실, 중왕국 제**18**왕조 (기원전 **1350**년경)
수영을 하는 여인이 두 손으로 받치고 있는 오리 모양을 한 화장 숟가락으로, 얼굴이나 몸에 바르는 분가루나 크림을 덜어 담던 도구다. 덮개를 이루고 있었던 오리의 두 날개는 사라져 버렸다. 수영을 하는 여인상은 손잡이이다. 신왕국 시대의 공

예가가 얼마나 세련된 사람이었는지를 일러주는 빼어난 공예품일 뿐만 아니라, 당시 여인들이 화장을 즐겨 했음도 일러준다.

파피루스와 도편화 – 24전시실

고대 이집트의 장례 문서에는 여러 가지가 있다. 〈사자의 서〉, 〈피라미드의 서〉, 〈관의 서〉 등인데 이 중에서 가장 널리 퍼져 있던 것이 〈사자의 서〉이다. 〈사자의 서〉는 파피루스만이 아니라 무덤의 벽이나 관 등에 기록되기도 했다. 이 문서는 망자

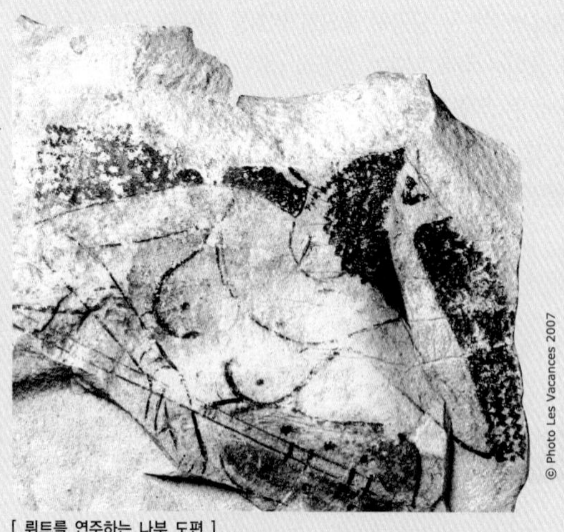

[뤼트를 연주하는 나부 도편]

가 저승길을 갈 때 만나는 위험과 장애물을 피하는 주문과 지켜야 할 일들을 적어 놓은 것이다. 신왕국에 들어서서 파피루스에 기록된 형태로 〈사자의 서〉는 일반인들의 묘에도 함께 매장되었는데, 보통은 관이나 미라의 두 다리 사이에 놓이곤 했다. 〈사자의 서〉는 부분적으로는 중왕국 때에 만들어진 〈관의 서〉의 내용을 계승한 것이다. 이외에도 여러 문서들이 있는데, 신왕국 당시 테베의 신학자들이 남긴 문서들을 이용해 파라오들은 자신들의 무덤 벽을 장식하곤 했다. 대표적인 것이 밤에 지하 세계를 주관하는 '레' 신의 행적을 묘사한 〈암두아트의 서〉이다. 이 문서는 제21왕조부터 축약본 형태로 일반인들의 장례용 파피루스에 기록되어 관 속에 함께 들어가곤 했다.

오스트라카Ostraca는 석회암이나 도기들의 파편을 뜻한다. 단수일 때는 오스트라콘Ostracon이라고 한다. 이 말들은 모두 그리스 어로, 이집트 상형문자가 19세기 들어 해독되기 시작했기 때문에 이집트 관련 유물이나 지역에 그리스 어가 많이 쓰였다. 도편(陶片)은 일반적으로 그리스 어를 사용해 지칭한다. 말 그대로 유리병이나 도기 등이 깨져서 생긴 파편을 뜻한다. 이 도편들이 많이 사용된 것은 파피루스보

다 훨씬 저렴했기 때문이다. 고대 이집트에서 도편은 계산, 인명 리스트, 학교 공책은 물론이고 그림을 그리는 도화지 역할까지 했다. 때론 현재의 수첩 역할도 해서 만남의 장소나 날짜 등을 기록하는 경우도 있었다. 이집트 전역에서 출토되고 있으며 특히 신왕국 당시 〈왕의 계곡〉 공사를 담당했던 노동자들이 집단으로 살았던 데이르 알 메디나 인근에서는 수천 개의 도편이 발굴되었고 상세히 기록된 내용을 통해 당시 시대 상황 등에 관한 많은 정보를 얻을 수 있었다.

〈뤼트를 연주하는 나부 도편〉

길이 : 10.5cm, 재질 : 석회석에 채색, 24전시실,
신왕국 제19~20왕조 (기원전1291~1075)

이집트 예술에서는 전혀 볼 수 없는 특이한 그림이다. 이는 공식적인 그림이 아니라 예술가가 혼자 그려본 것임을 일러준다. 정면성의 원리를 완전히 벗어나 높은 곳에서 본 시점을 채택하고 있고, 여인의 가슴이 완전히 드러나 있는 에로틱한 묘사 역시 이집트의 공식 예술에서는 볼 수 없는 장면이다. 이를 통해 당시 수많은 예술가들이 공공건물이나 장식에 동원될 때에는 자신들의 상상력이나 개인적 취향을 버리고 일정한 규범에 따라 작업했음을 알 수 있다. 이 아름다운 도편이 신왕국 당시 〈왕의 계곡〉 공사를 담당했던 노동자들이 집단으로 살았던 데이르 알 메디나 인근에서 출토된 것은 당시 이곳에 많은 예술가들이 거주했던 점을 염두에 두면 자연스러운 일이다. 이 도편만이 아니라 기타 여러 점의 비공식적으로 제작된 예술적 도편들이 발견되었다.

이슬람 지구
Islamic Cairo

카이로 시 동부에 형성되어 있는 이슬람 지구는 행정구역이 아니라 미로 같은 길들 사이로 800개가 넘는 이슬람 사원인 모스크와 시장들이 있는 지구 전체를 지칭하는 명칭이다. 천 년이 넘은 크고 작은 사원들과 이슬람 문화 특유의 번잡한 시장 거리 등이 볼 만하지만 현재도 사원의 경우에는 신성한 예배장소이기 때문인지 관광객들을 위한 표지판 같은 것이 없어 중요한 기념물을 지표 삼아 찾아갈 수밖에 없다. 많은 회교사원들이 적은 입장료를 내고 들어갈 수 있지만 회교도가 아닌 사람들에게는 출입이 금지된 곳도 있다.

▶ 칸 알 칼릴리 Khan al-Khalili ★★★

14세기 말에 이집트 왕의 마구 담당관인 알 칼릴리에 의해 세워진 시장으로 중동에서는 가장 오래되고 규모가 큰 시장이다. 카이로 이슬람 지구 관광은 여기서부터 시작한다. 길을 잃을 정도로 넓고 작은 가게들이 밀집되어 있어 늘 사람들로 북적대는 곳이다. 각종 일상용품과 기념품이 주요 품목이다. 특히 구리, 은, 주석, 나무 등으로 제작한 수공예품들과 양탄자는 관광객들에게 인기가 좋아 선물로 많이 구입을 한다. 관광은 낮 시간보다는 저녁 때가 좋은데, 특히 무스키 가와 알 후세인 회교사원 사이의 지역이 볼거리도 많고 살 것도 많을 뿐만 아니라 시장의 전통적인 분위기를 느낄 수 있는 곳이기도 하다. 일부러 이러한 분위기를 즐기기 위해 많은 관광객들이 찾는 카이로 시내의 명소 중 하나이다. 일요일에는 대부분의 상점들이 문을 닫는다.

칸Khan은 낙타에 짐을 싣고 다니는 대상(隊商)들의 집결지이자 창고이고 시장이기도 한데, 이러한 작은 칸들이 집결해 있는 곳이 바로 칸 알 칼릴리이다. 옛날 건물들이 대부분 오랜 세월을 지나며 새로 지은 건물 속으로 흡수되어 버렸지만, 중세 때 지어진 바데스탄 가에 있는 2개의 문은 옛날 그대로 서 있다. 알 후세인 광장 인근에 있는 피샤우이 커피 하우스Fishawi's Coffee House는 칸 알 칼릴리 일대의 최고 명소 중 한 곳으로 꼭 한 번 들러볼 만한 곳이다. 카이로에서 가장 오래된 카페로 1년 내내, 24시간 내내 영업을 하며, 카이로 시민들에게는 이곳에 들르는 것이 하나의 '의무'라고 할 정도로 유명하다. 거대한 유리창을 통해 밖을 내다보며 물담배를 피우거나 구리로 덮인 작은 탁자에 앉아 박하차를 마시는 모습은 이집트에서만 볼 수 있는 풍경이다.

▶ 무스키 가 Sharia Mouski ★★

샤리아 무스키 즉, 무스키 가는 1950년대에 알 아즈하르 가가 생기기 전에는 칸 알 칼릴리 인근의 대로였다. 지금도 번잡하기는 마찬가지인데, 현재 이 인근에는 값싼 옷과 옷감, 향수 등을 파는 가게들이 들어서 있다. 배꼽춤을 출 때 쓰는 의상과 장신구 등도 이곳에서 판다. 감초를 넣어 달인 카이로 냉차 장수들, 과일 행상들의 손님 부르는 소리가 삶의 활기를 느끼게 하는 곳이다.

▶ 사위드나 알 후세인 사원 Sayyidna al-Hussein Mosque ★★

© Photo Les Vacances 2007

[무스키 가의 시장거리]

이집트 카이로에 있는 시아 파 회교의 총본산으로 비 이슬람 교도들에게는 출입이 금지된 곳이다. 매일 수백 명이 예배를 드리며 금요일에는 만 명이 넘는 신도들이 모여 함께 예배를 드리기도 한다. 1870년, 12세기에 세워진 옛 사원 자리에 건설된 사원이다.

이곳에는 예언자 마호메트의 외가 쪽 손자인 후세인의 유해 일부가 묻혀 있다. 비회교권에서는 마호메트, 회교권에서는 무하마드로 불리는 알라 신의 계시를 받은 예언자 마호메트에게는 세 아들이 있었으나 모두 일찍 죽는 바람에 대를 이을 후사가 없었고 이로 인해 마호메트의 후계를 둘러싸고 분파가 형성되었다. 632년에 마호메트가 숨을 거둔 후 정치, 종교적 이유로 분열을 거듭한 이래 정통 왕조 중심의 계승을 주장한 수니파와 마호메트의 사위 알리를 유일한 후계자로 보는 여타 파벌을 총칭하여 시아파라고 한다. 시아라는 말의 뜻 자체가 분파라는 뜻이다. 알리 이후에는 그의 아들 후세인이 이라크에서 전투를 벌이던 중 사망하기도 했다.

현재도 그의 시신 일부는 이라크에 남아 있다. 사위드나 알 후세인 사원은 시아파의 총본산이다. 매일 수백 명이 예배를 드리며 금요일에는 만 명이 넘는 신도들이 모여

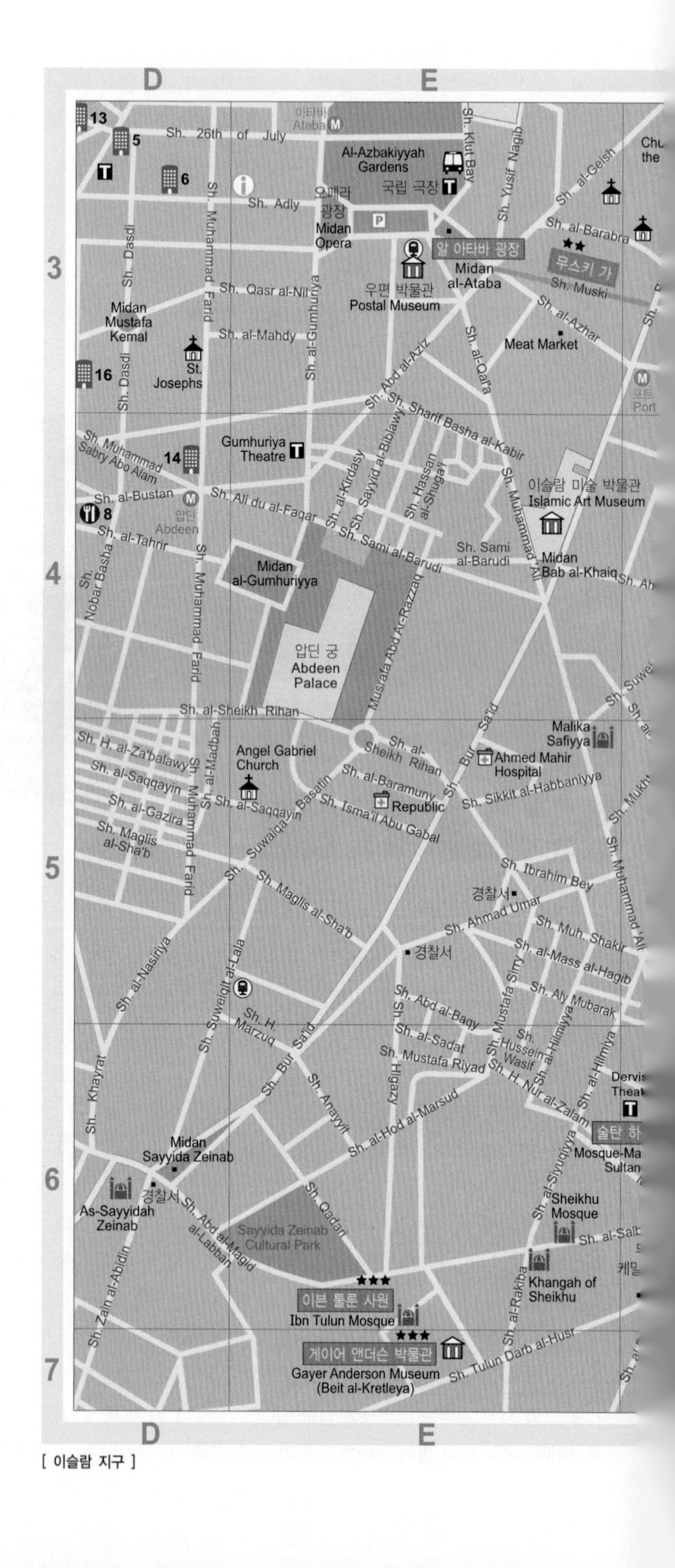

D
E
3
4
5
6
7
13
5
6
16
14
8
아타바
Ataba
Sh. 26th of July
Al-Azbakiyyah Gardens
국립 극장
Sh. Klut Bay
Sh. Yusif Nagib
Sh. al-Geish
Sh. Adly
오페라 광장
Midan Opera
Sh. al-Barabra
알 아타바 광장
Midan al-Ataba
무스키 가
Sh. Muski
Sh. Dasdi
Sh. Muhammad Farid
Sh. Qasr al-Nil
Sh. al-Gumhuriya
우편 박물관
Postal Museum
Midan Mustafa Kemal
Sh. al-Mahdy
St. Josephs
Sh. al-Azhar
Meat Market
Sh. Abd al-Aziz
Sh. al-Qal'a
포트
Port
Sh. Sharif Basha al-Kabir
Sh. Muhammad Sabry Abo Alam
Gumhuriya Theatre
Sh. al-Kirdasy
Sh. Sayyid al-Biblawy
Sh. Hassan al-Shuga'i
이슬람 미술 박물관
Islamic Art Museum
Sh. al-Bustan
Sh. Ali du al-Faqar
압딘
Abdeen
Sh. Muhammad Ali
Sh. Sami al-Barudi
Sh. al-Tahrir
Sh. Nobar Basha
Midan al-Gumhuriyya
Sh. Sami al-Barudi
Midan Bab al-Khaiq
Musrafa Abd Ar-Razzaq
압딘 궁
Abdeen Palace
Sh. al-Sheikh Rihan
Sh. Bur Sa'id
Malika Safiyya
Sh. H. al-Za'balawy
Sh. al-Madbah
Angel Gabriel Church
Sh. al-Sheikh Rihan
Ahmed Mahir Hospital
Sh. al-Saqqayin
Sh. al-Baramuny
Sh. Sikkit al-Habbaniyya
Sh. al-Gazira
Sh. Suwaiqa Basatin
Republic
Sh. Isma'il Abu Gabal
Sh. Maglis al-Sha'b
Sh. Ibrahim Bey
경찰서
Sh. Ahmad Umar
Sh. Muhammad 'Ali
Sh. Muh. Shakir
Sh. al-Mass al-Hagib
Sh. al-Nasiriya
Sh. Suweiqit al-Lala
Sh. Aly Mubarak
Sh. Abd al-Baqy
Sh. Mustafa Sirry
Sh. H. Marzuq
Sh. al-Sadat
Sh. Hussein Wasif
Sh. al-Hilmiyya
Sh. Mustafa Riyad
Sh. Higazy
Sh. H. Nur al-Zalam
Sh. Khayrat
Sh. Anayyit
Sh. al-Hod al-Marsud
Midan Sayyida Zeinab
Sh. al-Siyuqiyya
Mosque-Ma Sultan
As-Sayyidah Zeinab
Sh. Abd al-Magid al-Labban
Sh. Qadari
Sheikhu Mosque
Sayyida Zeinab Cultural Park
Sh. al-Saliba
Sh. Zain al-Abidin
Sh. al-Rakiba
Khangah of Sheikhu
케밀
이븐 툴룬 사원
Ibn Tulun Mosque
게이어 앤더슨 박물관
Gayer Anderson Museum (Beit al-Kretleya)
Sh. Tulun Darb al-Husr

[이슬람 지구]

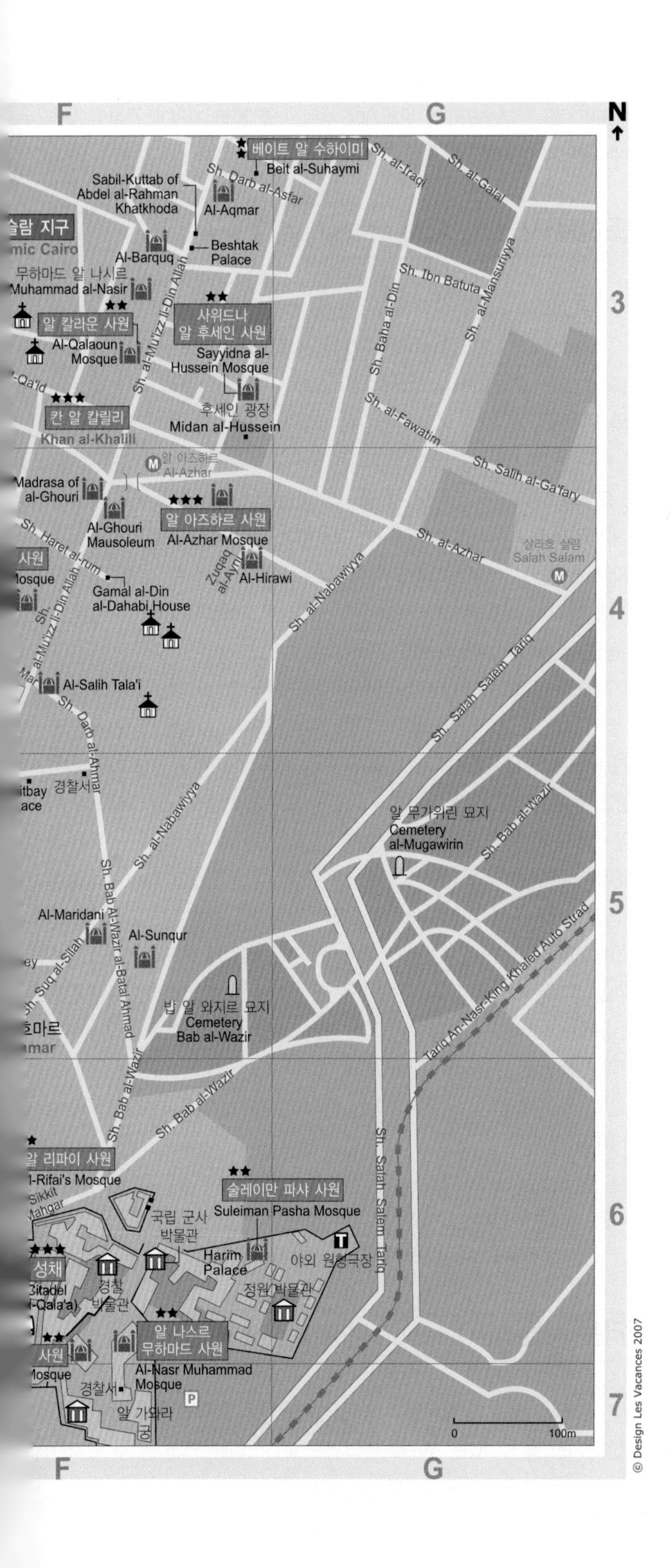
베이트 알 수하이미
Beit al-Suhaymi
Sabil-Kuttab of
Abdel al-Rahman
Khatkhoda
Al-Aqmar
Beshtak
Palace
Al-Barquq
무하마드 알 나시르
Muhammad al-Nasir
알 칼라운 사원
Al-Qalaoun
Mosque
사위드나
알 후세인 사원
Sayyidna al-
Hussein Mosque
칸 알 칼릴리
Khan al-Khalili
후세인 광장
Midan al-Hussein
알 아즈하르
Al-Azhar
Madrasa of
al-Ghouri
Al-Ghouri
Mausoleum
알 아즈하르 사원
Al-Azhar Mosque
Al-Hirawi
Gamal al-Din
al-Dahabi House
Al-Salih Tala'i
살라흐 살람
Salah Salam
경찰서
알 무가위린 묘지
Cemetery
al-Mugawirin
Al-Maridani
Al-Sunqur
밥 알 와지르 묘지
Cemetery
Bab al-Wazir
알 리파이 사원
Al-Rifai's Mosque
술레이만 파샤 사원
Suleiman Pasha Mosque
국립 군사
박물관
Harim
Palace
야외 원형극장
성채
Citadel
경찰
박물관
정원 박물관
알 나스르
무하마드 사원
Al-Nasr Muhammad
Mosque
경찰서
알 가와라
Sh. Darb al-Asfar
Sh. al-Iraqi
Sh. al-Galal
Sh. Ibn Batuta
Sh. al-Mansuriyya
Sh. Baha al-Din
Sh. al-Mu'izz li-Din Allah
Sh. al-Fawatim
Sh. Salih al-Ga'fary
Sh. al-Azhar
Sh. al-Nabawiyya
Sh. Salah Salem Tariq
Sh. Darb al-Ahmar
Sh. Bab al-Wazir
Sh. Suq al-Silah
Sh. Bab al-Wazir al-Batal Ahmad
Tariq An-Nasr-King Khaled Auto Strad
Sh. Salah Salem Tariq
0 100m
F G
3 4 5 6 7
N

함께 예배를 드리기도 한다. 1870년, 12세기에 세워진 옛 사원 자리에 건설된 사원이다. 이곳에는 예언자 마호메트의 외가 쪽 손자인 후세인의 유해 일부가 묻혀 있다.

▶ 알 아즈하르 사원 Al-Azhar Mosque ★★★

북아프리카에서 이집트와 시리아 일대에 이르는 광활한 영토를 지배했던 파티마 왕조(909~1171) 당시인 서기 970년 세워진 알 아즈하르 회교사원은 건립 당시부터 경내에 대학이 들어선 교육기관이기도 했다. 아즈하르 대학은 지금도 학생을 받고 있어 천 년의 역사를 자랑하는 세계에서 가장 오래된 대학이다. 학교 총장이기도 한 사원장은 수니 파가 지배하고 있는 이집트의 종교계만이 아니라 이집트 각지에 흩어져 있는 분교와 아즈하르 연구소들을 총 지휘하는 학계의 수장이기도 하다. 분교 중에는 여대도 있다. 알 아즈하르 대학의 교육비는 무료이며 세계 각지에서 온 회교 학생들에게는 기숙사가 제공되기도 한다. 회교 신학과 법이 주 과목이긴 하지만 1960년대 초의 대학 개혁에 따라 오늘날은 전통적인 과목들인 문법, 수사학 이외에 의학, 농업, 기계공학, 경영학 등도 가르친다.
알 아즈하르 사원은 이집트 수니 파의 총본산이기도 한데 알 아즈하르라는 이름은 마호메트의 딸인 파티마 에즈 자흐라에서 왔다. 알 아즈하르 사원은 교육시설이자 종교시설이기 때문에 일부 건물만 일반인들에게 공개하고 있다. 알 아즈하르 사원은 파티마 왕조가 물러간 뒤 여러 시대를 거치면서 보수되고 증축되었기 때문에 다양한 건축 양식을 보여 준다. 흔히 '이발사들의 문'으로 불리는 정문은 15세기에 지어진 것을 18세기 들어 현재와 같이 이중문으로 고쳐 지었다. 반면 학생들의 교실과 도서관이 있는 건물은 14세기에 지어진 오래된 건물이다. 현재 정문으로 쓰이고 있는 문에 '이발사들의 문'이라는 별칭이 붙게 된 것은 정문을 통과하면서 학생들이 머리를 깎았기 때문이다. 가장 볼 만한 곳은 사흔Sahn이라고 불리는 중앙 정원으로 이곳에 3천m²에 달하는 기도소가 있다. 중앙 정원은 잘 닦인 돌로 만들어져 마치 거울처럼 반짝거린다. 미나렛Minaret으로 불리는 3개의 첨탑 위에는 구리로 제작한 초승달이 올라가 있다. 이 미나렛에는 종이 마련되어 있어 기도 시간을 알리는 타종이 이루어진다.
사원에 입장을 할 때에는 소매가 없는 옷은 삼가야 하며 짧은 치마든 긴 치마든 다리가 보이는 옷도 삼가야 한다.

- 위치 Sharia al-Azhar(후세인 광장 맞은편)

▶ 알 칼라운 사원 Al-Qalaoun Mosque ★★

13세기 후반인 1279년 술탄 알 칼라운에 의해 건립되었다. 우뚝 솟은 첨탑인 미나렛은 회교사원에서만 볼 수 있는 것으로 멀리서도 모스크임을 쉽게 알 수 있지만, 건물 전면의 장식들은 기독교적 분위기를 풍기기도 한다.

내부에 들어가면 특히 술탄 알 만수르 칼라운의 묘를 볼 수 있는데, 카이로에 있는 이슬람 예술의 정수라고 할 만한 묘다. 채색 유리를 통해 들어오는 햇빛이 다채색의 대리석과 어울려 자아내는 신비한 분위기는 많은 이들에게 황홀경을 맛보게 한다.

▶ 베이트 알 수하이미 Beit al-Suhaymi ★★

1648년에 건립된 후 18세기 말에 확장된 건물이다. 회교 족장인 알 아즈하르의 집으로 이슬람 민간 건축을 보여주는 대표적인 건물이다. 대리석, 자기, 목공예가 어우러져 있는 화려한 장식이 일품이다. 실내 정원을 통해 들어오는 햇빛을 통해 이루어지는 조명이 은은한 분위기를 만들어 낸다.

- 입장료 25이집트파운드

▶ 알 무아야드 사원 Al-Mu'ayyad Mosque ★★

흔히 '붉은 사원'으로 더 많이 알려진 이곳은 1415년에 건립된 사원으로 청동으로 장식된 나무로 제작한 정문이 볼 만하다. 높이 6m에 이르는 이 2개의 문짝으로 구성된 정문은 하산 사원에 있던 것을 가져온 것이다. 전체적인 구조는 알 아즈하르 사원과 유사하다. 내부는 다채색의 대리석으로 장식되어 있고 부분적으로 상아와 나전을 첨가해 빛을 발하도록 해 놓았다.

▶ 성채 Citadel (Al-Qala'a) ★★★

이슬람 지구에 위치해 있는 카이로 최고의 관광 명소다. 약 700년 동안 이집트를 지배했던 왕들이 머물렀던 곳이다. 웅장한 탑들이 솟아있는 성벽으로 둘러싸인 이곳은 4개의 박물관과 수많은 회교사원들 그리고 왕궁이 자리잡고 있어 이슬람 건축의 박람회장 같은 곳이다. 최소 하루 일정으로 관광을 해야 하며 오전이나 오후 시간만으로 관광을 하기 위해서는 가장 대표적인 관광 명소인 무하마드 알리 사원, 술레이만 파샤 사원 그리고 카이로 시내의 전경을 즐길 수 있는 전망대 관광만으로 만족해야 한다.

1176년 예루살렘 정복자인 살라딘 장군이 건축을 시작해 1183년에 완공된 성채로 카이로 시내가 내려다보이는 무카탐 언덕 위에 자리잡고 있다. 십자군의 침공에 대비하기 위해 지은 군사요새 겸 왕궁으로 건설되어 살라딘의 조카인 알 카밀이 최초로 거주했으며 이후 터키의 침공 당시 대대적으로 확장되었다. 이후 전쟁 중에 대폭발이 있은 후 무하마드 알리가 옛 궁들을 헐어버리고 사원들을 건축해 오늘날에 이르렀다.

많은 문과 탑을 갖고 있는 성벽 전체 길이는 약 3km에 달하며, 입구는 1786년에 세워진 '산의 문'이라는 뜻의 바브 알 게벨 문과 '새로운 문'이라는 뜻의 1826년에 세워진 거대한 바브 알 가디드 문이다.

- 교통편　　　람세스 광장에서 버스 174번
- 개관시간　　08:00~17:00(여름에는 ~18:00)
- 입장료　　　40이집트파운드

▶ 무하마드 알리 사원 Muhammad-Ali Mosque ★★

성채에 있는 가장 중요한 회교사원이다. 비교적 최근인 19세기 중엽에 지어진 사원이지만 이집트 현대화의 아버지로 추앙받는 개혁가 무하마드 알리의 명령으로 지어

[카이로 시민들에게는 성소와도 같은 무하마드 알리 사원]

져 카이로 시민들에게는 성소로 인식되는 곳이다. 백색의 설화석고로 마감되어 있어 흔히 '설화석고 사원'으로 불리기도 한다. 무하마드 알리가 1805년 권력을 잡았을 때 이집트는 오스만투르크 제국의 한 변방에 지나지 않았지만 45년 후인 1849년 그가 통치를 끝내고 숨을 거두었을 때 이집트는 중동에서 가장 강력한 국가가 되어 있었다. 전체적인 양식은 이스탄불의 대사원을 모방해 지어졌기 때문에 중앙에 대형 돔을 올리고 좌우에 높은 첨탑인 미나렛을 세우는 터키 식 회교사원 양식을 하고 있다. 중앙 돔의 높이는 52m에 달하며 대리석과 금박으로 화려하게 장식되어 있고 바닥도 역시 화려한 페르시아 양탄자들이 깔려 있다. 경내에 들어서면 중앙에 분수가 있고 입구 인근에는 프랑스 국왕 루이 필립이 선물한 시계탑이 있는데 작동을 멈춘 지 오래다. 이 시계는 현재 파리 콩코드 광장에 있는 오벨리스크를 받고 그 답례품으로 이집트에 선물한 것이다.

▶ 술레이만 파샤 사원 Suleiman Pasha Mosque ★★

몽고의 칭기즈칸과 서유럽 프랑크 왕조의 십자군 원정에 대항하기 위해 살라딘은

터키 노예들을 용병으로 삼았다. 이들을 아랍 어로 '맘루크Mamluk'라고 불렀다. 이들은 후일 권력을 쟁취해 1517년 오스만투르크에 의해 병합될 때까지 이집트를 지배했다. 1528년에 세워진 술레이만 파샤 사원은 오스만투르크가 맘루크 왕조를 물리치고 카이로에 최초로 세운 사원이다. 규모는 작지만 최근에 보수를 끝낸 돔 천장의 세라믹 장식은 섬세함을 자랑한다. 여기에서도 대리석을 상감 처리한 전통적인 사원 장식을 볼 수 있다.

▶ 알 나스르 무하마드 사원 Al-Nasr Muhammad Mosque ★★

© Photo Les Vacances 2007

[뛰어난 장식미를 보여주는 알 나스르 무하마드 사원 첨탑]

1335년에 술탄 알 나스르 무하마드가 세운 성채에서 가장 오래된 사원으로 내부는 많이 훼손되어 있지만 외부는 여전히 그 화려함을 잃지 않고 있다. 특히 입구의 성벽에 솟아 있는 첨탑이 볼 만하다. 이 첨탑은 이집트에서는 유일하게 자기를 구워 장식을 한 것으로 아라베스크 문양과 함께 아랍 문자로 장식되어 있어 놀라운 장식미를 보여준다.

1805년 권좌에 오른 무하마드 알리는 이집트의 옛 귀족들과 권력 투쟁을 벌여야만 했다. 1811년 그는 500여 명의 귀족들을 살해하고 성채에 있던 많은 건물들을 허물어 버렸다. 이 와중에서 당시 마구간으로 사용하기 위해 남겨두어 현재까지 유일하게 보존된 사원이 알 나스르 무하마드 사원이다.

▶ 전망대 ★★★

성채를 둘러싸고 있는 성벽에 오르면 회교사원의 첨탑인 이루 헤아릴 수 없이 많은 미나렛과 돔 지붕이 솟아 있는 카이로 시내를 한눈에 굽어볼 수 있다. 그중에서 카이로 시내의 유명한 술탄 하산 사원이 내려다보이는 전망대가 으뜸으로 꼽힌다.

▶ 기타 명소

성채 안에는 회교사원 이외에도 군사 박물관, 경찰 박물관, 알 가와라 궁, 그리고 마차 박물관 등이 있다.

▶ 술탄 하산 사원 Mosque-Madrasa of Sultan Hassan ★★★

성채 밑, 알 리파이 사원과 나란히 붙어 있는 맘루크 양식의 술탄 하산 사원은 카이

[이슬람 건축의 백미로 꼽히는 술탄 하산 사원]

로에 있는 회교사원 중 이슬람 건축의 백미로 꼽히는 곳이다. 1359년에 건설되었으며, 첨탑인 미나렛은 높이 86m로 카이로에 있는 첨탑 중 가장 높다. 내부에 들어가면 너른 내원이 나온다. 이 내원에는 대형 아치가 올라가 있는 이완Iwan이라는 4개의 건물이 있고 중앙에는 몸을 씻는 분수가 있다. 4개의 이완은 코란 신학의 4대파를 상징한다. 동쪽 이완에는 코란이 새겨져 있는데 이는 보조 사제들이 예배를 드릴 수 있도록 하기 위해 마련된 것이다.

- 위치 살라딘 광장
- 개관시간 08:00~17:00(여름에는 ~18:00)
- 입장료 20이집트파운드(학생은 반액)

▶ 알 리파이 사원 Al-Rifai's Mosque ★

살라딘(원래 명칭은 살라흐 알 딘 광장) 광장에 술탄 하산 사원과 나란히 붙어 있

다. 광장에 나란히 서 있고 외관도 비슷하기 때문에 같은 시기에 지어진 쌍둥이 사원으로 보이지만 사실은 약 450년이라는 간격을 두고 건설된 전혀 다른 사원들이다. 알 리파이 사원은 20세기 초인 1912년에 완성된 사원으로 후아드와 이집트 마지막 왕인 파루크 등 회교 왕의 묘가 안치되어 있는 곳이다. 이집트의 부왕이자 유럽을 동경했던 이스마일의 어머니인 큐쉬아르의 묘를 안장하기 위해 공사가 시작된 것은 19세기 초인 1819년으로 완공되기까지 무려 1세기 이상의 오랜 세월이 걸렸다. 1979년에 일어난 이란의 호메이니 회교 혁명을 피해 이집트에 피신해 있던 마지막 이란 통치자의 묘도 이곳에 있다.

- 위치 　살라딘 광장
- 개관시간 　08:00~17:00(여름에는 ~18:00)
- 입장료 　20이집트파운드(학생은 반액)

▶ 이븐 툴룬 사원 Ibn Tulun Mosque ★★★

876년에 공사를 시작해 3년 후에 완공된 이집트에서 가장 오래된 이슬람 유적지이다. 주거지와 사원을 구별하는 외곽 성 안에 자리잡고 있는 벽돌로 지은 사원이다. 매주 금요일 예배를 드리기 때문에 흔히 '금요일의 사원'으로 불린다. 나선형 첨탑을 갖고 있는 유일한 사원이기도 하다. 내원 중앙에는 돔 지붕으로 가려진 분수가 있는데 968년에 세운 것이 붕괴되어 13세기 때 복원한 것이다. 메카 방향을 향해 지어진 미르하브Mirhab라고 불리는 13세기 때 지어진 제단이 볼 만하다.

- 개관시간 　08:00~18:00
- 입장료 　6이집트파운드

▶ 게이어 앤더슨 박물관 Gayer Anderson Museum (Beit al-Kretleya) ★★★

터키 양식, 파라오 양식, 중국 양식 등으로 장식된 아름다운 방들과 배치된 가구들을 구경하는 것만으로도 충분히 시간을 낼 만한 곳이다. 테라스에 서면 이븐 툴룬 사원이 한눈에 보인다. 이븐 툴룬 사원의 부속 건물이지만 별도로 입장료를 낸다. '007 시리즈' 중 페르시아 실내 장식이 등장하는 장면을 이곳에서 촬영하기도 했다. 1935년 카이로에 주재하던 영국인 장교 존 게이어 앤더슨이 17세기에 지어진 두 채의 집을 구입해 전면적으로 개조한 다음 동양의 그림, 가구, 장식 소품들을 구입해 꾸며 놓았다.

- 위치 　이븐 툴룬 사원 남동쪽
- 개관시간 　09:00~16:00(금요일 11:15~13:30 휴관)
- 입장료 　30이집트파운드

맘루크 회교사원의 기학학적 장식들

맘루크 왕조(1250~1517) 시대에 건축된 이슬람 사원들은 이슬람 건축의 최전성기 때 건축된 것들로 장식에 있어서도 중동 지방 여러 나라의 장식 기법을 종합적으로 보여 주고 있다. 아르메니아 석재, 시리아의 다채색 대리석을 이용한 상감 기법, 비잔틴의 황금 채색과 모자이크, 북아프리카의 회장벽토 등이 모두 사용되었다. 하지만 구체적인 형상 대신 추상화된 문양들을 반복해서 사용한 것이 양식적으로 가장 큰 특징인데, 이는 예배자들로 하여금 감각적인 형상을 초월해서 존재하는 영의 세계에 보다 쉽게 접근하도록 하기 위한 것이었다. 주로 나뭇가지나 꽃의 형상을 한 이들 문양은 원, 사각형 등의 도형 속에 들어가 있는데 이를 통해 복잡한 구조에도 불구하고 반복되는 리듬감을 자아내며 인간의 정신세계를 상징한다.

구시가지
Old Cairo

외국인에게는 '콥트 지역'으로 불리고 카이로 시민들에게는 구시가지라는 뜻의 '마스르 알 카디마'로 불리는 이 지역은 카이로에서 가장 오래된 시가지이다. 카이로 중심가인 알 타흐리르 광장에서 남쪽으로 약 5km 정도 떨어져 있다. 고대 로마 유적지가 남아 있을 정도인데, 이는 곧 이 지역이 카이로 이전에 있었던 헬리오폴리스와 '이집트의 바빌론'이라고 불리던 옛 시가지가 자리잡고 있던 지역임을 일러준다. 현재는 좁은 골목길과 오래된 성당들이 자리잡고 있는 지역이다.

많은 이들은 이집트 하면 곧 파라오가 지배했던 고대의 피라미드와 이슬람 교도들의 회교사원을 머리에 떠올린다. 하지만 파라오의 시대가 끝나고 북아프리카의 파티마 왕조에 의해 이슬람이 전파되기 이전의 수세기 동안 이집트는 지중해 대부분의 나라가 그랬듯이 기독교의 영향을 받았던 역사를 간직하고 있고, 소수이지만 아직도 기독교를 믿는 인구가 존재한다. 지하철을 타고 Mar Girgis 역에서 내리면 된다. 타흐리르 광장에서 택시를 타면 10이집트파운드 정도가 나온다.

이집트 기독교, 콥트 교

이집트 기독교도를 일컫는 콥트Copte라는 말은 이집트와 같은 어원을 갖고 있다. '콥트'라는 단어는 아랍 어 깁트Gibt에서 온 말인데, 이 아랍 단어는 이집트를 지칭하는 그리스 어 에깁토스Aegyptios를 곱토스라고 발음하면서 생긴 말이다. 이는 곧, 지금은 콥트라고 불리지만 콥트가 원래는 이집트 교회 전체를 지칭하는 말이었음을 일러준다. 서기 42년 마가복음을 쓴 성 마가에 의해 이집트에 복음이 전파되었는데, 이는 베드로가 로마에 복음을 전파한 것과 동일한 것이었다. 따라서 '로마 교회' 하듯이 콥트 역시 '이집트 교회'를 의미했었다. 하지만 이슬람이 절대 종교가 된 현재 콥트는 소수의 이집트 기독교도를 지칭하는 말이 되었다. 소수이지만 콥트 교도들 중에는 유엔사무총장을 지낸 부트로스 갈리와 같은 지식인과 상류층 인사들이 많다. 마가의 전도 이후 알렉산드리아는 이집트 기독교의 중심지였는데, 로마의 박해를 받다가 서기 4세기경 이집트 공식 종교가 되었다. 그러나 서기 451년, 동로마 황제 플라비우스 마르키아누스가 소아시아의 칼케돈에서 소집한 제4차 칼케돈 공의회 때, 예수가 신성과 인성을 동시에 갖춘 존재라는 단성설을 주장한 알렉산드리아의 주교 디오스쿠루스의 신

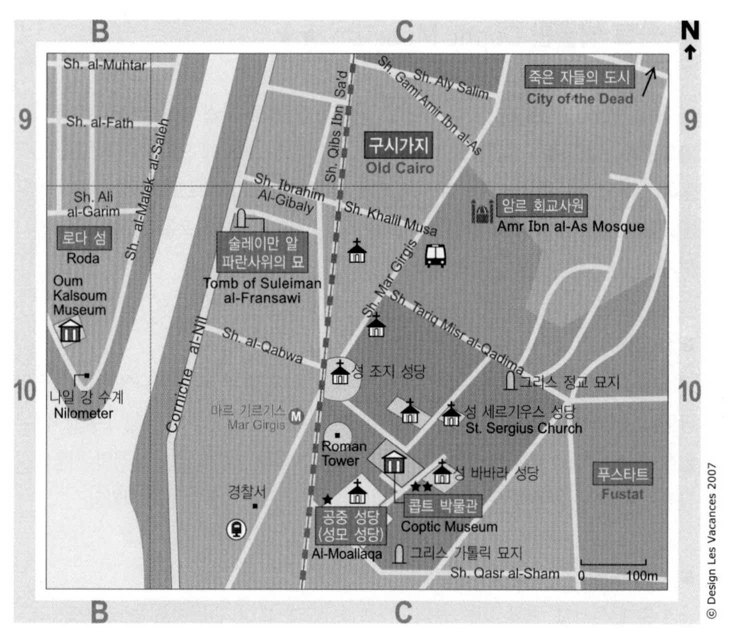

[구시가지]

학을 이단으로 모는 바람에 콥트 교는 예수의 인성과 신성은 별개라는 양성설을 신봉했던 동로마 정교에서 분리되고 만다.

▶ 공중 성당 (성모 성당) Al-Moallaqa ★

아랍 어로 알 무알라카Al Mouallaqa 즉, 공중에 매달린 성당이라는 별명을 갖고 있는데, 이는 로마 시대에 축조된 성벽의 수문 위에 세워졌기 때문에 붙여졌다. 이런 이유로 돔 지붕을 얹을 수가 없었다. 성당 오른쪽에 서기 1세기경, 로마 시대에 쌓았던 성벽의 일부인 기둥이 남아 있다.

처음 현재의 자리에 성당이 세워진 것은 서기 4세기로 추정된다. 성당의 남동쪽에 그 흔적이 남아 있다. 바실리카 양식의 현재의 성당은 서기 6세기에 세워진 것으로 8세기경 파괴되었다가 복원되어 회교사원으로 쓰이기도 했다. 10세기에 처음대로 성당으로 다시 쓰이게 되어 오늘날에 이르렀다.

15개의 작은 기둥들이 받치고 있는 11세기에 제작된 대리석 제단이 아름다워 많은 이들이 즐겨 찾는다. 성당 끝에는 흑단 나무와 상아를 상감 처리해 장식한 벽들이 3개의 채플을 구성하고 있는데 13세기에 제작된 가운데 것이 가장 아름답다. 성당의 파사드 즉, 전면은 19세기에 건축한 것이다.

- 개관시간 　예배를 드리는 금 08:00~11:00, 일 07:00~10:00을 제외하면 입장료 없이 성당 내부 관람 가능

▶ 콥트 박물관 Coptic Museum ★★

원래는 개인이 운영하던 것을 1931년 국가가 인수해 국립 박물관으로 만들었다. 1947년에는 프랑스 이집트 고고학자인 가스통 마에스페로에 의해 획기적으로 소장품이 늘어났다. 나일 강 계곡을 중심으로 발전했던 초기 기독교 시대에 대한 많은 예술 자료들을 소장하고 있다. 하지만 현재로서는 모든 소장품을 체계적으로 전시하기 어려워 신관 건립을 고려 중이다.

■ 비문들

제1~8전시실. 기원전 4세기에서 서기 6세기까지에 걸쳐 제작된 다양한 비석들의 파편이 소장되어 있는데 그리스 로마 시대에서 초기 기독교 시대까지의 종교적, 예술적 영향 관계와 변화를 읽을 수 있다. 특히, 제6전시실에 있는 12개의 기둥머리 장식은 사카라 소재 성 예레미야 수도원에서 온 것으로 아름답기 그지없다.

■ 회화 작품

제3, 9, 13전시실. 벽화, 이콘 등이 전시되어 있다. 특히, 관리번호 3367번의 〈마돈나〉와 3472번의 〈십자가형을 당한 그리스도를 안고 있는 동정녀〉가 볼 만하다. 회화들은 대개 18세기경에 제작된 것들인데 개중에는 15세기에 제작된 것도 있다. 제13전시실의 상아 공예품들도 볼 만하다.

■ 직물

제10, 11, 12전시실. 파라오 시대부터 전해 내려오는 전통적 기법을 사용해 만든 천에 그리스 로마 신화와 십자가, 물고기, 어린 양, 비둘기, 성자 등을 수놓아 만든 천들을 볼 수 있다. 이 천을 이용해 성의, 수의, 망토 등을 제작했었다. 제11전시실에 있는 4세기경에 직조된 커튼이 볼 만하다.

■ 금속공예

제14~16전시실. 각종 귀금속, 청동 독수리 등의 금속 공예품들이 소장되어 있다.

■ 필사본

제10, 17전시실. 4세기에서 13세기에 걸쳐 제작된 필사본들이 소장되어 있다. 그중에서 가장 오래된 성서 필사본 중 하나인 4세기경에 제작된 〈시편〉이 볼 만한데, 이 성경은 양피지에 전문을 콥트 어로 쓴 것으로 장정은 나무로 되어 있다. 제10전시실에서는 2개의 파피루스에 기록한 로마 복음서를 볼 수 있는데, 서기 3~4세기경에 제작된 것으로 이교적 가르침과 기독교적 가르침이 동시에 들어 있다. 이외에 제8, 22~25전시실에서는 옛 가구들을 볼 수 있다.

- 교통편　　지하철 Mar Girgis 역
- 개관시간　　09:00~17:00
- 입장료　　40이집트파운드

▶ 푸스타트 Fustat

아랍 어로 '텐트'를 뜻하는 말인 푸스타트는 이곳이 서기 640년 칼리프 오마르에 의해 점령되어 군사기지로 쓰인 곳이었음을 일러준다. 1400여 년 동안 지속된 카이로 역사를 증언하는 곳이지만 거의 모든 것이 지하에 묻혀 있어 지금도 발굴 작업이 진행되고 있다. 따라서 관광지이기보다는 학술적 가치를 지닌 곳이다.
병영의 텐트촌이 벽돌로 지은 집들로 대체되면서 마을로 변했고 이어 이집트 최대의 이슬람 마을이 되었다. 그 후 파티마 왕조가 침공해 지배하다 맘루크 왕조에 의해 패망할 때인 1168년, 적군의 수중에 넘겨주기보다 불태우는 것이 낫다고 판단해 기존의 마을을 불태우고 말았다. 16세기까지는 카이로 인근의 오물 처리장으로 쓰였다. 그 후 많은 카이로 인들이 집을 짓고 도기를 구워 팔며 살기도 했으나 현재는 오랫동안 쓰레기장으로 쓰인 덕분에 도굴이나 문화재 파손이 적어 고고학 발굴지로 지정되면서 갈수록 거주 인구가 줄어들고 있다. 상하수도 시설을 볼 수 있는 유적지와 성벽의 기초 부분들을 볼 수 있다.

- 교통편　　지하철 Mar Girgis 역

▶ 암르 회교사원 Amr Ibn al-As Mosque

서기 640년 기독교를 믿고 있던 이집트를 침공한 칼리프 오마르 휘하의 장군 이름을 딴 모스크로 이집트만이 아니라 아프리카에서 가장 오래된 회교사원이다. 물론 현재의 건물은 1980년에 들어 전면을 보수해 다시 짓는 등 그리 오래된 곳은 아니지만 사원이 자리잡고 있는 터만은 최초의 사원이 세워졌던 곳이다.

▶ 죽은 자들의 도시 City of the Dead

카이로 남동쪽, 푸스타트와 성채 사이에는 남 묘지와 북 묘지 두 곳의 공동묘지가 있다. 수많은 첨탑과 돔 지붕이 솟아 있는 곳으로 '죽은 자들의 도시'라고 불린다. 하지만 이곳을 묘지로만 생각하면 큰 오산이다. 이미 수백 년 전부터 많은 이들이 묘지에 들어와 죽은 자들과 함께 살고 있기 때문이다. 카이로 인구가 급속하게 증가하는 바람에 갈수록 이런 현상이 심해졌고, 게다가 묘에는 산 자들이 찾아와 기거하면서 기도를 할 수 있는 방이 있었기 때문에 수십만 명의 주민들이 거주하는 지역이 되어버렸다. 남 묘지에는 역대 이슬람 왕조의 칼리프들과 가족들의 묘가 있다.

카이로 지하철

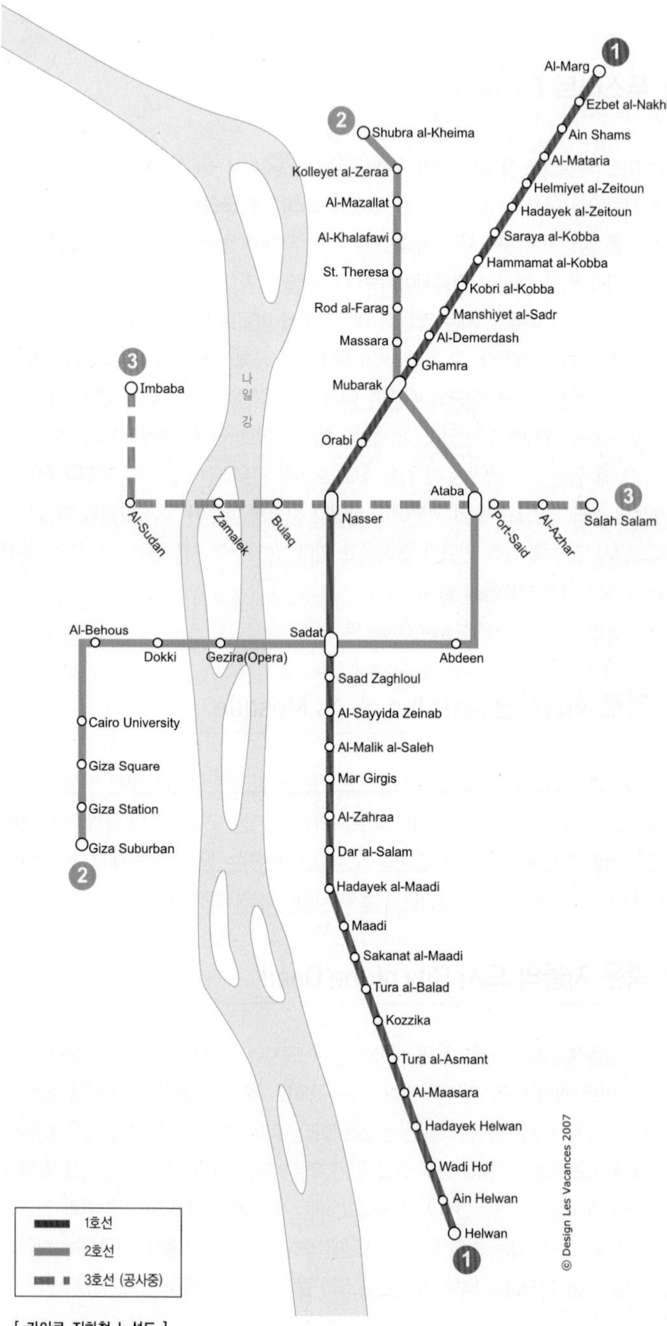

[카이로 지하철 노선도]

▶ 술레이만 알 파란사위의 묘 Tomb of Suleiman al-Faransawi

철제 난간으로 둘러싸여 있는 작은 묘인데, 이름에서 알 수 있듯이, 프랑스 인의 묘이다. 나폴레옹 군에서 활동하다 퇴역한 군인이었던 조제프 세브라는 이름의 이 군인은 1860년 이집트에 들어와 군사훈련을 담당했었다. 가혹한 훈련으로 악명을 떨쳤지만 후일 이슬람으로 개종하고 그리스, 시리아 전투에서 무공을 세워 명예 부왕으로 임명되기도 했다. 하지만 1952년에 혁명이 일어나 그의 이름을 땄던 거리는 현재의 탈라트 하르브 가로 이름이 바뀌었고 기마 동상도 성채로 이전되었다.

© Photo Les Vacances 2007

[피라미드와 스핑크스의 도시, 기자]

| 기 자 |

Giza ★★★

기자는 나일 강의 서쪽 기슭에 자리잡고 있는 서기 7세기에 세워진 옛 도시로서 기자 주(州)의 중심 도시이다. 아랍 어로는 지자라고 불리기도 하는 기자는 수도 카이로와 지중해 해안 도시인 알렉산드리아에 이어 이집트에서 세 번째로 큰 인구 200만이 넘는 도시이다. 기자는 특히 강 기슭을 따라 줄지어 있는 호화 아파트와 저택들은 물론이고 각국 대사관 등이 실버코스트 구역을 중심으로 형성되어 있는 고급 주택가와 빈민촌이 공존하는 대도시이다. 카이로 대학교도 이곳에 있으며 특히 영화 산업이 발달한 이집트에서도 1년에 10여 편의 영화가 제작될 정도로 이집트 영화 산업의 중요한 메카 중 한 곳이다.

이집트를 소개하는 모든 자료에 빠짐없이 등장하는 대 피라미드 군은 카이로에서 나일 강을 건너면 바로 나오는 낮은 사막 고원인 기자에 있다. 기제라고도 불린다. 사막 한가운데 우뚝 솟아 있는 3개의 대 피라미드로 구성된 기자의 피라미드는 고

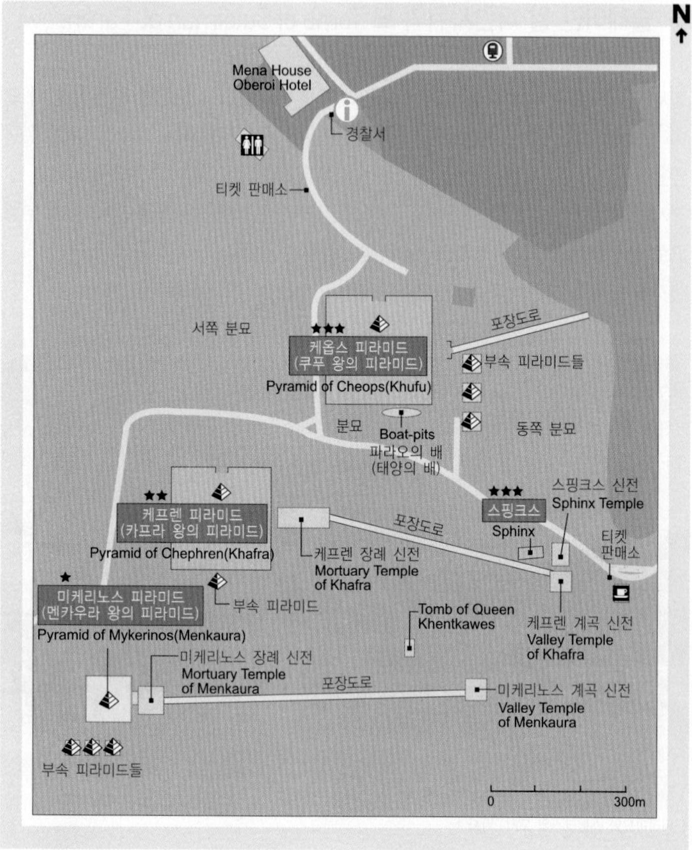

[기자]

왕국(기원전 2686~2181), 제4왕조, 케옵스, 케프렌, 미케리노스 등 3명의 파라오들이 건축한 고분이다. 3개의 피라미드 앞에는 거대한 스핑크스가 자리잡고 앉아 4500년의 온갖 풍상을 견디며 역사를 증언하고 있다. 약 230만 개의 돌덩어리를 쌓아 올려 건축된, 높이 약 140m, 밑변의 길이 약 230m에 달하는 세계 7대 불가사의 중 유일하게 남아 있는 건축물이 지금부터 4500여 년 전, 사막 한가운데 세워진 피라미드이다.

■ 대 피라미드 군 관람 안내

- 개관시간 07:00~19:30
- 입장료 유적지 전체 입장 50이집트파운드
  (각 피라미드 입장 시 별도 입장료 추가)

Sights

▶ 케옵스 피라미드 (쿠푸 왕의 피라미드) Pyramid of Cheops (Khufu) ★★★

세계 7대 불가사의 중 유일하게 남아 있는 거대한 피라미드를 세운 인물이지만 정작 제4왕조 당시인 기원전 2589~2566년 사이 이집트를 통치했던 파라오 케옵스에 대해서는 전해지는 기록이 거의 없다. 하지만 엄청난 크기의 피라미드를 지은

[쿠푸 왕의 피라미드인 케옵스 피라미드]

것으로 보아 대단한 권위를 가지고 있었을 것으로 짐작된다. 기원전 5세기에 활동한 그리스 역사가 헤로도토스가 전하는 이야기에 따르면 잔혹하면서도 백성들로부터 대단한 인기를 얻었던 파라오였다고 한다. 카이로 박물관 제37전시실에 가면 케옵스의 작은 조각상을 볼 수 있는데, 다른 파라오들과는 달리 높이가 겨우 7.5cm밖에 안 되는 작은 상이다.

146.59m였던 피라미드의 원래의 높이는 현재는 138.75m로 약 8m 정도 줄어들었다. 밑변의 길이는 230.37m이고 전체 부피는 250만m^3 정도 된다. 평균 2.5톤의 석회암 돌덩어리 약 230만 개를 쌓아 올려 건축되었으며 상하로 쌓아 올린 장방형의 돌덩어리 사이에는 석회암으로 마감을 하여 층이 지지 않도록 했지만, 현재 이 마감재였던 석회암은 극히 일부만을 제외하곤 모두 사라졌다. 땅과 닿아 있는 밑변은 무게가 15t이나 나가는 1m^3짜리 돌 201개를 깔아 다졌고 위로 올라갈수록 돌들의 크기가 조금씩 작아져 정상 부분에는 0.55m 정도 되는 작은 돌들이 올라가 있다.

지금부터 4500여 년 전, 사막 한가운데 세워진 피라미드는 그 엄청난 규모와 장구한 세월로 보는 이를 감탄케 한다. 피라미드 앞에 서는 모든 이들은 개인이 아니라

인류, 생활이 아니라 문명, 그리고 지상이 아니라 우주에 대한 상념으로 인도되지 않을 수 없다. 그러므로 피라미드를 본다는 것은 단순한 관광이 아니라 삶과 우주 전체를 지배하는 초월적 논리 앞에 서는 것이기도 한 것이다.

피라미드의 네 방향은 정확히 동서남북을 가리키고 있다. 230만 개 이상의 돌을 쌓아 올려 저토록 정밀한 삼각뿔을, 그것도 사막 한가운데 세우기 위해서는 슈퍼 컴퓨터 같은 기구를 동원해 하중 계산과 설계 도면을 작성해야만 했을 것이다. 뿐만 아니라, 수십만 명의 인부들, 석재의 채굴과 다듬기 그리고 운반에 이르기까지 모든 일정 또한 주도면밀한 계획에 의거해 일사불란하게 진행되었어야 할 것이다.

하지만 무엇보다 피라미드 앞에 선 우리는 저 무모한 건축을 하겠다고 나선 당시 인간들의 꿈 혹은 욕망을 느낄 때 진정한 경이를 느끼게 된다. 우리는 당시 파라오나 건축가 혹은 일개 노동자들의 꿈이나 욕망이 그보다 더 웅대한 종교적 성격의 강력한 신앙과 관련되어 있다고 믿지 않을 수 없다. 잔혹한 파라오의 철권통치를 읽을 수도 있고, 건축가 개인의 야망을 짐작할 수도 있지만, 피라미드는 지상 세계와 초월적 세계를 연결하려는 야망, 혹은 절대자에 대한 신앙이 없이는 건축이 불가능했을 것이다. 무엇이 4500년 전의 인간들로 하여금 저 놀라운 건축물을 사막 한가운데에 짓게 했을까? 그 답은 죽음이다.

피라미드가 파라오의 무덤이라는 사실은 이집트 문명 전체를 이해하는 가장 확실한 출발점 역할을 한다. 유난히 장례 문화가 발달한 고대 이집트는 일면 피할 수 없는 죽음의 두려움과 신비 앞에서 몸부림친 문명이라고 볼 수도 있다. 파피루스나 벽화 혹은 미라를 안치시켰던 관에 그려넣은 〈사자(死者)의 서(書)〉는 모두 죽음의 형언할 수 없는 신비와 두려움, 그리고 그로부터 나오는 영생에 대한 열망과 관련되어 있다. 파라오는 자신이 지상에서 누렸던 영광이 사후에도 지속된다고 믿었다. 고관대

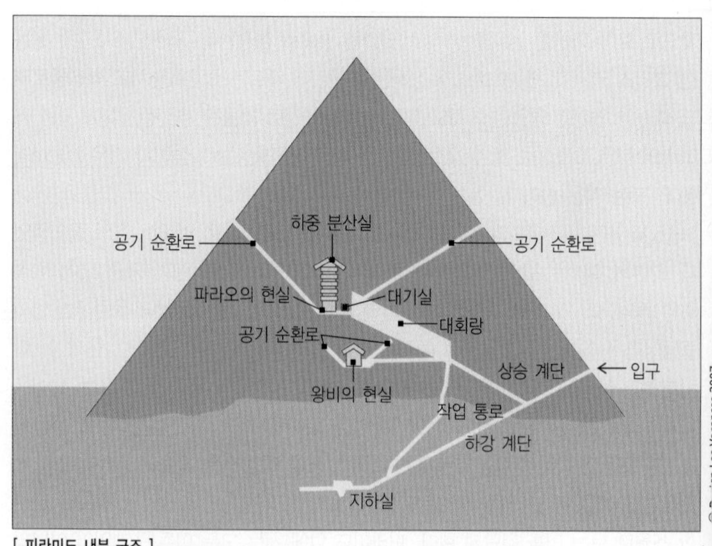

[피라미드 내부 구조]

작들도 백성들도 모두 같은 생각을 갖고 있었고 그래서 그들은 심지어 동물들에게도 영혼을 부여하며 미라를 만들어 함께 저승으로 데리고 가려고 했다.

- 입장료　　　　100이집트파운드

▶ 피라미드 내부 구조

입구는 원래 북쪽에 있었고 77m 정도 이어지는 하강 계단을 내려가면 미완성으로 남겨진 현실(玄室)이 나왔다. 그러나 이같은 초기 설계는 원래 입구에서 19m 정도 들어간 곳에서 길이 39m 정도 되는 상승 계단으로 이루어진 회랑을 만든 다음 이

[피라미드는 이집트 문명을 이해하는 출발점이다.]

회랑을 지나면 길이 46m, 높이 8.5m의 경사진 계단인 대회랑이 나오도록 변경되었다. 이 대회랑은 돌 틈 사이로 칼끝이 들어가지 않을 정도로 정교하게 건축되어 있어 당시의 건축술에 다시 한번 놀라게 된다. 대회랑을 지나면 폭이 10.5m인 파라오의 현실이 나온다. 파라오의 현실 위에는 피라미드의 하중으로부터 현실을 보호하기 위해 무게 80t이 나가는 5개의 지붕이 덮여 있고 마지막 지붕에 파라오 케옵스를 나타내는 상형문자가 타원형 속에 들어가 있다. 화강암으로 제작한 석관은 그대로 놓여 있지만 미라는 사라지고 없다.

현재의 입구는 서기 820년 마문이라는 아랍 왕이 만든 후 도굴꾼들이 이용하던 것으로 이 입구를 통해 들어가면 바로 계단식의 대회랑이 나온다.

▶ 케옵스 피라미드 주변

피라미드는 고분 유적지의 일부에 지나지 않는다. 피라미드를 포함해 왕비와 왕족의 무덤인 작은 피라미드, 고급 관료들의 무덤인 마스타바 그리고 신전과 석관을 운반하기 위한 운하와 하역 시설 등이 복합적으로 자리잡고 있었다. 운하 터에서는 1990

년대 들어 아파트 공사를 하던 중 피라미드에 이르는 800m 길이의 길을 포장했던 흔적들이 발견되었고 그보다 앞서 1950년대에는 옛날에 사용했던 파라오의 배가 출토되었다. 대 피라미드 남쪽에는 왕비와 왕족들의 것인 3기의 작은 피라미드가 있다. 가장 남쪽에 있는 케옵스 파라오의 처제인 헤누트센만 확인되었을 뿐, 나머지 피라미드는 정확하게 누구의 묘인지 확인이 되지 않고 있다. 북쪽에는 제4, 5왕조 때 건설된 마스타바가 있다. 원래는 장방형의 받침대 위에 모래가 덮여 있는 형식의 봉분이었는데, 모래가 사라지고 받침대만 남아 있다. 고급 관료들의 무덤이다.
흔히 '태양의 배'로 불리는 기자에서 출토된 파라오의 배는 케옵스 피라미드 남쪽의 현대식 박물관에 전시되어 있다. 1954년 대 피라미드 남쪽의 운하 터에서 1,224개의 파편 상태로 발견되어 조립해 놓았다. 이 배가 어떤 용도로 쓰였는지에 대해서는 확실한 기록이 없어 추정을 할 따름이다. 심지어 실제로 운행을 한 배인지도 의심스럽다. 하지만 흔히 무덤에 함께 부장되는 축소된 모형이 아니라 실물 크기 그대로의 배가 발견된 것은 최초로, 획기적인 일이었다. 이를 통해 고대의 선박 제조술에 대한 완벽한 정보를 얻을 수 있었다. 태양의 배라고 불리게 된 것은 파라오의 관과 미라를 싣고 파라오의 상징적 아버지인 태양신 레를 만나러 간다는 〈피라미드의 서〉의 기록 때문이다.
레바논 삼나무로 제작된 배를 발견해 현재의 모습대로 복원하는 데에는 무려 10년이라는 시간이 필요했다. 복원은 이집트 인인 아메드 유세프 무스타파가 맡았다. 배의 길이는 43.4m이고, 중앙 부분의 폭은 5.9m이다. 물에 잠기는 부분인 흘수(吃水)는 1.5m이다. 특이한 점은 못을 일체 사용하지 않은 채 나무에 판 홈과 밧줄만을 이용해 목재를 접합했다는 것인데, 물에 닿아 부식되는 못을 박은 경우보다 물에 불어나 팽창하면서 더 견고한 접합력을 발휘했을 것으로 추정된다. 중앙에는 9m의 방이 있고 5쌍의 노가 좌우에 달렸다. 추측하기로는 실제로 운행된 배가 아니라 부장품의 하나인 상징으로써 저승길로 가는 배였던 것으로 보인다.

▶ 스핑크스 Sphinx ★★★

스핑크스라는 말은 그리스 어이고 이집트에서는 '공포의 아버지'라는 뜻의 아부 알 홀로 불린다. 원래는 '살아 있는 조각상'이라는 뜻의 케세판크로 불렸으나 이 말을 그리스 인들이 스핑크스로 옮겨 부르면서 스핑크스가 되었다. 사자의 몸에 가슴과 얼굴만 여인의 형태를 하고 있는 그리스 스핑크스와는 달리, 이집트의 스핑크스는 사자의 몸에 파라오의 얼굴을 한 것에서부터 다른 동물의 얼굴이 올라가 있는 다양한 종류의 모양이 존재한다. 파라오의 머리가 올라가 있는 스핑크스는 파라오의 영적 권위를 나타낸다.
기자의 스핑크스는 피라미드가 건설된 시점에 세워졌지만, 신비한 형상 때문에 스핑크스 자체는 피라미드가 세워지기 수천 년 전 융성했던 다른 문명의 것이라거나 외계인들의 작품이라는 등의 많은 전설들이 있었다.

이 수많은 스핑크스 중에서 기자의 스핑크스는 그 규모나 피라미드와의 관계 등을 고려할 때 가장 의미 있는 스핑크스이다. 전체 높이가 20m, 길이가 57m에 달하는 거대한 석상인 피라미드는 파라오만이 걸치는 '네메스'라는 두건을 머리에 쓰고 있고 원래는 턱 밑에 긴 수염을 하고 있었다. 이 수염은 현재 런던의 대영 박물관에 소장되어 있다. 부서진 코는 카이로 이집트 박물관에 있다. 이마의 정수리 부분에는 파라오의 왕권을 상징하는 코브라 우라에우스가 올라가 있었으나 현재는 흔적만 남아 있을 뿐, 사라져버렸다. 파라오 케프렌을 나타낸다고도 하고 케옵스를 나타낸다고도 하는 등 어떤 파라오를 상징하는 것인지는 계속 논란거리로 남아 있다.

[기자의 스핑크스는 전체 높이 20m, 길이 50m에 이르는 거대한 석상이다.]

코를 비롯한 스핑크스의 얼굴이 심하게 손상된 것을 두고도 논란이 많은데, 나폴레옹 군이 훼손했다는 설이 있지만 사실과 다르다. 나폴레옹 군은 성토 작업을 하던 중 투트모시스 4세 상을 발굴하긴 했지만 스핑크스에는 손을 대지 않았다. 그럴 수밖에 없는 것이 당시 스핑크스는 현재처럼 전신이 노출되어 있지 않고 목 부분까지 모래에 파묻혀 있었기 때문이다. 1817년부터 이탈리아 인인 지오바니 카비글리아에 의해 시작된 발굴 작업은 이후 1853년과 1858년 2명의 프랑스 인들인 마리에트와 마스페로로 이어지며 계속되었다. 알려진 바로는 터키가 점령하고 있을 당시 인근에 있던 야포 사격장 때문에 훼손된 것이라고 한다. 1925년에는 일부 보수작업을 하기도 했고 이집트 고고학자인 셀림 하산의 작업 결과 1936년이 되어서야 현재처럼 완전히 모습을 드러냈다.

고대 그리스 로마 시대의 기록을 보면 스핑크스에 대해 언급한 학자는 서기 1세기에 활동했던 로마의 박물학자인 플리누스(23~79)가 유일하다. 그리스 지리학자였던 스트라보(기원전 58~25), 그리스 역사가 디오도로스 스켈리오테스(기원전 90~20)는 물론이고 기원전 5세기 역사학자인 헤로도토스도 스핑크스에 대해서는 아무런 언급을 하지 않았다. 이는 그들이 활동했던 시절 스핑크스가 모래에 묻혀 있었음을 일러준다. 반면 로마 황제 마르쿠스 아우렐리우스와 셉티미우스 세베루스(146~211)가 스핑크스를 복원했다는 기록은 남아 있어 로마 점령 당시에는 어느 정도 모습이 겉으로 드러나 있었음을 짐작할 수 있다.

- 입장료 40이집트파운드

▶ 케프렌 피라미드 (카프라 왕의 피라미드) Pyramid of Chephren (Khafra) ★★

© Photo Les Vacances 2007

[케옵스의 둘째 아들인 케프렌의 피라미드]

케옵스 피라미드 옆에 있는 두 번째로 큰 피라미드이다. 케옵스의 두 번째 아들인 케프렌의 피라미드이다. 기자에서 북쪽으로 9km 정도 떨어진 곳에 매장된 형의 뒤를 이어 파라오에 등극한 케프렌에 대해서는 부왕인 케옵스와 마찬가지로 거의 알려진 것이 없다. 하지만 그의 왕국은 상당히 융성했을 것으로 추정된다. 1.68m 크기의 섬록암으로 제작된 그의 좌상이 현대 카이로 이집트 박물관에 소장되어 있다. 처음 높이는 143.5m였으나 현재는 약 7m 정도 침하되어 136.4m이다. 밑변의 길이는 215.25m로 케옵스 피라미드보다 크기가 조금 작고 사변의 각도는 53도로 부왕 케옵스의 피라미드보다 가파르다.

1818년 조바니 벨조니가 서구인으로는 처음 이 피라미드 안에 들어갔는데, 화강암으로 만든 파라오의 석관은 이미 도굴꾼들에 의해 약탈되어 비어 있었다. 하지만 감탄한 조바니 벨조니는 파라오 현실 벽에 자신의 이름과 날짜를 새겨넣고 나왔다. "G. 벨조니가 발견함. 1818년 3월 2일." 하지만 이 이탈리아 인은 자신보다 7세기 전에 먼저 들어와 목탄으로 같은 기록을 남기고 간 살라딘의 기록을 알고 있었다.

결국 그는 최초의 발견자가 아니었던 셈이다.

• 입장료 25이집트파운드

▶ 미케리노스 피라미드 (멘카우라 왕의 피라미드) Pyramid of Mykerinos (Menkaura) ★

케프렌의 아들이자 케옵스의 손자인 미케리노스는 왕권을 유지하기 위해 많은 투쟁을 거친 파라오였다. 높이 66m, 밑변의 길이 108m 정도 되는 가장 작은 피라미드

[많은 투쟁을 거친 파라오였던 미케리노스의 피라미드]

이다. 하지만 축조에 사용된 돌의 부피는 앞의 두 피라미드의 것들보다 크다. 1837년 리처드 비스와 존 페링이 처음으로 피라미드 안에 들어갔고 이들은 현실에 있던 석관을 밖으로 가지고 나오기도 했다. 하지만 피라미드의 저주가 내렸는지 석관을 싣고 가던 배가 스페인 인근의 바다에서 침몰하는 바람에 석관도 바다에 가라앉고 말았다.

• 입장료 40이집트파운드

피라미드와 관련된 전설들

■ 최초로 피라미드의 단면도를 그린 사람은 프랑스 인인 브누아 드 마이예이다. 1735년에 그가 그린 단면도는 축척이 잘못된 점을 제외하면 완벽할 정도로 정확한 것이었다. "피라미드 내부는 너무나 어둡고 지난 수백 년 동안 방문한 사람들이 들고 들어온 초의 그을음으로 완전히 검게 변해 있어서 어떤 돌로 지어진 것인지 알 수가 없을 정도였다. 다만, 표면이 매끄럽게 마감되어 있었고 견고하게 쌓은 돌들의 틈이 촘촘해 칼끝이 들어가지 않을 정도였다."

■ 피라미드들은 정확하게 정면으로 북극성을 향하고 있다. 그렇다면 피라미드가 건축될 당시 기자 지역에서는 관측할 수가 없었던 북극성을 어떻게 참고할 수 있었을까 하는 의문이 남는다. 또 당시엔 나침반이나 컴퍼스 같은 측량 도구도 없었다. 이 의문에 답을 한 사람은 영국의 여류 이집트 학자인 케이트 스펜시인데, 그의 이론에 따르면 기자 피라미드를 지을 당시 이집트 인들은 큰곰자리와 작은 곰자리의 두 별을 기준으로 삼았다고 한다. 실제로 이 두 별은, 오늘날에는 지구가 완전한 구가 아니라 회전타원체이기 때문에 일어나는 천문 현상인 세차(歲差, precession) 현상으로 정북쪽에 있지 않지만, 기원전 2467년에는 정확하게 북쪽에 떠 있었다. 기자의 피라미드보다 후대에 지어진 다른 피라미드들을 관찰한 결과 모두 세차 현상에 의해 정북이 바뀌면 그에 따라 피라미드의 방향도 바뀌고 있음을 알 수 있다. 정북 방향을 따라 지어졌기 때문에, 오늘날 피라미드의 건축 연대를 5년 정도의 오차 범위 안에서 확인할 수 있는 것이다.

■ 많은 이들이 육중한 돌들을 어떻게 140m가 넘는 높이까지 쌓아 올렸는지 궁금해 하지만, 아직 정확한 정답은 없다. 그리스 역사가 헤로도토스는 성토 작업을 해 흙을 쌓아 올려 돌들을 쌓아 올린 다음 흙을 제거한 방식으로 건축을 했다고 말했지만, 증거를 찾을 수 없어 확실한 이야기는 아니다. 그러나 많은 건축가들은 이집트 여러 곳에서 발견되는 벽돌 굽던 터를 염두에 둘 때, 흙이 아니라 벽돌로 돌을 나를 수 있는 길을 만들어 축조했을 것으로 추측하고 있다.

■ 역사가 헤로도토스에 따르면 기자에 있는 케옵스 피라미드는 약 10만 명의 인원이 3개월씩 교대로 20년에 걸쳐 세웠다고 한다.

■ 1869년 수에즈 운하 개통을 기념하기 위해 이집트 부왕은 주제페 베르디에게 오페라 작곡을 의뢰했고, 이렇게 해서 탄생한 작품이 〈아이다〉이다. 오페라는 2년 후인 1871년 12월, 카이로 오페라에서 공연된다. 유럽에서는 1872년 2월 작곡자 자신의 지휘로 밀라노 스칼라 극장에서 초연되었다. 원본은 물론이고 무대장치와 연출까지 이집트 학자이자 카이로 박물관을 설립한 프랑스 인 오귀스트 마리에트가 맡았다. 고대 이집트를 배경으로 이집트의 무장 라다메스와 포로인 에티오피아의 공주 아이다와의 슬픈 사랑을 그린 작품으로 2막 2장에 나오는 〈개선 행진곡〉이 유명하다. 종종 케옵스 피라미드 뒤의 야외무대에서 공연되기도 한다.

■ 1980년대 들어 금지되었지만, 옛날에는 피라미드 정상까지 올라갈 수가 있었다. 등정을 금지하는 진정한 이유는 유물 보호에 있는 것이 아니라 피라미디온이라고 불리는 삼각뿔 정상에 올라가면 비상하고 싶은 갑작스런 충동으로 자살을 하는 사람들이 생기기 때문이라고 한다. 피라미드 정상을 정복한 사람들은 내려오기 전에 꼭 갖고 간 칼로 자신의 이름과 날짜를 돌에 새겨넣곤 했는데, 고고학자들이 이렇게 새겨진 이름과 등정 날짜 등을 모아 조사한 결과 한 사나이의 유언도 발견되었고 이룰 수 없는 사랑을 비관한 남녀가 동반 자살을 한 기록도 있었다고 한다. 금지되어 있음에도 불구하고 지금도 몰래 등정을 시도하는 사람들이 있다고 한다.

■ 기자에 있는 3개의 피라미드를 지을 때 사용된 돌들을 가지고 프랑스 전 국토를 3m 높이의 성으로 둘러쌀 수 있다는 계산을 한 사람이 바로 나폴레옹이다. 나폴레옹의 이집트 원정은 그동안 전설 속에 머물러 있던 고대 이집트의 유적들을 최초로 과학적 연구 대상으로 만든 사건이었다. 1798년 7월 21일, 나폴레옹이 이끄는 2만 9천의 군대는 현재의 기자 피라미드에서 북쪽으로 15km 정도 떨어진 곳에서 터키와 이집트 군을 물리침으로써 3세기 동안 이집트를 지배하고 있던 오스만 제국을 붕괴시켰다. 당시 이 원정에는 군대만이 아니라 많은 학자, 예술가들이 동행했고 귀국한 이들에 의해 이집트 학이라는 학문이 태어나게 된다. 이들의 업적이 없었다면 샹폴리옹도 상형문자 체계를 해독해 이집트 학의 새로운 전기를 마련하지 못 했을 것이다.

| 사카라 |

Saqqarah ★

길이 8km 정도 되는 사막 고원지대인 사카라는 고대 이집트 역사를 고스란히 간직하고 있는 곳이다. 대 피라미드가 있는 기자 지역이 도시 개발로 번잡하고 수많은 관광객이 몰리는 복잡한 곳이라면 사카라는 그에 비해 훨씬 한적하고, 또 기자의 피라미드와는 다른, 제3왕조(기원전 2649~2575년) 때 건설된 계단식 피라미드인 조세르 피라미드를 볼 수 있는 곳이기도 하다. 3km 정도 남쪽에 위치해 있는 고대 도시 멤피스의 거대한 지하 고분 지역인 사카라는 로마 점령기를 제외한 고대 이집트의 모든 시기의 영광을 볼 수 있는 곳이다. 파라오들의 무덤만이 아니라 관리들의 무덤까지 볼 수 있는 고대 이집트 최대의 고분 유적지인 '사카라'라는 마을 이름은, 멤피스에서 숭배했던 '풍요의 신'인 소카르에서 유래했다.
이집트에서는 매년 고대 유물이나 유적지가 발견되어 사람들을 깜짝 놀라게 하곤 한다. 고대 이집트의 모든 역사적 흔적이 남아 있는 곳인 사카라 역시 예외가 아닌데, 고고학자들은 사카라 발굴이 이제 막 시작되었다고 보고 있다. 고양이 형상을 한 바스테트 여신의 신전으로 신왕국 때 지어진 부바스테이온의 고분들은 분석 작업과 복원이 시작된 지 얼마 되지 않는다.

Information

위치

카이로에서 남쪽으로 25km 정도 떨어져 있다. 27번 고속도로를 이용할 수 있다. 카이로에서 출발해도 좋고 기자에서 갈 수도 있다. 멀리 기자의 대 피라미드들이 보일 정도로 기자에서 가깝다.

개방시간

오전 8시부터 오후 5시까지 문을 연다. 가급적 이른 아침에 관광을 하는 것이 바람직하다. 조세르 계단식 피라미드를 포함해 인근 전체를 관광할 목적이라면 강렬한 햇볕으로 인해 관광이 힘든 한낮을 피해야만 한다. 입장료 50이집트파운드에는 조세르 계단식 피라미드와 테티 피라미드 등의 관람료가 포함되어 있다.

Sights

▶ 조세르 고분 단지 Funerary Complex of Djoser ★★★

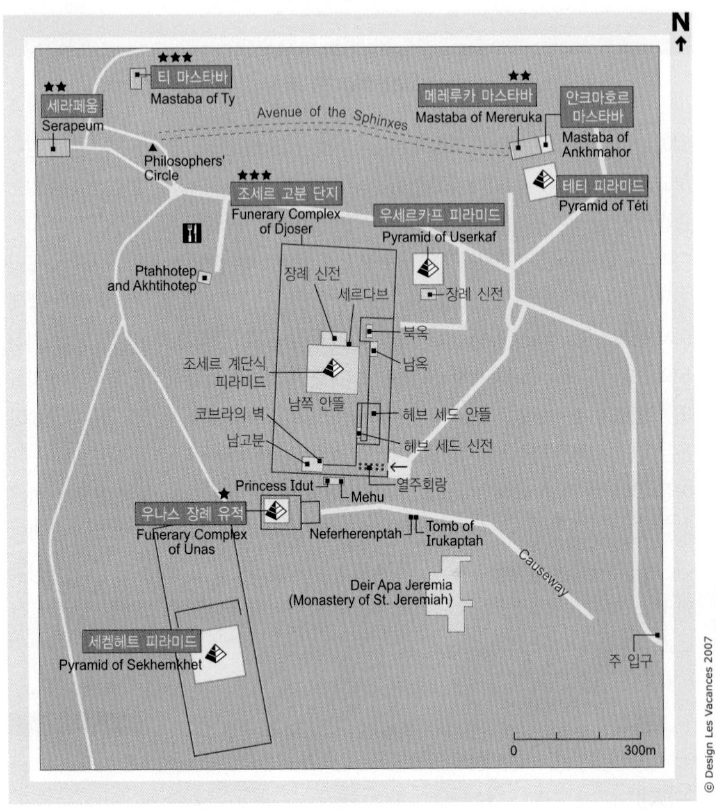

[사카라]

▶ 열주회랑(列柱回廊)과 신전들

조세르 고분 단지를 들어가려면 파라오 조세르의 신하로 이집트 역사상 가장 위대한 건축가이자 조각가이고 작가이기도 했던 재상 임호테프Imhotep가 세운 열주회랑을 지나야 한다. 원래는 높이 10.5m의 성벽을 쌓아 15ha에 달하는 땅에 세운 성인데, 문을 지나면 높이 6.6m에 달하는 40개의 거대한 기둥들이 만들어 내는 좁은 길 즉, 열주회랑을 지나게 된다. 이 기둥들은 이집트 건축에 단 하나밖에 없는 종려나무의 형상을 띤 기둥들이다.

현재의 모습은 오랜 복원 작업의 결과다. 완전히 폐허 상태로 약 2천여 개에 달하는 작은 파편들로 발굴된 후 평생을 이 열주회랑의 복원에 바친 프랑스의 건축가 장 필립 로에르에 의해 복원되었다. 완전히 사라진 부분은 같은 재질로 복원했다.

이 열주회랑을 지나면 임호테프가 왕권을 상징하는 코브라인 우라에우스로 벽을 장식한 남 고분과 깊이 28m의 현실로 통하는 폐쇄된 지하 통로가 나온다. 이 지하 현실에 파라오의 내장을 분리해 담아두는 유골 단지가 있었다. 동쪽으로는 헤브 세드 신전이 나오는데, 파라오의 영혼인 카Ka를 모시는 신전이다. 헤브 세드 신전은 헤브 세드 축전이 행해지던 곳으로 등극 50주년을 기념하는 대대적인 행사로 파라오의 모든 신성과 권위가 다시 태어나는 것을 기원하는 축제였다. 이집트 인들은 이 행사를 통해 파라오가 저승에서도 신성과 권위를 지속한다고 믿었다.
헤브 세드 신전을 지나면 남옥(南屋)과 북옥(北屋)이 나온다. 이 두 채의 집은 각각 상하 이집트의 양식으로 장식되어 있는데, 파피루스 형상의 기둥으로 된 집이 나일 강 델타 유역의 하이집트를 기념하는 집이다. 현재는 3m 정도의 기둥들이 있지만 원래는 12m에 달하는 높이를 자랑했던 기둥들이다. 집안으로 들어가면 기원전 400년경인 제28왕조 때 이곳을 찾았던 사람들이 남겨놓은 제관들이 사용하던 초서체

© Photo Les Vacances 2007
[사카라는 고대 이집트의 역사를 고스란히 간직한 곳이다.]

상형문자 기록을 볼 수 있는데, 이 기록에 처음으로 파라오 네트제리케트가 조세르라는 이름으로 등장한다. 남옥은 건축가 임호테프가 최초로 이집트의 세 가지 주두 장식을 창안해 사용한 건축물이다.
북옥 바로 위에 세르다브가 있는데, 이곳에 조세르의 등신상이 서 있다. 이 등신상은 석고로 제작한 복제품이다. 원본은 카이로 이집트 박물관에 있는데, 기원전 2600년에 제작된 이집트에서 가장 오래된 등신상이다. 이곳은 파라오가 죽은 자신에게 바쳐지는 봉헌물을 받는 곳이었다. 지금부터 4600년 전에 시작된 새로운 건축의 시대에 고도로 발달한 예술적 완성도와 신앙 등을 엿볼 수 있다.

▶ 조세르 계단식 피라미드 Step Pyramid of Djoser

'제세르Djeser'로 불리기도 하는 파라오 조세르는 고왕국 제3왕조 제2대 파라오로 기원전 2630년에서 2611년까지 이집트를 통치했다. 하지만 그에 대해 알려진 것은 거의 없으며 약 600년의 세월이 흐른 후인 중왕국 제12왕조 때에야 이름이 나타난다. 파라오로 통치를 할 때는 조세르가 아닌, 네트제리케트로 불렸다. 시나이 반도

와 현재의 수단 북동부인 누비아 지역을 점령하기도 했다. 이러한 사실들은 아스완의 세헬 섬에 있는 '기아(飢餓)의 비석'에 기록되어 있다. 당시 임호테프라는 이집트 역사상 가장 훌륭한 신하를 둔 덕택에 조세르는 사카라의 계단식 피라미드에서 영면을 할 수 있었다.

현재는 붕괴 위험이 있어 등정이나 내부 관람이 금지되어 있다. 조세르의 계단식 피라미드는 세계 건축사의 획기적인 건축물로 평가받고 있는 유적이다. 임호테프가 건설했는데, 그 이전에는 시신을 지하에 묻고 그 위에 벽돌로 쌓은 장방형의 낮은 건물만을 세웠다. 임호테프는 벽돌 대신 돌을 이용해 위로 올라갈수록 크기가 줄어드는 6단의 마스타바를 쌓아 올려 그 이후의 모든 피라미드 건설에 모델을 제공했다. 뿐만 아니라 임호테프는 계단식 피라미드 주위 전체를 벽으로 둘러 쌓았는데, 이 역시 이후 모든 신전과 파라오의 무덤에 모델이 된다.

첫 시도였기 때문에 기자의 대 피라미드에 비해 완성도는 떨어지는데, 밑변이 완전한 정사각형이 아니고 123m에 이르는 긴 변이 짧은 쪽보다 16m가 더 길다. 뿐만 아니라 계단식이어서 완전한 삼각뿔 형태를 갖추고 있지 못하다. 60m에 이르는 정상부에는, 독립된 하나의 작은 피라미드인 피라미디온이 올라가 있는 기자의 피라미드와 달리 평평한 테라스가 있다.

그러나 세계에서 가장 오래된 피라미드라는 면에서 볼 때 그 고고학적 의의는 엄청난 것이며, 이후 건축된 피라미드에 모델을 제공했다는 측면에서 보면 건축학적 의미 역시 기자의 피라미드를 능가한다.

내부는 무게 3t짜리 돌덩이가 막고 있는 화강암으로 만든 현실 등 지하 아파트를 연상시킬 정도로 많은 방들이 있다. 여러 차례 도굴을 당했지만, 그럼에도 1821년 이후 독일, 이탈리아, 영국, 프랑스의 고고학자들이 수많은 그릇과 설화석고로 제작된 2개의 석관을 발굴해냈다.

▶ 우세르카프 피라미드 Pyramid of Userkaf

고대 이집트의 여러 신들 중 가장 숭배의 대상이 되었던 신은 태양신 '레Re'이다. 파라오 우세르카프는 이 태양신 레를 아버지로 여기며 자신을 '레의 아들'이라고 불렀고 이후의 모든 파라오들은 이 관례를 따르게 된다. 이집트 인들의 태양 숭배가 얼마나 진지한 것이었는지는 그들이 태양을 세 가지로 분류해 각각 다른 이름을 부여하며 숭배했다는 사실에서 짐작할 수 있다. 아침에 떠오르는 태양은 케프리, 저녁에 지는 태양은 아툼이라고 불렀고 레는 정오의 태양을 지칭했다.

제5왕조 초대 파라오(기원전 2465~2458)였던 우세르카프는 에게 해 인근과 교역을 하며 문물을 교환했던 첫 파라오이다. 사카라에 있는 그의 피리미드는 1928년 확인되었는데, 오랫동안 다른 건물들을 짓기 위해 돌을 빼가는 등 심하게 훼손된 상태였다. 원래 높이는 49m였고, 주위는 벽으로 둘러싸여 있었으며 작은 고분들을 거느리고 있었으나 지금은 완전히 사라졌다.

▶ 테티 피라미드 Pyramid of Téti

제6왕조는 후일 이집트 역사에서 제1중간기(기원전 2152~2065)로 불리는 쇠퇴기를 맞이하기는 하지만, 제6왕조 초대 파라오(기원전 2323~2291)였던 테티는 상하 이집트의 평화를 위해 노력했고 법률을 정비했으며 현재의 수단 지역에 사는 누비아 인들과도 교역을 하는 등 현군이었다. 테티의 피라미드 역시 사카라의 다른 피라미드들처럼 심하게 훼손되어 있다. 원래는 52.5m의 높이를 갖고 있었고, 주위에 2명의 왕비가 묻혀 있는 작은 피라미드들이 있다. 이 테티 피라미드에서 가장 주목할 만한 것은 흔히 〈피라미드의 서〉로 알려진 상형문자로 기록된 텍스트인데, 고왕국 제5왕조의 마지막 파라오였던 우나스(기원전 2356~2323)부터 시작된 관례를 따라 세로쓰기로 각인되어 있다. 내용은 파라오의 영생을 비는 주문이 주다.

〈피라미드의 서〉

고왕국 제5왕조 마지막 파라오였던 우나스(기원전 2356~2323)부터 시작된 〈피라미드의 서〉는 〈관의 서〉, 〈사자의 서〉와 함께 이집트의 신화, 종교는 물론이고 정치 체제 등을 살펴볼 수 있는 중요한 기록이다. 파피루스에 기록되기도 하지만 고분의 벽에 직접 각인하기도 한다. 파라오의 영생을 기원하는 것이 주 내용인데, 장례 의식, 승천, 별들 사이에 마련된 거처에 들어가기, 태양의 아들 되기와 오시리스 신의 상태로 변신하기 등을 기술하며 이 모든 것을 이루기 위해 피해야 할 장애와 위험들도 서술해 놓았다. 〈피라미드의 서〉는 제6왕조부터 중요성을 갖기 시작했는데, 제6왕조 마지막 파라오인 페피 2세의 고분에는 우나스보다 2배나 많은 〈피라미드의 서〉가 기록되어 있다. 시간이 흐를수록 〈피라미드의 서〉가 더욱더 신뢰를 받았다는 증거로 볼 수 있다. 처음에는 파라오의 무덤에만 기록되었으나, 차츰 왕족이나 고관대작 혹은 부자들의 묘에서도 〈피라미드의 서〉가 발견됨으로써 파라오만이 아니라 많은 사람들이 공유한 기록임을 알 수 있다.

▶ 메레루카 마스타바 Mastaba of Mereruka ★★

마스타바는 계단식 피라미드의 한 층에 해당하는 낮은 고분을 지칭한다. 오직 파라오만이 피라미드에 안장될 수 있었다. 메레루카는 파라오 테티의 장녀와 결혼을 할 정도로 테티와 친근했던 당시 대신의 부인이었다. 총 32개의 방을 갖고 있는 그의 마스타바는 그의 권위를 상징하듯 고왕국 때 지어진 마스타바 가운데 가장 화려하고 복잡한 구조를 갖고 있다. 이 곳에는 부인을 포함해 자식들의 묘도 들어가 있다. 1892년 프랑스 인 모르강에 의해 발굴되었다.

▶ 안크마호르 마스타바 Mastaba of Ankhmahor

일명 '의사의 마스타바'로 불리는 이 무덤은 제6왕조 때 대신을 지낸 안크마호르의 묘인데, '의사의 마스타바'라는 별명을 얻게 된 것은 포경수술을 하는 장면을 묘사한 벽화가 있기 때문이다. 고대 이집트에서는 10대의 소년들에게 포경수술을 시술

했는데, 이는 리비아 인들과 이집트 인들을 구별하는 중요한 차이점이었다. 전쟁이 끝나고 나면 이집트 인들은 죽은 적군의 생식기를 잘라 그 수를 헤아리곤 했는데, 이때 할례는 피아(彼我)를 구별하는 중요한 표식이었다.

▶ 티 마스타바 Mastaba of Ty ★★★

티는 제5왕조 파라오들이었던 네페리르카레와 니우세레의 피라미드를 관리하는 책임자였다. 1855년 이집트 고고학의 선구자로 카이로 이집트 박물관의 아버지이기도 한 프랑스 인 오귀스트 마리에트에 의해 발굴된 사카라의 마스타바 중 가장 아름다운 것으로 꼽힌다. 특히 벽을 장식하고 있는 부조는 이집트 예술의 정수를 보여주는 수작으로 손꼽힌다. 망자에게 맥주를 포함한 음료와 음식 등 각종 물건을 바치는 장면, 농사짓는 장면, 배를 건조하는 장면 등 당시 생활상을 유머러스하면서도 사실감 있게 묘사하고 있는 벽화들은 수천 년 전의 것으로 믿기 어려울 정도로 생생하기만 하다. 특히 배에 올라 하마 사냥을 지휘하고 있는 티를 묘사한 벽화는 수작 중의 수작이다.

▶ 세라페움 Serapeum ★★

고대 이집트 인들은 신성한 동물이 죽으면 역시 미라로 만들곤 했다. 특히, 아피스 Apis 신이었던 황소가 이러한 대접을 받곤 했는데, 신왕국 들어서 활발하게 진행된 관습이었다. 그리스 역사가 헤로도토스의 기록에도 나타나 있다. 세라페움은 이러한 성우(聖牛)의 미라를 안치시켰던 무덤이다. 보통 한 소가 죽어 60일이 지나면 새로운 소를 지정해 풍요와 다산을 상징하는 성우로 삼았다. 원래는 아피스로 불렸지만, 그리스 로마 점령기인 프톨레마이오스 시대에 들어와 세라피스와 동일시되어 세라피움으로 불리게 된다. 340m에 달하는 긴 회랑에 높이 4m, 폭 5m의 석관 24개가 놓여 있었다. 거석을 다듬어 만든 석관은 평균 무게만 70t이 넘는다. 고대 이집트 인들은 소 이외에도 여러 다른 동물들을 숭배했다. 고양이, 비비 원숭이, 매, 부엉이, 들개, 악어, 하마 등이 신으로 숭상되었는데, 각 마을마다 각기 다른 동물을 신으로 섬겼다.

▶ 세켐헤트 피라미드 Pyramid of Sekhemkhet

조세르의 뒤를 이어 파라오에 올랐던 세켐헤트에 대해서는 알려진 것이 거의 없다. 그의 피라미드 역시 현재 7m 정도만 남아 있는데, 미완성으로 남겨진 채 방치되었다. 하지만 완성되었다면 전체 높이가 70m에 달했을 것으로 추정되며 피라미드의 발전에 많은 공헌을 했을 것으로 추측되는 피라미드이다.

▶ 우나스 장례 유적 Funerary Complex of Unas ★

제5왕조 마지막 파라오였던 우나스는 아시아와 리비아의 원정 등 정치, 군사적 업적 이외에 〈피라미드의 서〉라는 기록을 남긴 파라오이다. 현재 보수공사로 폐쇄되어 있는 그의 피라미드는 원래 높이 43m의 것으로 20세기 초 이탈리아 인인 바르산티가 발굴했다. 현실 천장은 별자리로 장식되어 있고 벽에는 〈피라미드의 서〉의 일부 내용이 각인되어 있다. 1881년 마스페로가 발견한 이 기록은 이집트 고분에서 최초로 발견된 것이다. 우나스 장례 유적지 인근에는 입구에서 들어오는 650m에 달하는 길과 현재도 발굴 작업이 계속되고 있는 귀족들의 고분들이 있다.

| 사카라 인근 |

Around Saqqarah

사카라 유적지 인근에는 북쪽으로 5km 정도 떨어진 아부시르와 동쪽으로 3km 정도 떨어진 멤피스 등 두 고대 유적지가 있다. 사카라에서 남쪽으로 약 2km 정도 내려가면 페피 1, 2세의 피라미드도 볼 수 있다.

Sights

▶ 아부 시르 Abu Sir

기자와 사카라 사이에 위치해 있는 아부 시르는 제5왕조(기원전 2465~2323) 파라오들의 피라미드가 있는 곳이다. 제4왕조의 케옵스, 케프렌 등의 대 피라미드들보다 훨씬 규모는 작지만 대신 이곳에서는 새롭게 출현한 태양신전을 볼 수 있다. 첫 파라오와 마지막 파라오를 제외한 제5왕조 파라오의 이름들은 사후레, 네페르리르카레, 셉세스카레, 네페레페레, 니우세레 등 모두 '레Re'로 끝나는데, 이는 제5왕조 들어 파라오들이 자신들을 태양신 레의 아들이라고 지칭했기 때문이다.

아부 시르 북서쪽에 자리잡고 있는 니우세레 태양신전은 1902년 독일 발굴 팀에 의해 발굴되었는데, 고왕국 유일의 신전이자 지금은 흔적만 남아 있지만 높이 50m에 이르는 오벨리스크의 원형으로 추정되는 건축물이 있던 곳이다. 마치 장례 건축처럼 세워지긴 했지만 아부 시르의 니우세레 신전은 계절을 주관하는 태양신 레를 숭배하는 신전이었다.

사후레 피라미드는 아부 시르 유적지에서 가장 원형 그대로 보존된 피라미드인데, 원래 높이는 47m였지만 현재는 36m 정도로 낮아져있다. 옛날에는 무려 10,000m² 에 달하는 광장이 있었던 장엄한 고분이자 신전이었다. 특히 누비아와의 전쟁을 통해 섬록암 채석장을 확보한 과정을 묘사해 놓았었다.

▶ 멤피스 Memphis

사카라에서 남쪽으로 약 3km 정도 떨어진 곳에 위치해 있다. 멤피스라는 말은 메노프레라는 이집트 이름을 그리스 인들이 자기네 식으로 부른 이름이다. 멤피스는 고대 이집트에서 가장 오랜 역사를 갖고 있는 도시이자 가장 중요한 역사적 사건들이 일어난 현장이기도 했었다. 고대 이집트 인들은 이곳을 '프타 신이 세상을 창조한 곳'이라는 뜻의 '후 카 프타'라고 부르기도 했었다. 전설 속의 파라오인 메네스가 세웠다고 하는 멤피스는 고왕국 제3왕조의 파라오 조세르(기원전 2630~2611)의

[멤피스에 있는 람세스 2세의 거대한 석상]

통치 하에서 이집트의 수도가 되는데, 이후 부침을 거듭하며 발전하다가 제4왕조에서 제6왕조에 걸쳐 최전성기를 구가하게 된다. 이 시기가 바로 흔히 멤피스 시대로 불리는 시기다.

이후 흥망성쇠를 거듭하다가 다시 유명한 람세스 2세(기원전 1279~1212) 때 들어서 전성기를 맞는다. 람세스 2세 당시 멤피스는 인근 국가는 물론 멀리 그리스 등에서도 사람들이 찾아오는 국제적인 도시로 발전한다. 멤피스가 결정적으로 쇠락의 길을 걷게 된 것은 기원전 332년 마케도니아의 알렉산드로스 대왕이 이집트를 침공해 지중해 인근에 알렉산드리아를 새로 건설하면서부터인데, 이 당시 멤피스에 거주하던 수많은 외국인들이 모두 빠져나가고 만다. 하지만 멤피스에는 여전히 많은 유적이 남아 있었다. 그러나 이런 유적들도 서기 13세기 들어 나일 강둑이 붕괴되면서 일대가 물에 잠겼고 현재는 종려나무 숲이 우거진 폐허가 되어 있다.

현재 멤피스에는 유적지 대신 인근에서 출토된 길이가 10m가 넘는 람세스 2세의

거대한 석상을 보관하고 있는 박물관이 있다. 19세기 초인 1820년 출토된 이 거상은 원래는 13m의 높이로 제작된 것이었는데, 다리 밑부분이 잘려나가는 바람에 길이가 10.3m로 줄어들었다. 람세스 2세의 이름은 어깨 위에 각인되어 있다.
이 박물관에서는 또한 설화석고로 제작한 스핑크스를 볼 수 있는데, 신왕국 제18왕조의 파라오 아메노피스 3세 때 만든 높이 4.25m, 길이 8m에 이르는 거대한 석조물이다. 무게만 자그마치 80톤이 나간다. 현재 박물관이 서 있는 곳은 원래는 프타 신전이 있던 곳으로 현재 런던 대영 박물관에 소장되어 있는 화강암 포석들이 이곳에서 출토된 것들이다. 이 포석에는 세상을 창조한 프타 신이 묘사되어 있다. 이 포

[멤피스]

석의 비문들은 고대 이집트의 코스모고니 즉, 우주생성이론을 보여 주는 것으로 프타 신의 창조설은 헬리오폴리스, 헤르마폴리스 등의 다른 두 가지 생성 이론과 함께 이집트 신화와 종교를 지배한 3대 우주론이었다.

- 입장료 30이집트파운드(야외 박물관)

EGYPT **SIGHTS**

Nile Valley

나일 강 계곡

[룩소르] [왕의 계곡] [왕비의 계곡] [귀족의 계곡] [나일 강 인근] [아스완] [아스완 인근]

[세계 최대 규모의 고고학 유적지인 룩소르]

| 룩소르 |

Luxor ★★★

룩소르는 대 피라미드 군이 있는 카이로 인근의 기자와 더불어 이집트 최대의 관광 명소이자 세계 최대 규모의 고고학 유적지이다. 룩소르 고대 유적지는 크게 나일 강 오른쪽 강변에 있는 룩소르 신전, 아몬 대신전과 강 건너편에 있는 왕의 계곡, 왕비의 계곡, 귀족의 계곡으로 이루어진 지하 고분군으로 나눌 수 있다. 이 지하 고분군 지역이 기원전 1550년에서 1075년까지 약 500여 년 동안 지속된 고대 이집트 신왕국 시대의 수도였던 테베다. 19세기 말에서 20세기 초에 걸쳐 대대적인 고고학 발굴 작업이 진행되어 투탕카멘의 황금 마스크를 비롯한 귀중한 유물들이 출토된 곳도 이곳이다.

현재 인구 약 15만 명의 룩소르는 이집트 최대의 관광지이기 때문에 호객꾼들과 바가지를 씌우려는 상인, 택시기사들이 많아 늘 조심해야 하는 곳이다. 하지만 유적지

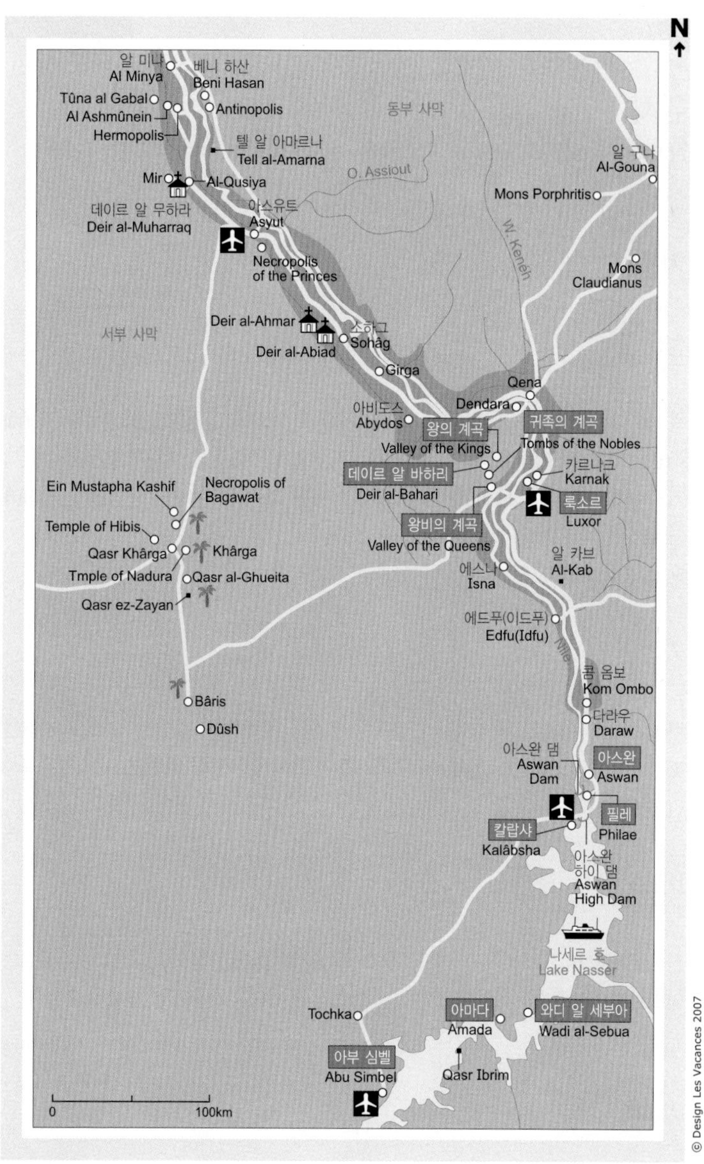

[나일 강 계곡]

들을 방문하면 고대 이집트의 찬란했던 문명과 람세스 2세를 비롯한 역대 파라오들이 세운 신전과 기념물에 도취되어 완전히 다른 세계에 들어와 있다는 느낌을 받지 않을 수 없는 곳이기도 하다.

위치

카이로에서 남쪽으로 660km, 아스완에서는 북쪽으로 225km 정도 떨어져 있다.

가는 방법

항공편

룩소르 시내에서 동쪽으로 6km 떨어진 곳에 룩소르 국제 공항Luxor International Airport이 위치해 있다. 카이로는 물론이고 유럽의 주요 공항에서 직항편이나 전세기가 운항되고 있다. 카이로에서는 매일 4~6편 정도의 직항편이 운항한다. 공항에서 룩소르 시내까지는 택시로 약 15분 소요된다.

- ☎ (095)379-655

기차편

카이로에서 매일 30분~1시간 간격으로 룩소르 행 기차가 출발한다. 소요 시간은 10~12시간 정도다. 아스완에서도 하루 10~12번의 열차편이 있고 소요 시간은 4시간 정도다.

버스편

카이로에서 버스로 10시간 정도, 후르가다에서는 5시간 정도 소요된다. 수에즈와 아스완에서도 룩소르까지 연결되는 버스 노선이 있으며 4~5시간 정도 소요된다.

시내 교통

자전거

시내 여러 곳에서 빌릴 수 있는 자전거는 여름이나 겨울 어느 때고 이용할 수 있는 편리한 교통수단이지만 항상 모자, 자외선 차단제, 물 등을 준비해야 한다. 그리고 나일 강을 건너는 일정이라면 가급적 피하는 것이 좋다. 자전거 대여시 신분증을 맡기라고 하는데, 여권은 보여주기만 하고 절대 내주어서는 안 된다.

마차

마차는 룩소르의 중요한 시내 교통수단이다. 요금은 흥정하기 나름인데 한 시간 정도 빌리면 30이집트파운드 정도 된다.

택시

관광객들에게는 중요한 시내 교통수단인 택시는 운전사와 협의하기에 따라 가격이

[룩소르의 주요 교통수단 중 하나인 마차]

결정되는 것이 상례다. 기본요금은 5이집트파운드 정도다. 룩소르 시민들은 거의 택시를 타지 않는다.

마이크로버스

룩소르에서 가장 저렴한 대중교통수단이지만 관광객들은 많이 이용하지 않는다. 요금은 25피아스트르 즉, 1/4이집트파운드로 매우 저렴하다.

관광안내소

뉴 윈터 팰리스New Winter Palace 호텔과 룩소르 신전 사이에 있다. 대략적인 지도와 그 외의 다양한 정보들을 얻을 수 있다. 카르나크 신전에서 야간에 열리는 조명 쇼인 '소리와 빛' 공연에 대한 정보는 꼭 확인할 필요가 있고, 나일 강 유람선

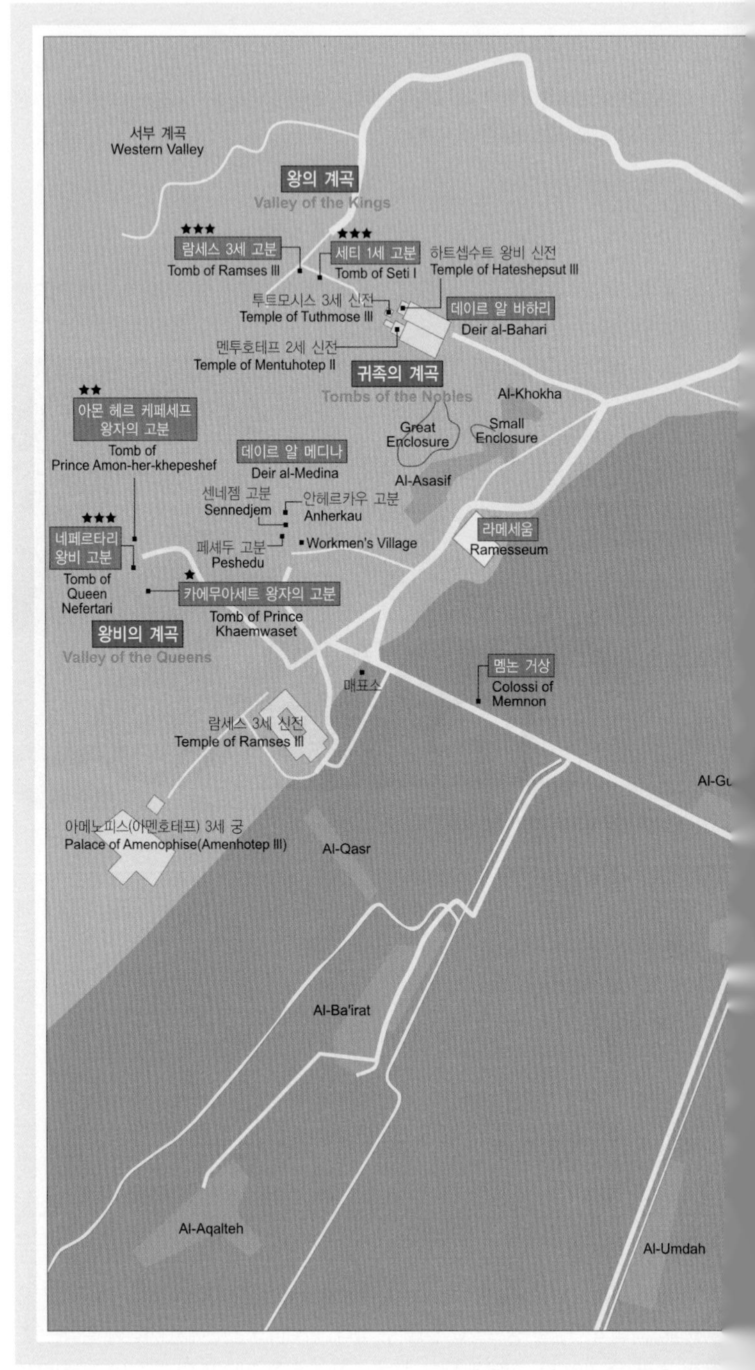

서부 계곡
Western Valley
왕의 계곡
Valley of the Kings
★★★
람세스 3세 고분
Tomb of Ramses III
★★★
세티 1세 고분
Tomb of Seti I
하트셉수트 왕비 신전
Temple of Hateshepsut III
투트모시스 3세 신전
Temple of Tuthmose III
데이르 알 바하리
Deir al-Bahari
멘투호테프 2세 신전
Temple of Mentuhotep II
귀족의 계곡
Tombs of the Nobles
Al-Khokha
★★
아몬 헤르 케페세프
왕자의 고분
Tomb of
Prince Amon-her-khepeshef
Great
Enclosure
Small
Enclosure
데이르 알 메디나
Deir al-Medina
Al-Asasif
센네젬 고분
Sennedjem
안헤르카우 고분
Anherkau
★★★
네페르타리
왕비 고분
Tomb of
Queen
Nefertari
페세두 고분
Peshedu
Workmen's Village
라메세움
Ramesseum
★
카에무아세트 왕자의 고분
Tomb of Prince
Khaemwaset
왕비의 계곡
Valley of the Queens
매표소
멤논 거상
Colossi of
Memnon
람세스 3세 신전
Temple of Ramses III
아메노피스(아멘호테프) 3세 궁
Palace of Amenophise(Amenhotep III)
Al-Qasr
Al-Ba'irat
Al-Aqalteh
Al-Umdah

[룩소르]

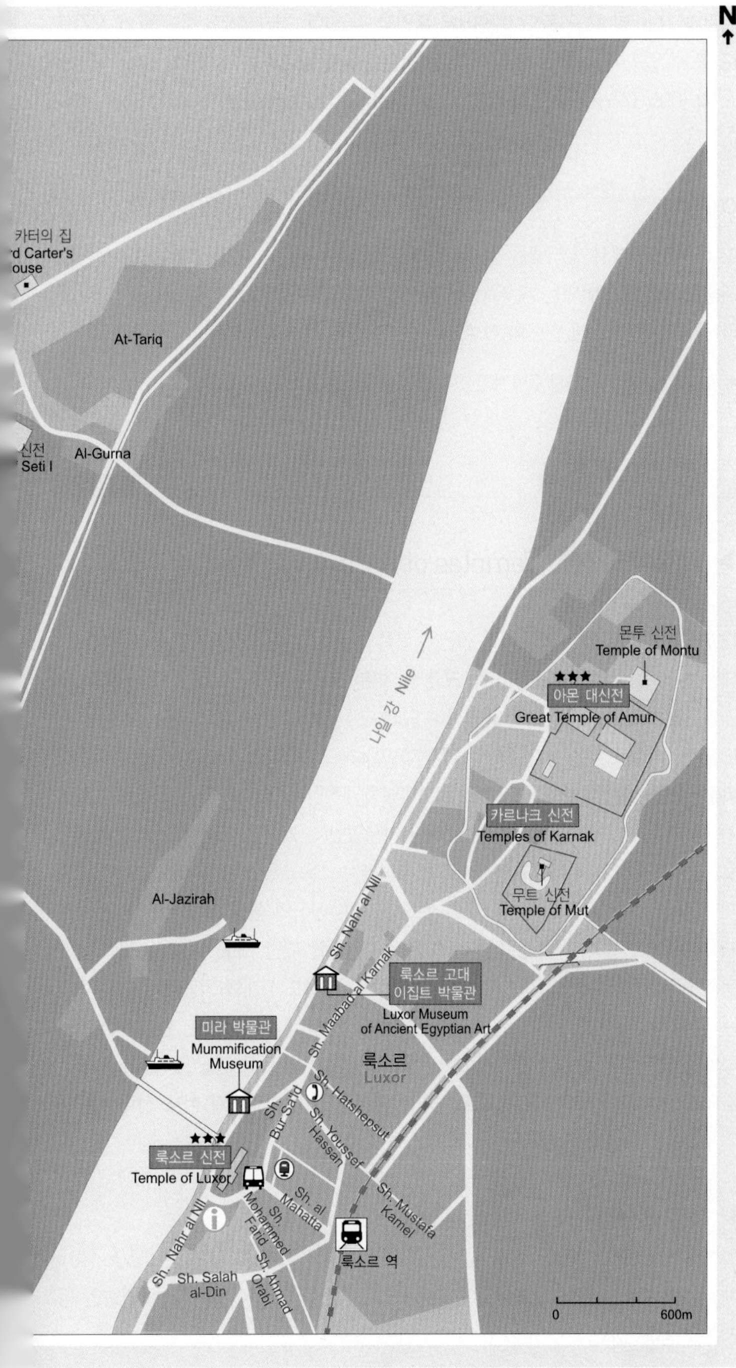
N
카터의 집
d Carter's
ouse
At-Tariq
신전
Seti I
Al-Gurna
나일 강 Nile
몬투 신전
Temple of Montu
아몬 대신전
Great Temple of Amun
카르나크 신전
Temples of Karnak
무트 신전
Temple of Mut
Al-Jazirah
Sh. Nahr al Nil
Sh. Maabad al Karnak
룩소르 고대 이집트 박물관
Luxor Museum of Ancient Egyptian Art
미라 박물관
Mummification Museum
룩소르
Luxor
Sh. Hatshepsut
Sh. Bur Said
Sh. Youssef Hassan
룩소르 신전
Temple of Luxor
Sh. al Mahatta
Sh. Mustafa Kamel
Sh. Mohammed Farid
Sh. Ahmad Orabi
룩소르 역
Sh. Salah al-Din
0
600m

시간과 코스 및 요금 등도 이곳에서 확인할 수 있다. 기타 항공, 철도 등의 시간표도 볼 수 있다. 영어와 프랑스 어로 된 간단한 팸플릿도 얻을 수 있다.

• ☎ (095)372-215 / F (095)373-294 • 매일 08:00~20:00

인터넷

시내 여러 곳에서 인터넷을 할 수 있다. 이용료는 시간당 10이집트파운드 선이다. 관광안내소 인근에 있는 Al Aboudi Bookshop과 역 앞에 있는 Al Baraka, 소네스타 세인트 조지 호텔 인근의 Al Azar 등이 추천할 만하다.

* 룩소르의 호텔, 레스토랑 등에 대한 정보 ⇨ 레 바캉스 웹사이트 참조

Sights

▶ 카르나크 신전 Temples of Karnak

123ha에 펼쳐져 있는 카르나크 신전은 북쪽의 몬투Montu 신전, 중앙의 아몬Amun 대신전, 남쪽의 무트Mut 신전 등 크게 세 부분으로 구성되어 있다. 신전 전체는 약 2.4km에 달하는 벽돌담으로 둘러싸여 있고 모두 8개의 문을 갖고 있다.

1860년, 이집트 부왕인 이스마일 파샤가 프랑스 고고학자로 카이로에 있는 이집트 박물관의 창설자인 오귀스트 마리에트에게 체계적인 발굴과 유적지 보호를 의뢰하기 전까지 카르나크 신전 일대는 폐허나 다름없었다. 기원전 27년경 일어난 지진으로 신전의 일부가 무너졌고 이어 로마 시대에는 기독교를 믿었던 테오도시우스 황제 등에 의해 성당으로 사용되기도 했으며 때론 신전의 돌을 빼내어 다른 용도로 재사용하기도 했다. 나폴레옹 군이 이집트에 진주할 때만 해도 신전은 모래더미에 묻혀 있는 상태였다. 발굴이 진행되던 때인 1899년에도 11개의 기둥이 무너져 내리는 일이 발생하기도 했다. 이때 무너진 기둥들은 다시 복원되었다. 현재 지하에는 얼마나 많은 기둥과 벽돌들이 묻혀 있는지 가늠하기 힘들 정도다. 오귀스트 마리에트의 발굴 작업에 이어 20세기 들어서도 많은 발굴이 이루어져 현재 전체 신전의 약 1/4 정도가 모습을 드러낸 상태다.

▶ 아몬 대신전 Great Temple of Amun ★★★

일부를 제외하고 신전의 주요 부분들은 모두 신왕국 제18왕조(기원전 1550~1291)에서 제19왕조(1291~1185)에 걸쳐 건축되었다. 신전은 태양이 움직이는 방향인 동서쪽을 향해 있다.

• 개관시간 06:00~17:30(여름에는 ~18:30)

• 입장료 50이집트파운드, 야외 박물관 40이집트파운드, '소리와 빛' 공연 55이집트파운드

■ 스핑크스의 길 Avenue of Sphinxes

원래는 나일 강과 연결된 운하가 있던 곳으로 현재는 한쪽에 20개씩 모두 40개의 스핑크스가 남아 있다. 이 스핑크스는 아몬 신을 상징하는 산양의 머리에 사자의 몸을 하고 있고 두 발 사이에는 람세스 2세의 작은 조각상들이 놓여 있다. 파라오와 신상을 실은 배가 나일 강을 거슬러 올라와 이곳을 지나 신전으로 향하곤 했었다.

© Photo Les Vacances 2007

[스핑크스의 길. 스핑크스의 머리는 아몬 신을 상징하는 산양의 모습이다.]

■ 제1탑문 1st Pylon

카르나크 신전에는 모두 6개의 탑문이 있다. 제1탑문은 폭 113m, 두께 15m, 높이 30m에 달한다. 제30왕조(기원전 380~342), 파라오 넥타네보 1세 때 건설되었다. 미완성으로 남아 있어 벽에는 19세기 방문자들이 남긴 낙서 이외에는 별다른 장식을 찾아볼 수가 없다.

탑문(塔門)

거대한 2개의 성벽을 마주보게 쌓아놓은 탑문은 카르나크에서 처음으로 선보인 양식이다. 이 탑문은 신전이나 사원의 출입구인데, 마주보고 있는 두 성벽은 2개의 산을 의미하며 그 사이의 입구는 매일 아침 떠오르는 태양의 길을 뜻한다. 탑문 위에는 깃대가 꽂혀 있었고 바람에 날리는 깃발은 신의 입김으로 생각되었다.

■ 대내원(大內園) Forecourt ★★

가로/세로가 각각 100m/80m에 이르는 고대 이집트에서 가장 큰 안마당이다. 람세

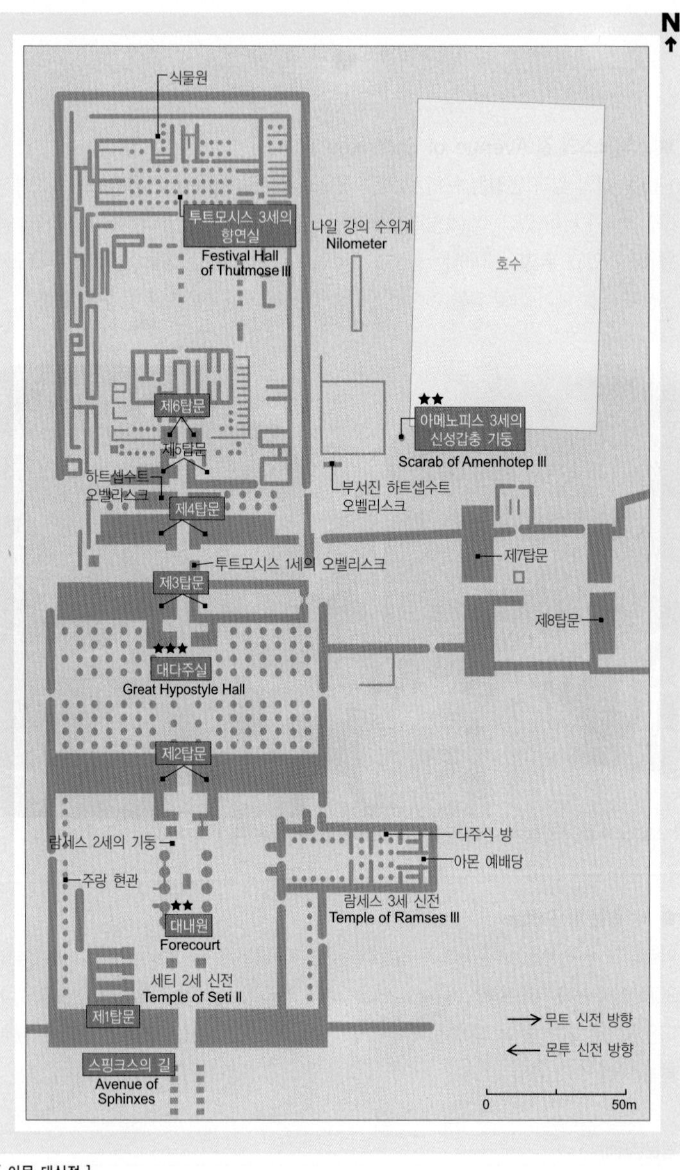

[아몬 대신전]

스 2세 때 신상이 행진을 하던 곳이다. 제1탑문을 지나자마자 나오는 사원은 세티 2세의 사원으로 신상을 싣고 온 배를 보관하던 곳이었다. 테베 지역의 신들인 무트, 아몬, 콘수 삼신을 모시는 방들이 있다. 나일 강 쪽의 벽에는 파피루스 형상의 기둥 머리 장식을 한 18개의 기둥이 열주회랑을 형성하고 있고, 중간에 람세스 3세 사원이 있는 반대편에는 부바스티스 기둥으로 불리는 기둥들이 회랑을 만들고 있다. 부바스티스라는 이름은 이 기둥들 끝에 제22왕조의 수도인 하이집트의 삼각주에 있던 부바스티스의 이름을 딴 문이 있기 때문에 붙여진 이름이다. 람세스 3세 사원은 신왕국 시대의 사원을 작게 축소시켜 놓은 곳이다.
이외에 현재 거대한 기둥 하나만 남아 있는 폐허를 볼 수 있는데, 원래는 10개의 기둥들이 받치고 있던 제25왕조의 파라오 타하르카 사원이 있던 곳이다. 남아 있는 기둥도 피사의 사탑처럼 한쪽으로 기울어 1928년 해체를 한 후 다시 복원해 놓은 것이다. 제2탑문 입구에는 높이 15m에 달하는 람세스 2세의 조각상이 있는데 다리 사이에 있는 인물은 그의 딸 벤탄타이다. 두 개가 있었지만 현재는 하나만 남아 있다.

[거대한 기둥들이 빽빽히 서 있는 대다주실. 카르나크 신전의 백미로 꼽힌다.]

■ 제2탑문 2nd Pylon

신왕국 제18왕조 파라오인 호렘헤브(기원전 1319~1291)가 세운 탑문으로 프톨레마이오스 왕조 때 복원되면서 당시의 부조들로 장식을 했다.

■ 대다주실(大多柱室) Great Hypostyle Hall ★★★

카르나크 신전의 백미에 해당하는 곳이다. 무려 134개에 이르는 거대한 기둥들이 마치 숲처럼 빽빽하게 들어서 있다. 가로가 102m, 세로가 53m에 달하며 기둥의 높이는 23m이다. 세티 1세 때(기원전 1289~1279) 시작되어 그의 뒤를 이어 파라오에 오른 람세스 2세 때(기원전 1279~1212) 완공되었다. 중앙에 있는 12개 기둥은 기둥머리의 장식으로 보아 그보다 100여 년 앞선 아메노피스 3세 때(기원전 1387~1350)의 것으로 추정된다. 원래는 지붕이 덮여 있었고 중앙의 기둥들 위로 나 있던 채광창을 통해 햇빛이 들어오도록 되어 있었다. 따라서 고대에는 중앙의 기둥들만 빛을 받았을 것으로 추정된다. 벽과 기둥머리의 장식들은 테베의 3신에게 바쳐진 송가들이다. 제2탑문의 벽에는 파라오가 무릎을 꿇은 채 아몬 레와 무트 신에게 마아트를 바치는 장면과 머리를 삭발한 제관들이 신상을 태우고 도착한 배를 옮기는 장면이 묘사되어 있다. 세티 1세의 벽과 람세스 2세의 벽들은 흔히 원정의 벽으로 불리는데, 모두 승전 장면을 묘사하고 있다.

테베의 3신 – 아몬 Amun, 무트 Mut, 콘수 Khons

약 500여 년 동안 지속된 고대 이집트 신왕국 당시 수도였던 테베에서는 아몬, 무트, 콘수로 이루어진 3신이 특히 숭배를 받았다. 아몬 신은 가장 복잡한 신으로 흔히는 산양의 머리에 인간의 몸을 한 형상을 하고 있다. 우주의 질서와 무질서를 한몸에 구현하고 있는 신인데, 이 세상 자체를 나타내는 신이다. 말 자체가 '신들의 왕'을 뜻한다. 여기에 태양을 상징하는 '레'를 붙여 아몬 레로 불리기도 한다. 여러 신들의 특징을 한몸에 갖고 있는 통합 신이다. 무트는 하이집트의 고양이 형상의 신인 바스테트에 해당하는 테베의 신인데, 흔히는 독수리 형상으로 묘사되며 아몬의 부인이다. 콘수는 아몬과 무트 사이에서 태어난 아들로 달의 신이다.

■ 제3탑문 3rd Pylon

지금은 사라진 아메노피스 3세 사원으로 들어가던 탑문이었다. 이 제3탑문을 지나면 좁은 마당이 나오고 이 마당에는 붉은 화강암으로 만든 4개의 오벨리스크가 서 있었다. 현재는 높이 23m, 무게 143t의 투트모시스 1세의 오벨리스크만이 남아 있다.

■ 제4탑문 4th Pylon

중왕국 제12왕조(기원전 1994~1781) 때 건설된 옛 사원을 신왕국 들어 확장하면서 만든 탑문이다. 벽을 따라 상하 이집트의 적색 관과 백색 관을 쓴 투트모시스 1세의 거상들이 있다. 탑문 앞에는 2개의 오벨리스크가 있었는데 현재는 높이 30m, 무게 380t의 하트셉수트 오벨리스크만 남아 있다. 하트셉수트는 투트모시스의 어머니로 오랫동안 섭정을 폈던 여왕이었다. 그녀를 묘사한 조각이나 부조에 상하 이집트를 상징하는 이중관을 쓴 파라오의 모습으로 나타나는 것은 그녀가 섭정을 펼쳤음을 의미한다. 고대 이집트에서 여자는 파라오가 될 수 없었다. 2개의 오벨리스크도 이 왕비가 자신의 섭정 30주년을 기념해 베풀어진 축제 때 세운 것이다(제5탑문은 현재 사라져 버리고 흔적만 남아 있다).

■ 제6탑문 6th Pylon

투트모시스 3세(기원전 1479~1425)가 세운 탑문이다. 많이 훼손되어 반 정도만 남아 있는데, 투트모시스 3세가 정복한 주위 민족, 도시들의 이름이 기록되어 있다. 그 앞의 폐허는 신상을 운반하던 성스러운 배들을 보관하던 곳으로 알렉산드로스 대왕 시절 건축되었다. 그 너머에 있던 중왕국의 신전들도 모두 허물어져 버렸다.

■ 투트모시스 3세의 향연실 Festival Hall of Thutmose Ⅲ

42개의 기둥들이 받치고 있는 이 향연실은 파라오의 왕권이 새롭게 다시 태어나는 것을 기원하는 의식과 향연이 베풀어지던 곳이다. 북쪽에 태양신에게 파라오가 공물을 바치던 제단이 자리잡고 있다. '아그므누' 라고 불렸던 이 향연실은 태양의 방과 작은 식물원이라고 볼 수 있는 또 다른 방으로 구성되어 있었다.

■ 아메노피스 3세의 신성갑충 기둥 Scarab of Amenhotep Ⅲ ★★

호숫가에 작은 기둥이 하나 있는데 늘 주위에 사람들이 모여 있다. 기둥 위에 화강암으로 만든 신성갑충(神聖甲蟲)인 풍뎅이가 올라가 있다. 기둥을 1번 돌면 행운이 찾아오고, 3번 돌면 결혼을 하게 되며, 7번 돌면 첫 아이를 낳는다고 해서 많은 이

© Photo Les Vacances 2007

[투트모시스 3세의 향연실]

© Photo Les Vacances 2007

[카르나크 신전의 오벨리스크들]

들이 찾는 곳이다. 이외에 카르나크 대신전 주위에는 작은 신전들이 흩어져 있다. 카르나크 유적지에서 출토된 각종 석물들을 쌓아 놓은 야외 박물관이 있는데 별도로 돈을 내고 들어가야 한다. 카르나크 유적지는 현재도 계속 발굴 작업에 있다. 이 곳에 쌓여 있는 석물들도 언젠가는 옛 모습에 가까운 형태를 갖추게 될 것이다.

▶ 룩소르 신전 Temple of Luxor ★★★

나일 강변에 위치해 있는 룩소르 신전은 아몬 대신전의 부속 건물로 지어졌고 원래는 두 신전을 잇는 승리의 길이 있었다. 이 승리의 길에는 지금은 거의 없어졌지만 무려 700개에 달하는 사자의 몸에 파라오의 얼굴을 한 스핑크스들이 놓여 있었다. 공사는 신왕국 제18왕조(기원전 1550~1291)의 파라오들인 아메노피스 3세 때 시작되었지만 아메노피스 4세가 중이집트의 텔 알 아마르나로 수도를 옮겨 아톤 신을 섬기는 새로운 신전을 짓는 바람에 공사가 중단된 채 방치되었다. 이후 어린 나이

에 요절한 투탕카멘 당시 다시 공사가 재개되었고 이어 람세스 2세가 거대한 탑문을 짓는 등 나머지 부분을 완성시켰고 알렉산드로스 대왕이 약간 수정을 가해 오늘날의 모습을 갖추게 되었다.

길이 260m 정도 되는 룩소르 신전이 카르나크 아몬 대신전보다 규모가 작은 것은 매년 한 번씩 열리는 오페트 축제로 불렸던 아몬 신의 축전 때만 사용하는 신전이었기 때문이다. 이 축전 당시 부인인 무트 여신과 만나는 아몬 신은 발기한 남근상의 형상을 했다.

- 개관시간 06:00~21:00(여름에는 ~22:00)
- 입장료 40이집트파운드

[나일 강변에 자리한 룩소르 신전은 아몬 대신전의 부속 건물로 지어진 것이다.]

▶ 제1탑문 1st Pylon

현재는 많이 훼손된 상태이지만, 2개의 오벨리스크가 입구에 서 있고 거대한 4개의 파라오 입상과 2개의 좌상이 도열해 있던 옛날의 웅장한 모습은 쉽게 상상할 수 있다. 하지만 옛날에는 모두 화려하게 채색이 되어 있었지만, 이 채색은 다 지워져 버렸다. 입구를 중심으로 좌우의 벽에는 람세스 2세가 히타이트 족과 치른 카테슈 전투를 묘사하고 있다. 전차에 올라 적을 물리치는 유명한 장면을 이곳에서 볼 수 있다.

사라진 오벨리스크 하나는 현재 파리 콩코드 광장에 있다. 원래 이집트는 룩소르에 있는 2개의 오벨리스크 모두를 선물했는데, 보존 상태가 양호한 것을 1831년에 먼저 가져오고 그 후 두 번째 것을 가져오기로 했었다. 하지만 첫 번째 것을 옮겨오는 데에만 4년 이상의 세월과 엄청난 비용이 들어갔고, 약 20만 명의 파리 시민들이 지켜보는 가운데 콩코드 광장에 세워진 것은 1836년 10월 25일이었다. 프랑스는 1980년, 공식적으로 두 번째 오벨리스크를 포기했다.

▶ 람세스 2세 광장 Court of Ramses Ⅱ

길이 50m, 폭 57m에 달하는 이 광장의 한쪽에는 현재 회교사원이 들어서 있다. 원래는 수많은 기둥들이 받치고 있던 곳으로 신상을 운반하던 배를 보관하던 곳이었다. 남쪽 벽에는 탑문과 오벨리스크 기공식과 공물을 바치는 장면이 부조로 표현되어 있다.

▶ 열주회랑 Colonnade

15.8m 높이의 14개의 기둥이 서로 마주보고 있는 열주회랑이다. 람세스 2세의 때의

© Photo Les Vacances 2007

[제1탑문 앞에 남아있는 오벨리스크. 원래 2개였으나 1개는 현재 파리 콩코드 광장에 있다.]

© Photo Les Vacances 2007

[룩소르 신전의 저녁 풍경]

것으로 추정되지만 어떤 이들은 투탕카멘 때의 것으로 보기도 한다. 1년에 한 번 열리는 아몬 신 축제 때의 장면들이 묘사되어 있다.

▶ 아메노피스 3세 광장 Court of Amenophis (Amenhotep) Ⅲ ★★

길이 48m, 폭 52m의 이 광장의 3면은 두 줄로 늘어서 있는 기둥들로 되어 있다. '태양의 광장' 으로 불리기도 했던 아메노피스 3세 광장은 파피루스 문양으로 된 기둥머리들이 볼 만하다. 기둥머리 부근에는 아메노피스 4세가 타원형 속에 자신의 이름을 아몬 신을 빌려 새겨 넣었는데, 원래는 그의 아버지인 아메노피스 3세의 이름이 들어가 있던 것을 지우고 자신의 것을 집어 넣은 것이다. 1989년 미국 시카고 학회에서 이곳을 탐사해 25개의 아름다운 조각상들을 발굴해 냈는데, 어떤 이유로 조각상들이 땅 속에 매몰되었는지는 확인이 되지 않고 있다.

▶ 다주식 방 Hypostyle Hall ★★

주두가 파피루스 형태를 하고 있는 8개의 기둥들이 4열로 늘어서 있는 방이다. 파

라오의 이름을 기록할 때만 사용되는 타원형 속의 기록을 보면 람세스 4세, 람세스 6세의 이름이 보이고 제13왕조 때의 파라오인 소베크호테프의 이름도 보인다. 벽에는 아몬 신에게 공물을 바치는 장면, 왕권의 상징인 왕홀을 들고 있는 파라오, 인격을 상징하는 카Ka와 함께 있는 파라오 등이 묘사되어 있다.

▶ 미라 박물관 Mummification Museum

룩소르 신전 바로 옆, 나일 강변에 있다. 미라 제작 과정은 물론이고 산양, 고양이,

[아메노피스 3세 광장. '태양의 광장'이라 불리기도 했다.]

비비 원숭이, 악어 등의 동물 미라에 이르기까지 다양한 미라를 볼 수 있다. 뿐만 아니라 석관도 볼 수 있다. 저승에서의 삶을 위해서는 육체가 필수적이라고 믿었던 이집트 인들에게 석관은 각별한 중요성을 지니고 있었다. 관을 놓을 때에는 무덤의 남북 축에 위치하도록 하는데 이는 왼쪽으로 누워서 안치시키는 망자의 미라가 해가 지는 쪽을 바라볼 수 있도록 하기 위해서였다. 같은 이유로 석관 외부에는 2개의 큰 눈을 그려 넣곤 했다.

- 입장료 40이집트파운드

▶ 룩소르 고대 이집트 박물관 Luxor Museum of Ancient Egyptian Art

1975년에 개관한 이 작은 박물관은 카르나크, 룩소르 신전과 일대에서 출토된 조각상, 비석, 각종 장신구 및 그릇들을 전시하고 있다.

- 개관시간 09:00~13:00, 16:00~21:00

(여름에는 오전은 동일하고 오후에는 17:00~22:00)

- 입장료 550이집트파운드

■ 아메노피스 3세 상

1989년 룩소르 신전에서 출토된 상으로 조각상에 있는 상형문자 기록이 들어가 있던 타원형 문단들은 아들인 아메노피스 4세에 의해 지워졌다. 왼쪽 발을 앞으로 내밀고 있는데 이 묘사는 그가 살아 있음을 나타내는 것이다.

■ 아메노피스 3세의 두상

박물관 입구에 있는 거대한 상의 머리 부분이다. 붉은 화강암으로 만들어진 이 두상의 높이는 2m가 넘으며, 고대 이집트 예술의 진수를 엿볼 수 있다.

■ 세소토리소 3세 상

1970년 카르나크 아몬 대신전에서 발굴된 이 상은 얼굴의 주름살을 묘사한 부분 등에서 중왕국 당시의 사실주의적 기법을 볼 수 있는 작품이다. 1층에 있다.

■ 투트모시스 3세 상

룩소르 고대 이집트 박물관에서 가장 걸작으로 손꼽히는 작품이다. 투트모시스 3세 당시 신왕국의 예술이 절정에 도달해 있었음을 일러주는 작품이다. 파라오의 얼굴도 출중하게 생겼는데, 실제로 그는 가장 잘생긴 얼굴과 균형 잡힌 몸매를 가지고 있었던 파라오였다. 허리 부분의 혁대에는 신성갑충, 태양신 레 등이 새겨진 타원형을 볼 수 있다.

| 왕의 계곡 |

Valley of the Kings ★★

나일 강 서쪽, 룩소르 유적지 맞은편에 있다. 왕의 계곡은 카이로 인근의 기자 대피라미드, 룩소르의 카르나크 아몬 대신전과 함께 이집트 3대 관광지 중 하나다.
지형적으로는 나일 강변에 위치한 리비아 사막의 동쪽 끝 지역으로 석회암이 물에 침식되어 형성된 계곡이다. 이 계곡에 현재 알려진 58개의 파라오의 고분들이 바위로 이루어진 계곡의 깊은 암굴 속에 자리잡고 있다. 기원전 1550년에서 1075년까지 지속되었던 신왕국 제18, 19, 20왕조의 파라오들의 고분들이다. 당시 파라오들은 멀리서 보면 피라미드 모양을 하고 있는 이 계곡이 자신들의 무덤으로 적당하다고 생각했고 사람들의 접근이 쉽지 않다는 점도 고려했다. 하지만 자신들의 신전과는 별개로 지어진 이들 무덤은 파라오들의 예상과는 달리 이미 고대 이집트 제20왕조 때부터 여러 차례에 걸쳐 도굴을 당했다.

파라오들은 살아 있는 동안 자신들의 무덤을 준비했다. 설계자가 장소를 선정하면 건축가들이 땅을 고르고 암굴을 파며 기둥을 세운다. 그 다음에 석고와 화장벽토로 내부를 칠하고 화가들이 그림을 그려 넣으면 마지막으로 조각가들이 들어가 그림이 그려진 부분을 남겨 놓고 주위를 파서 양감을 냈다.
고분의 실내 배치는 각각 다르지만 어느 고분이든 계단, 내리막 복도, 석관을 둘러싸고 있는 현실(玄室)을 갖추고 있다. 고분 내부의 실내 장식은 모두 파라오가 죽음과 부활의 신인 오시리스를 만나기 위해 저승을 항해하는 모습을 묘사하고 있다. 이 묘사는 일상생활이 많이 묘사되는 일반인들의 무덤에서는 볼 수 없는 것들이다.

© Photo Les Vacances 2007

[58개의 파라오 고분이 발굴되어 있는 왕의 계곡]

파라오가 숨을 거두면 70일 동안 작업을 해 시신을 미라로 만든 다음 관례에 따라 망자에게 다시 생명을 불어넣기 위해 미라의 입을 여는 의식을 거행한 후 나무로 제작한 목관에 안장한다. 안장되기 전에 많은 가구와 일상 용품들은 물론이고 먹고 마실 것들이 들어온다. 그 다음 목관을 이동시켜 별도로 마련한 방에 들여놓는다. 이때 마지막으로 관의 뚜껑을 닫고 모두 고분을 나와 고분 문에 왕의 인장을 찍는다.
현재 58개의 무덤이 발굴되어 있는데, 고분에는 발견된 순서대로 번호가 붙여져 있다. 고분 방문은 신왕국 18, 19, 20왕조 순서대로 시대순으로 방문하는 것이 좋다. 일부 고분은 미완성으로 끝난 것도 있고 훼손 정도가 심해 개방되지 않는 것도 있다. 지금도 발굴 작업이 진행 중인 고분도 있다.

- 개관시간 06:00~17:00(여름에는 ~18:00)
- 입장료 람세스 1, 3, 7세, 세티 2세, 아메노피스 2세, 투트모시스 3세 등의 고분 중 3개를 선택해 볼 수 있는 입장권이 70이집트파운드이다. 그 외에는 고분마다 입장료가 다르다.

Sights

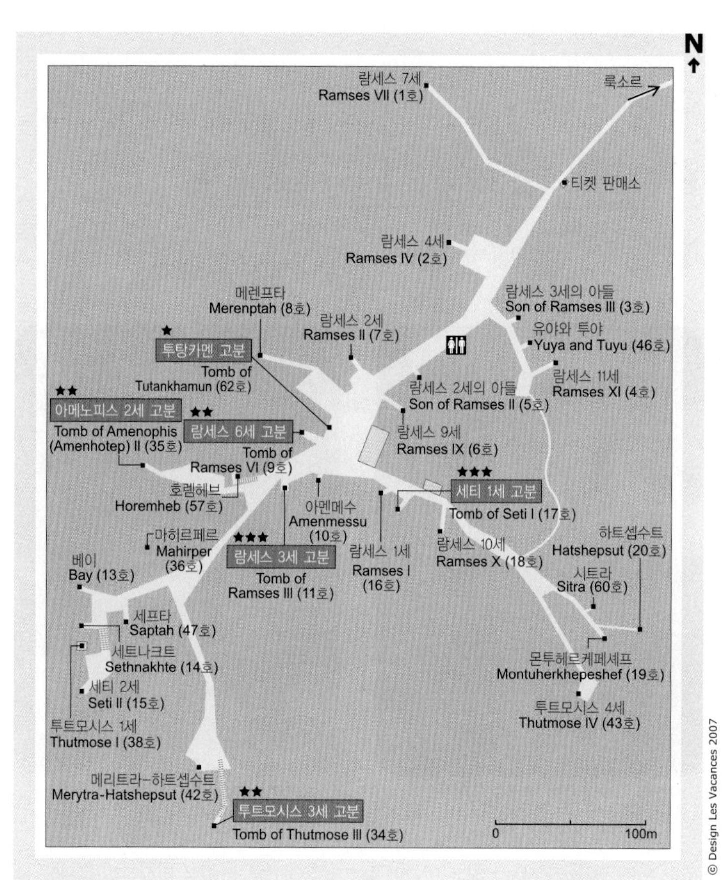

[왕의 계곡]

▶ 투트모시스 3세 고분 Tomb of Thutmose Ⅲ ★★

1898년 프랑스 인인 빅토르 로레가 발견한 34호 고분이다. 철제 계단을 올라 지하 30m 깊이에 있는 우물을 지나면 무려 765신들이 묘사되어 있는 현관이 나온다. 현관을 지나면 빈 관이 놓여 있는 석관실이 나온다. 투트모시스 3세의 미라는 다른 곳에서 발견되었다. 벽에는 대형 파피루스 기록을 모방한 주술서가 기록되어 있다. 내용은 태양의 야간 운행을 묘사한 것이다. 밤을 12개로 나누어 묘사했다.

▶ 아메노피스 2세 고분 Tomb of Amenophis (Amenhotep) Ⅱ ★★

제35호 고분이다. 1898년 투트모시스 고분을 발견한 프랑스 인 빅토르 로레가 함께 발견했다. 왕의 계곡에 있는 지하 묘지 중 가장 깊다. 벽에는 투트모시스 고분에서처럼 주술서인 암두아트 서의 내용이 기록되어 있다. 미라는 1934년 카이로 이집트 박물관으로 옮겨졌다.

▶ 투탕카멘 고분 Tomb of Tutankhamun ★

제62호 고분이다. 1922년 발굴과 함께 전 세계적으로 알려진 황금 마스크 등의 유

[투탕카멘 고분의 내부. 출토된 유물들은 카이로 이집트 박물관에 있다.]

[세티 1세 고분 내부의 벽화]

물로 인해 많은 사람들이 찾고 있지만 출토된 유물들은 카이로 이집트 박물관에 옮겨져 있다. 2007년 12월부터 유물 보호 차원에서 하루 입장객 인원을 400명으로 제한하며, 2008년 5월부터는 보수 공사를 위해 입장이 무기한 중단될 예정이다.

- 입장료　80이집트파운드

▶ 세티 1세 고분 Tomb of Seti Ⅰ ★★★

제17호 고분이다. 안타깝게도 1991년부터 입장이 금지되어 있지만 왕의 계곡에서 가장 아름다운 고분이다. 전체 길이가 120m에 달하는 규모도 볼 만하지만 부조와 그림으로 장식된 벽 또한 장관이다. 이탈리아 인인 벨조니가 발굴했는데, 안에 있던 설화석고로 제작된 석관은 그가 영국의 한 금융가에게 매각했다.

▶ 람세스 3세 고분 Tomb of Ramses Ⅲ ★★★

제11호 고분이다. 1768년 영국인 제임스 브루스가 발견했는데, 내부에 하프를 켜는 여인들을 묘사한 아름다운 그림이 있어서 일명 '하프 여인들의 무덤'으로 알려져 있다. 125m의 길이에 장식도 아름답다. 제2복도의 8번째 방에는 파라오의 무덤에서는 볼 수 없는 장식이 있는데, 나일 강의 배들, 곡물들, 왕의 무구들, 가구, 그릇 등을 그린 그림들을 볼 수 있다. 물론 하프를 켜는 두 여인을 그린 벽화도 포함되어 있다. 4개의 기둥이 받치고 있는 방에서는 당시 이집트 인들이 알고 있던 4개 인종을 묘사해 놓았다. 람세스 3세의 석관은 현재 파리 루브르 박물관에 소장되어 있고, 관의 뚜껑은 따로 떨어져 캠브리지 박물관에 있다.

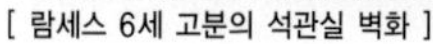
[람세스 6세 고분의 석관실 벽화]

[세티 1세 신전]

▶ 람세스 6세 고분 Tomb of Ramses Ⅵ ★★

제9호 고분이다. 원래는 람세스 5세의 고분으로 만들어졌으나 경제적인 이유 때문에 람세스 6세가 사용했다. 적색과 황색이 주조를 이루고 있는 벽화와 천장화는 주로 〈사자의 서〉 등의 내용을 묘사하고 있다.

▶ 세티 1세 신전 Temple of Seti Ⅰ

왕의 계곡에서 벗어나 나일 강변 쪽에 있는 신전으로 이전에는 인근에서 수확한 곡물을 저장하는 창고도 있었다. 처음으로 왕궁, 신전, 창고 등이 복합적으로 건설된 곳이다. 2개의 탑문과 마당이 있고 다주식 홀이 하나 있다. 벽과 기둥의 저부조 장식들은 람세스 2세 때 완성된 것들이다. 무트와 하토르 여신이 세티 1세에게 젖을 먹이고 있는 장면을 볼 수 있다.

- 입장료 25이집트파운드

| 왕비의 계곡 |

Valley of the Queens ★★

룩소르 고분군 중 가장 남쪽에 있는 왕비의 계곡은 제18왕조부터 왕자와 공주 그리고 기타 왕족들의 무덤이 들어서기 시작했고 기타 고급 관료들의 묘도 드문드문 함께 들어섰다. 제 19왕조 때 람세스 1세의 부인이자 세티 1세의 어머니인 사트 레가 이곳에 묻히면서부터 왕비의 묘가 본격적으로 들어서기 시작했다. 혼란기인 제3중간기에는 이미 수많은 도굴꾼들에 의해 계곡 전체가 파헤쳐졌고 권위도 상실하게 되자 일반인들의 무덤도 들어섰고, 로마 점령 시에는 민간인들의 공동묘지로 쓰이기도 했다. 왕비의 계곡이라는 이름은 상형문자 체계를 해독해 낸 프랑스 학자 샹폴리옹이 붙인 이름이다. 계곡 전체는 좁은 지형인데 마치 하토르 여신의 자궁을 연상시키기도 해 이런 이유로 신성시되었다. 왕비의 계곡에 있는 고분들은 발굴 순서대로 번호가 부여되어 있다. 하지만 이는 고고학 발굴의 편의를 위한 것일 뿐 관광은 오히려 건축된 연대순으로 하는 것이 바람직하다. 심하게 훼손된 것도 있고 현재 발굴이 진행 중인 고분도 있어서 입장이 금지된 곳도 있으며, 그 외에도 여러 가지 이유로 갑자기 입장이 제한되거나 금지되기도 한다.

- 개관시간 매일 06:00~17:00(여름에는 ~18:00)
- 입장료 25이집트파운드(카에무아세트, 아몬 헤르 케페케프 고분 포함),
  네페르타리 고분 200이집트파운드

▶ 네페르타리 왕비 고분 Tomb of Queen Nefertari ★★★

제66호 고분이다. 가장 아름다운 고분으로 유명하다. 람세스 2세의 왕비로 생전에 '무트 여신의 가장 아름답고 가장 사랑스러운 여인'으로 칭송받던 왕비 네페르타리의 고분인데, 1995년 무려 2백만 달러의 비용을 들여 오랜 기간 동안 복원한 후 다시 일반인들에게 공개되었다. 파라오 람세스 2세의 묘와 거의 동일한 구조를 갖고 있는 것만 봐도 이 왕비의 고분이 얼마나 화려한 것인지를 짐작할 수 있다.

〈사자(死者)의 서(書)〉 제17장을 묘사한 첫째 방에 들어서면 우선 별자리를 그려 넣은 천장이 눈에 띈다. 경쾌하고 날씬한 인물 묘사가 주를 이루던 당시에 제작된 채색 저부조는 놀라운 생동감으로 관람객들을 맞이한다. 이시스, 오시리스, 네프티스, 마아트, 케프리, 하토르, 토트 등 여러 신들과 함께 있는 왕비를 묘사한 거의 모든 방들의 채색 저부조들이 생생한 색을 자랑하고 있어 3200년 전의 먼 과거가 마치 어제의 일처럼 느껴진다.

두 번째 계단의 벽에는 좌우에 거의 비슷한 그림들이 묘사되어 있는데, 왼쪽에는 네페르타리 왕비가 '누'라고 하는 단지를 이시스, 네프티스 마아트 등의 신들에게 봉헌하는 장면이고, 그 반대편인 오른쪽 벽에는 하토르, 셀키스, 마아트 등의 신에게 봉헌하는 장면이다. 왕권을 상징하는 코브라인 우라에우스 밑에는 망자의 심장을 꺼내 무게를 재는 아누비스가 보인다.
관이 놓여 있는 30평 남짓한 방에 들어서면, 오시리스가 조각되어 있는 4개의 기둥이 받치고 있는데, 이 오시리스가 머리에 쓰고 있는 관이 네페르타리 왕비의 것과 동일한 것임을 알 수 있다. 이것은 죽음에서 부활한 오시리스처럼 왕비 역시 같은 과정을 거쳐 부활했음을 의미한다.

[네페르타리 왕비 고분 두 번째 계단의 벽화]

[네페르타리 왕비가 이시스 여신에게 '누'를 봉헌하는 장면]

▶ 카에무아세트 왕자의 고분 Tomb of Prince Khaemwaset ★

제44호 고분이다. 람세스 3세(기원전 1184~1153)의 장자가 묻혀 있는 고분으로 파라오의 고분을 축소시켜 놓은 형태로 축조되었다. 이 고분은 특히 채색 부조벽화가 잘 보존되어 있는 고분으로 유명하다. 관이 놓여 있는 현실(玄室)에 들어서면 람세스 3세가 가장 앞에 서고 그 뒤에 아들 카에무아세트가, 그리고 그 뒤로 토트, 아누비스, 레호라크티 등이 뒤따르는 장면을 볼 수 있다. 그 외에 고대 이집트 인들이 '미유'라고 불렀던 고양이도 볼 수 있다. 네페르타리 왕비의 묘에서처럼 이곳의 내용들도 모두 〈사자의 서〉에 기록된 내용을 담고 있다.

▶ 아몬 헤르 케페세프 왕자의 고분 Tomb of Prince Amon-her-Khepeshef ★★

제55호 고분이다. 람세스 3세의 다른 아들의 고분인데, 관람 시간이 10분으로 제한되어 있다. 이 아들은 파라오 람세스 3세의 후계자로 지명되었고 부왕의 마차를 몰던 왕자였으나 16살의 어린 나이에 죽고 말았다. 발굴 당시 완벽한 보존 상태를 보여 주었던 고분으로 유명하다. 옷과 관의 장식에 이르기까지 모든 부분이 세세하게 묘사되어 있다. 왕자와 파라오가 함께 묘사된 여러 장면을 볼 수 있어 아버지의 아들에 대한 사랑을 엿볼 수 있다. 아버지는 여러 신들에게 아들을 잘 돌보아 달라는 기원을 하고 있고 현실의 벽화들은 〈사자의 서〉의 내용을 기록하고 있으며 왕자는 오시리스 왕국의 문을 지키는 정령들인 헤네브 레쿠(검은 개), 세마티(산양), 루켄티(황소) 등에게 인사를 하고 있다.

| 귀족의 계곡 |

Tombs of the Nobles

데이르 알 바하리와 데이르 알 메디나 사이에 있는 약 500여 개의 고분으로 이루어진 고분군으로 귀족들의 묘들이 모여 있는 지역이다. 시기는 기원전 2323년에 시작된 제 6왕조에서부터 서기 3세기의 그리스 로마 점령기까지 무려 2500여 년 동안 장구한 세월에 걸쳐 조성된 고분들이다. 관광지로서는 왕의 계곡이나 왕비의 계곡보다 흥미가 덜한 것이 사실이지만 당시의 생생한 일상생활이나 각종 산업 등을 일러주는 귀중한 자료가 많아 고고학적 측면에서는 귀중한 곳이다. 특히, 제18왕조(기원전 1550~1291)에서 제20왕조(기원전 1187~1075) 사이의 신왕국에 대한 생생한 기록을 얻을 수 있다. 벽화도 전체적으로 종교적 색채가 짙은 왕의 계곡이나 왕비의 계곡에 비해 사실적인 묘사가 두드러지며 일상적인 장면이 많이 묘사되어 있다.

- 개관시간　06:00~17:00(여름에는 ~18:00)
- 입장료　나크트와 메나 20이집트파운드,
레크미레와 세네페르 25이집트파운드,
카엠하트와 라모세 25이집트파운드
- 유의사항　사진과 비디오 촬영 금지

Sights

▶ 나크트 Nakht

제52호 고분이다. 제18왕조(기원전 1550~1291) 당시 '아몬의 서기관이자 천문학자'였던 나크트의 작은 무덤이다. 무덤의 기록에 의하면 그의 부인은 아몬 신전에서 노래를 부르는 가수였다. 유일신인 아톤을 섬기던 파라오 아케나톤 당시 이 벽

화에 새겨진 아몬 신의 이름이 지워졌으나 흔적은 남아 있다. 전통적인 장례 장면과 봉헌 장면 이외에 일상생활에 대한 많은 묘사를 볼 수 있다. 농사짓는 모습, 장례식에서의 음식 먹는 모습, 사냥, 낚시, 포도주 담그는 모습 등을 볼 수 있는데, 이런 장면들은 왕이나 왕비의 고분에서는 볼 수 없는 것들이다. 특히, 장례식 장면에 등장하는 '피리, 하프, 루트를 연주하는 3명의 여인'이라는 그림 중 루트를 연주하는 여인의 나체상은 고분벽화에서는 볼 수 없는 것이기 때문에 주목을 받고 있다. 이는 장례식에 참여한 사람을 위로하기 위한 것이 아니라 음악과 노래로 신을 경배하는 장면으로 이해할 수 있다.

[일상생활에 대한있는 나크트 고분 벽화]

[포도주에 관련된 그림들이 많은 세네페르 고분]

▶ 메나 Menna

제69호 고분이다. 제18왕조(기원전 1550~1291) 당시 '상하 이집트의 주인의 토지를 관리하는 서기'였던 메나의 무덤이다. 여기서 '상하 이집트의 주인'이란 다름 아닌 파라오 투트모시스 4세를 말한다. 가장 전형적인 일반인 무덤이다. 벽화의 내용 중 가장 눈길을 끄는 것은 4단으로 구성된 농사짓는 장면이다. 세세한 묘사가 돋보이는 이 장면들은 수확량을 감독하는 서기들, 끈을 이용해 토지의 면적을 계산하는 노동자 등 수천 년 전의 생생한 모습을 보여 준다. 긴 창을 이용해 물고기를 잡는 메나와 그의 딸들을 묘사한 그림이 특히 흥미롭다. 메나는 파피루스 나무로 만든 배에 올라타고 있는데, 파피루스는 델타 지역을 울창하게 덮고 있었고 신발, 돗자리, 배, 끈, 필기용 공책이었던 파피루스 등 일상생활에 필요한 거의 모든 것을 만드는 재료로 사용되었다.

▶ 레크미레 Rekhmire

제100호 고분이다. 레크미레는 제18왕조(기원전 1550~1291)의 투트모시스 3세와 아메노피스 2세 치하에서 '테베의 행정관이자 재상'을 지낸 고관이었다. 그의 무덤 안의 무려 300m²에 달하는 웅장한 벽화의 화려한 그림들은 중요한 직책을 맡았던 그의 이력을 잘 일러준다. 하지만 기이하게도 그의 관이 고분에 없는데, 높은 직책으로 인해 왕의 계곡에 안치되었을 것으로 추정하고 있다.
벽화에는 이웃한 국가들의 사신이 공물을 바치는 장면이 상세하게 묘사되어 있는데 당시 국제 관계를 살필 수 있는 귀중한 자료이다. 크레타 섬 지방에서 온 머리가 곱슬한 사람의 모습도 보이고 흑인의 모습도 보인다. 타조 깃털, 상아, 흑단 나무, 표범 가죽, 그릇류, 말, 곰, 코끼리, 기린 등 다양한 물건들이 공물로 바쳐지는 무기들과 함께 나타나 있다. 그 외에 추수하는 장면, 노동자들에게 양식을 분배하는 장면, 음악을 연주하는 장면 등이 묘사되어 있다.

▶ 세네페르 Sennefer

제96호 고분이다. 세네페르는 제18왕조(기원전 1550~1291)의 아메노피스 2세 치하에서 '테베의 시장'을 지낸 고관이었다. 일명 '포도주 고분'으로 불릴 정도로 벽에는 포도와 포도주 제조에 관련된 그림들이 장식되어 있다. 물론 그 외에 오시리스와 하토르 신에게 공물을 바치는 장면도 볼 수 있다.

▶ 카엠하트 Khaemhat

제57호 고분이다. 카엠하트는 제18왕조(기원전 1550~1291)의 아메노피스 3세 치하에서 '왕궁 서기'였다. 벽화는 채색 저부조들로 장식이 되어 있고 대부분 〈사자(死者)의 서(書)〉의 내용을 담고 있다. 특히 두 팔을 들어 태양신을 섬기는 망자를 묘사한 그림이 흥미롭다.

▶ 라모세 Ramose

제55호 고분이다. 라모세는 제18왕조(기원전 1550~1291)의 아메노피스 2세와 4세 치하에서 '테베 행정관이자 재상'을 지낸 사람이다. 완공되지 못한 채 남아 있는 고분인데, 아케나톤으로 불리기도 하는 아메노피스 4세를 따라 텔 알 아마르나로 옮겨가 그곳에 자신의 새로운 고분을 마련했기 때문이다. 이 두 번째 고분은 아직까지 발견하지 못했다. 32개의 기둥을 갖고 있는 다주식 회랑만이 장식된 미완성 고분이지만 내부의 벽화는 가장 화려한 모습을 보여 준다.

| 나일 강 인근 |
Around Nile Valley

Sights

▶ 라메세움 Ramesseum

▶ 우세르마아아트레 세테펜레 Usermaatre Setepenre

이 긴 단어는 람세스 2세의 이름이다. 라메세움은 '우세르마아아트레 세테펜레의 영원무궁 궁전'으로 불리던 곳이었다. 19세기 초인 1829년 상형문자 체계를 해독해 낸 샹폴리옹이 이 곳을 람세스 궁전이라는 뜻의 라메세움으로 부르기 시작한 이래 라메세움이 되었다. 람세스 3세, 아이, 호렘헤브, 아메노피스 3세, 메렌프타, 투트모시스 4세, 람세스 2세, 세티 1세 등 수많은 파라오들의 장례 신전이 있는 곳이다. 이들 신전은 현재 거의 파괴되어 흔적만 남아 있고 아직도 발굴 및 복원 작업이 진행 중이다. 바로 이들 파라오의 장례 신전이 있는 이곳을 고대 이집트 인들은 '영원무궁 궁전'으로 불렀다. 현재는 람세스 2세의 장례 신전만 홀로 남아 있다. 이곳은 이집트 정부와 프랑스 간의 조약에 따라 1991년 이후 루브르 테베 고고학 연구소에 의해 발굴 작업이 이루어지고 있는 일종의 고고학 조차(租借) 지역이다.

▶ 람세스 2세의 장례 신전, 라메세움

람세스 2세는 기원전 1279~1212년까지 67년 동안 이집트를 지배했던 파라오였고 라메세움은 그가 살아 있는 동안 건축된 장례 신전이다. 많이 훼손되기는 했지만, 남아 있는 기둥들과 들보 그리고 조각상들을 통해 옛날의 웅장한 규모와 아름다움을 충분히 짐작할 수 있다. 건축하는 데 20여 년이 걸린 이 라메세움은 무엇보다 높이 19m에 달하고 무게만 거의 1,000t에 육박했던 람세스 2세의 거대한 조각상으로 유명했다. 라메세움에는 어머니 무트 투이, 부인 네페르타리의 작은 신전들도 함께 있었다.

이 장례 신전은 카르나크의 대 아몬 신전을 통해 숭배되던 아몬 신에게 바쳐진 신전으로 파라오 람세스 2세의 왕권의 부흥을 기원하는 의미를 지니고 있었다. 1년에 한 번, '계곡의 축제' 때가 되면, 무트 여신의 남편이자 콘수의 아버지인 아몬 신은 카르나크의 대신전을 떠나 이곳으로 와 죽은 파라오와 위대한 신들을 만나곤 했다.

기원전 1250년경에 완공된 라메세움은 넓이가 약 5ha에 달하며 항구, 벽돌로 쌓은 담, 왕궁, 탑문, 다주식 회랑인 신전, 그리고 창고 등으로 이루어진 복합 건축물이다. 나일 강의 범람과 지진 등으로 많이 파괴되었지만, 길이 68m에 달하는 탑문에는 카데슈 전투를 비롯해 람세스 2세가 치른 많은 전투 장면들이 묘사되어 있다. 이 전투 장면들은 아부 심벨이나 카르나크 신전에서 보던 것들과 거의 동일하다. 탑문을 지나면 폭 56m, 길이 52m에 달하는 사각형 형태의 내원이 나온다. 이곳에는 높이 16m에 달하는 2개의 거대한 람세스 2세 상이 있었다. 이 상은 현재 파괴된 그대로 땅에 떨어져 뒹굴고 있다. 높이가 대략 9m 정도 되었을 것으로 추정되는 사라진 다른 거상은 람세스 2세의 어머니인 무트 투이 상이었다. 훼손 정도가 심해 남은 흔적만으로는 구조를 파악하기 쉽지 않지만, 두 줄로 늘어선 거대한 기둥들이 이 내원을 둘러싸고 있었고, 내원 다음에 완전히 사라진 두 번째 탑문이 있었고 그 너머에 현재는 기둥의 기초 부분만 남아 있는 두 번째 내원이 자리잡고 있었다. 이 두 번째 내원에 머리가 모두 사라진 오시리스 기둥들이 서 있다.
다주식 방은 49개의 기둥들이 받치고 있었으나 현재는 이 중 29개만이 남아 있다.

[라메세움. 아몬 신에게 바쳐진 람세스 2세의 장례 신전이다.]

다양한 색이 칠해져 있는 중앙의 기둥들은 얼마 전에 복원한 것이다. 이 다주식 방을 지나면 신상을 운반하던 성스러운 배를 보관하던 방이 나온다. 이 방 역시 다주식 방으로 천장에는 하늘을 12개월로 구분해 놓은 천문도가 그려져 있다. 원래는 이외에 수많은 창고가 있었으나 거의 파괴되어 남아있지 않다.

- 입장료 25이집트파운드

▶ 데이르 알 메디나 Deir al-Medina

모래와 자갈투성이의 언덕길을 따라 옹기종기 모여 있는 원색의 민가들을 지나면 갑자기 구름 한 점 없는 하늘과 인적이라곤 찾아볼 수 없는 전혀 다른 풍경이 펼쳐진다. 이곳이 옛날 왕의 계곡에서 일을 하던 장인들과 노동자들이 살던 마을, 데이르 알 메디나이다. 언덕 서쪽 면에 이들 장인과 노동자들의 묘가 있다. 언덕 밑에는 이들 노동자들의 집이 모여 있던 취락 단지의 흔적이 남아 있다. 이 흔적들을 보면 당시 노동자들의 집이 아주 평범한 것이었음을 알 수 있다.

이 노동자들의 마을은 투트모시스 1세 때 조성되었고 제19, 20왕조 때 가장 번성했다. 장인들의 신인 프타에 의해 보호를 받고 있다고 여겨지던 이 마을은 산을 관통하는 오솔길을 통해 왕의 계곡과 연결되어 있다. 안헤르카우Anherkaou(제359호 고분), 센네젬Sennedjem(제1호 고분), 페셰두Peshedu(제3호 고분) 등 3기의 고분이 볼 만하다. 특히 제19왕조의 센네젬 고분을 찾는 이들이 많다. 센네젬은 세티 1세와 람세스 2세 치하에서 '진실의 장소의 봉사자' 즉, 무덤 책임자를 지낸 관리였다. 1886년 발굴된 그의 묘에서는 당시의 가구들이 다량 출토되어 현재 카이로 이집트 박물관에 소장되어 있다. 람세스 시대의 특징을 간직하고 있는 벽화 역시 아

[라메세움은 람세스 2세의 왕권 부흥을 기원하는 의미로 지어졌다.]

름다움과 일반인의 무덤에서 볼 수 있는 사실적 묘사로 유명하다. 특히, 〈사자의 서〉 제60장을 4개 부분으로 나뉘어 센네젬과 그의 부인 위에페르티가 저승의 평원에 도착해 농사를 짓고 있는 모습을 묘사한 벽화가 일품이다. 이 그림 위에 파피루스로 만든 작은 배를 타고 있는 어린아이가 있는데 어려서 죽은 두 사람의 아들이다. 그림은 저승에서 다시 만난 가족을 묘사하고 있는 셈이다.

- 입장료 25이집트파운드

▶ 데이르 알 바하리 Deir al-Bahari

왕의 계곡과 귀족의 계곡 사이에 자리잡고 있는 3개의 신전으로 이루어진 유적지이다. 원래 이름은 '숭고한 것들 중의 숭고한 것'이라는 의미의 네페르 네페루였으나, 서기 7세기경 현재의 신전에 기독교인들이 세운 '북쪽 수도원'에서 현재의 이름이 유래했다. 1997년 이곳에서 일어난 폭탄 테러로 인해 전 세계적으로 알려졌다. 이후 이집트의 주요 관광지에는 테러에 대비한 경계가 강화되어 이집트를 찾는 이들

이 적지 않은 불편을 겪고 있다.
하트셉수트 왕비(신왕국 제18왕조, 기원전 1479~1458), 파라오 멘투호테프 2세(중왕국 제11왕조, 기원전 2065~2014), 투트모시스 3세(신왕국 제18왕조, 기원전 1479~1425) 등의 신전이 자리잡고 있는 이곳은 룩소르 왕의 계곡에서 가장 많은 관광객이 찾는 명소 중의 명소이다. 특히 하트셉수트 왕비의 신전이 압권이다.

▶ 하트셉수트 왕비 신전 Temple of Hatshepsut ★★★

하트셉수트 왕비의 총애를 받던 건축가이자 요즈음 식으로 말하면 총리까지 겸하고

[3개의 신전이 모여 있는 데이르 알 바하리. 왕의 계곡과 귀족의 계곡 사이에 자리잡고 있다.]

있던 세넨무트가 설계한 고분이다. 암벽을 파 그 안에 고분을 만들었다. 전체적인 설계는 인근에 있는 파라오 멘투호테프 2세의 고분과 유사하나 3개의 테라스가 보여 주는 건축적 조화, 비례의 미는 데이르 알 바하리 고분 중 최고라는 평가를 듣고 있다.

■ 제1테라스

나일 강과 연결된 운하가 끝나는 지점에서부터 제1테라스까지는 길 양옆으로 스핑크스들이 세워져 있었으며 스핑크스들 뒤로는 향기를 발산하는 나무들이 심어져 있는 정원이 있었다. 현재 이 운하와 정원은 사라졌고 스핑크스들은 그대로 남아 있다. 중앙 계단을 중심으로 22개의 둥근기둥들이 좌우대칭을 이루며 제1테라스에 들어서 있다. 테라스 양 끝에는 오시리스 신의 형상을 한 왕비의 거대한 조각상이 서 있다.

■ 제2테라스

미완성으로 끝난 건물이다. 북쪽에는 각각 15개와 24개의 기둥이 받치고 있는 회랑

이 있다. 그 중앙에 계단이 자리잡고 있고 아름다운 저부조로 장식이 되어 있다. 이 부조들은 왕비이자 어린 왕자를 대신해 섭정을 펴기도 했던 하트셉수트 왕비의 탄생, 교육, 대관식 등을 묘사하고 있다. 북쪽에는 아누비스 신전인데, 투트모시스 3세가 태양신 레 하라크테스에게 봉물을 바치는 장면이 화려한 색채로 묘사되어 있다. 반대편인 남쪽에는 하토르 여신전이 있다. 생명과 안정을 상징하는 열쇠 모양의 안크 등이 묘사된 이곳 역시 옛날의 생생한 색채 그대로 보존되어 있어 시간이 멈춘 듯한 묘한 환상에 빠지게 된다.

© Photo Les Vacances 2007

[하트셉수트 왕비 신전의 예배실 앞 기둥]

© Photo Les Vacances 2007

[하트셉수트 왕비 신전의 테라스]

■ **제3테라스**

일반인들에게 출입이 금지된 곳이다. 22개의 기둥을 넘어서면 폭 40m, 길이 26m의 너른 내원이 나오고 이 내원은 여러 개의 방과 연결되어 있다. 이 방들 중 하나에 시신이나 신상들을 옮기던 성스러운 배를 보관했었다.

▶ 멘투호테프 2세 신전 Temple of Mentuhotep Ⅱ

하트셉수트 왕비의 고분보다 6세기 정도 앞서 건설된 멘투호테프 2세(중왕국 제11왕조, 기원전 2065~2014)의 고분은 테베 지역의 테라스 식 고분의 모델을 제공한 건물이다. 시대는 중왕국이지만 고분과 신전의 역할을 동시에 하는 고왕국 시대의 건축 개념이 그대로 나타나 있고 또 멀리 신왕국 시대에 들어 크게 유행할 테라스를 이용하는 새로운 방식도 최초로 등장했다.

2개의 테라스로 이루어져 있으며 2층의 테라스 위에는 피라미드가 올라가 있었을 것으로 추정된다. 피라미드 뒤의 통로를 통하면 암벽을 깎아내고 만든 다주식 방이 나오고 여기서 파라오는 물론이고 왕비와 기타 왕족들의 석관을 안치시켰다.

▶ **투트모시스 3세 신전** Temple of Thutmose Ⅲ

하트셉수트 왕비 신전과 멘투호테프 2세 신전 사이에 있는 건축물로 1961년 폴란드 고고학 팀에 의해 발굴되었다. 미완성 건물이며 훼손이 많이 되어 복원을 위해 연구가 진행 중이다.

▶ 멤논 거상 Colossi of Memnon

왕의 계곡과 왕비들의 계곡에 이르는 길 끝에 서 있는 2개의 거대한 입상 조각을

[멤논 거상. 원래 이 곳은 아메노피스 3세 장례 신전의 입구였다.]

말한다. 사막과 경작지의 경계에 위치해 있다. 무게가 720t이 나가는 석영암 덩어리로 만든 이 거대한 상이 서 있는 곳은 아메노피스 3세의 장례 신전 입구였다. 아메노피스 3세의 장례 신전은 그 후에 등극한 파라오들이 자신들의 신전을 짓는 데 사용하기 위해 조금씩 파괴했고 기원전 27년에 일어난 지진으로 완전히 파괴되었다. 2개의 거대한 상은 모두 네메스라고 하는 파라오의 두건을 착용한 아메노피스 3세다. 입상의 양옆에는 여인상이 하나씩 서 있는데 어머니인 무테무이아와 부인인 티위다. 거상을 받치고 있는 받침대에는 나일 강의 신인 하피가 하이집트를 상징하는 파피루스와 상이집트의 상징인 연꽃을 교차해서 들고 있는 모습이 새겨져 있다. 이는 상하 이집트의 통일을 나타낸다.

옛 기록에 의하면 오른쪽 거상은 마치 살아 있는 사람처럼 흐느끼는 소리를 냈다고 한다. 물론 이는 춥고 습한 밤과 건조하고 더운 낮의 기온 차이로 인해 일어난 현상이었지만, 옛날 그리스 인들은 이 현상을 두고 트로이 전쟁의 영웅 중 한 사람이었던 멤논이 살아 돌아왔다고 생각을 했다. 이 전설은 이집트 인들이 이 조각을 멤누라고 불렀기 때문에 더욱 신빙성이 있는 것으로 받아들여졌다. 이런 미신으로 인해

그리스 인들은 물론이고 로마 인들까지 이곳으로 순례를 오기도 했다고 한다. 하드리아누스 황제까지 순례를 왔었다. 하지만 셉티미우스 세베루스(서기 146~211) 황제가 조각상을 보수하는 바람에 더 이상 아무 소리도 들리지 않게 되었다고 한다.

| 아스완 |

Aswan ★★

아스완은 이집트에서 가장 남쪽에 있는 인구 22만 명의 도시로 누비아 인들이 많이 산다. 롬멜, 윈스턴 처칠, 프랑수아 미테랑 같은 정치가들은 물론이고 영국의 추리 소설가 애거서 크리스티 등 문인들도 자주 찾았던 아스완은 아스완 댐으로 유명한 곳이 되었지만, 실제로 가 본 이들은 일대의 맑은 공기에 매료당하고 만다. 여름에는 기온이 40℃ 가까이 올라가지만 건조하기 때문에 마치 지중해성 기후를 연상시킨다. 무엇보다 말 그대로 구름 한 점 없는 짙은 푸른색 하늘은 아스완을 꿈 속의 마을로 기억하게 만든다.
아스완이라는 이름은 원래 '시장'을 뜻하는 고대 이집트 어에서 유래했다고 한다. 실제로 이곳은 예부터 금이나 상아, 공예에 사용되는 경석, 각종 가축과 가죽 등 아프리카 내륙에서 생산되는 제품들이 이집트로 들어오기 위해 집결되는 교역의 중심지였다. 처음 도시가 형성된 것은 흔히 '코끼리 섬'으로 불리는 나일 강에 떠 있는 엘레판틴느 섬인데, 말에서 알 수 있듯이 상아 거래가 이루어지던 곳이다. 이집트 인들은 이 섬을 코끼리를 뜻하는 말인 옙Yeb이라고 불렀고 현재의 이름도 여기서 유래했다. 뿐만 아니라 고대 이집트에서 아스완은 채석장으로 유명한 곳이었다. 오벨리스크, 거대한 석상, 거석으로 만든 거대한 석관 등의 재료는 많은 부분 아스완 채석장에서 생산되었다.
로마 점령기에는 권력을 상실한 장군들이 부임하는 곳으로 격이 낮아지기도 했고, 누비아 지방의 여러 민족들이 자주 분쟁을 겪던 곳이기도 했다. 오랫동안 침체를 벗어나지 못 하다가 아스완 댐이 개발되면서 함께 부흥하기 시작했다. 하지만 20세기 초부터 맑은 공기와 특유의 인심 좋은 사람들 그리고 때묻지 않은 환경 등으로 명사들의 휴양지로 이용되었다. 인근에 이시스 여신 신전으로 유명한 필레는 기자, 룩소르에 버금가는 국보급 유적지가 있어 많은 이들이 찾는다.

Information

위치

이집트 수도 카이로에서 남쪽으로 910km 정도 떨어져 있고, 기자 다음 가는 고대 이집트 유적지인 룩소르부터는 대략 210km 정도 떨어져 있다. 바로 남쪽에는 아스완 댐이 있다. 대부분의 사람들이 룩소르에서 출발하는 배를 이용해 방문하며, 카이로에서 항공편을 이용할 수도 있다. 물론 룩소르에서부터 도로를 이용해 이동할 수도 있다.

시내 교통

시내에서는 주로 마차를 이용한다. 택시 요금도 비교적 저렴하지만 시내에서는 마차가 오히려 바람직하다. 요금은 타기 전에 협상이 가능하고, 관광안내소에 문의하면, 대략적인 기준 요금을 알 수 있다.

[나일 강의 아름다운 경치를 감상할 수 있는 크루즈]

아스완에서의 나일 강 크루즈

사막과 강, 고대 유적지와 현대식 호텔, 수많은 여행사 등이 어우러진 아스완은 이집트 최고의 휴양지로 손꼽히는 곳이다. 아스완에서 보는 나일 강이 가장 아름다운 풍광을 자랑한다는 것은 익히 잘 알려진 사실이다. 크루즈는 나일 강을 가장 잘 느낄 수 있는 관광 방법이다. 작은 범선을 이용하는 방법과 정식 크루즈 패키지를 이용하는 두 가지 방법이 있다. 작은 범선은 선장을 제외하고 6인까지 탈 수 있는 배들인데, 파트너를 잘 구해서 타야 한다. 같이 동행할 인원이 5, 6명인 경우가 가장 적당하며, 선장이 운행 자격증을 소지했는지를 점검해야 하고, 가격 협상을 잘 해야 한다. 파트너는 묵는 호텔에서 구할 수도 있고, 선착장에서 구하기도 한다. 목적지를 분명히 정해야 한다. 일반적으로 인근의 콤 옴보(1박 2일), 에드푸(2박 3일)를 다녀오는 등 여러 가지 코스가 있다. 시간이 넉넉하지 못한 경우에는 엘레판틴느 섬 인근을 짧게 유람하는 것도 가능하다. 식사비는 별도이며, 잠은 배 안에서 잔다.
나일 강 유람 시에는 식수, 음식, 그리고 무엇보다 침낭을 준비해야 한다. 이집트 인들은 나세르 호수 물을 그냥 마시기도 하지만 기생충 감염의 위험이 있어 절대 삼가야 한다. 바람이 잘 불지 않을 때에는 배가 서 있는 경우도 있으므로 읽을거리도 필요하다. 가급적 선장이 권하는 호텔은 피하는 것이 바람직하다. 대부분 밤에는 항해하지 않고 물 위에 서 있다. 모든 불편함에도 불구하고 배 위에서 보는 나일 강의 저녁과 아침 풍경은 황홀할 정도다.

관광안내소

- 기차역 앞과 선착장에 있다. • ☎ (097)323-297, 312-811
- 08:30~14:00, 18:00~20:00

Sights

▶ 아스완 시내

아스완 시내에서는 강변도로인 코르니슈 알 닐 가에 있는 올드 카타락트The Old Cataract 호텔이 볼 만하다. 1899년에 지어진 이 호텔이 애거서 크리스티가 〈나일 강 살인사건〉을 쓴 곳이다. 주위에 정원이 있으며 나일 강의 멋진 풍경을 즐길 수 있는 곳이다. 특히 황혼 풍경은 오래 기억에 남을 것이다. 롬멜, 처칠, 미테랑 등이 이곳에서 휴양을 즐기기도 했다. 그 외에 흥미로운 곳은 수크Souk라고 불리는 시장인데, 누비아 인들 특유의 전통 장을 구경할 수 있다. 아스완에서 남쪽으로 1km 정도 떨어져 있는 누비아 박물관은 선사 유물에서부터 유네스코가 매몰 위기에서 구조해 낸 누비아 유적들이 보존되어 있다.

▶ 코끼리 섬 (엘레판틴느 섬) Elephantine Island

나일 강 강변도로인 코르니슈 알 닐 가 건너편에 있는 가장 큰 섬으로 이곳이 아스완 시가 시작된 곳이다. 상아를 거래하던 곳이었기 때문에 코끼리 섬으로 불린다. 1822년 터키의 침공으로 투트모시스 3세와 아메노피스 3세의 신전들이 파괴되어버려 약간의 흔적만 남아 있다. 섬 안에 인근에서 발굴된 선사 유물 등을 소장하고 있는 아스완 박물관이 있다. 이외에도 그리스 로마 시대의 신전 터와 고분들이 남아 있다. 섬 남단에는 나일 강 수계를 측정하는 계단이 있다. 수계를 측정함으로써 그 해의 수확을 점치곤 했다. 고대 이집트 때 새워진 것으로 1822년에 발굴되었다.

▶ 키치너 섬 Kitchener Island

엘레판틴느 섬 서쪽에 있는 작은 섬으로 섬 전체가 식물원이다. 섬의 명칭은 1890년 수단과 전쟁이 일어났을 당시, 이집트 군을 지휘했던 영국 장군의 이름에서 따온 것이다. 장군의 저택이 이 섬에 있었는데, 현재의 나무들도 그가 심기 시작한 것들이다. 다른 나라에서 들여온 열대 식물 등 다양한 식물들이 섞여 자라고 있다.

▶ 아가 칸 영묘 Mausoleum of Aga Khan Ⅲ

나일 강 서쪽 강변의 사막 언덕에 세워진 이 영묘는 1957년 숨을 거둔 시아 파 48대 지도자였던 아가 칸 3세의 묘이다. 아스완의 풍경에 매료되어 이곳을 즐겨 찾았던 이만 즉, 회교 지도자를 기리기 위해 그의 부인이 세웠다. 부인은 2000년 숨을 거둘 때까지 인근의 집에 살며 매일 아침 이곳에 들러 붉은 장미를 바쳤다고 한다. 왕비를 뜻하는 베굼으로 불렸던 이 부인은 1930년 미스 프랑스였다.

▶ 세헬 섬 Sehel Island

누비아 인들이 사는 섬이다. 고고학적으로는 고왕국 시대의 파라오 조세르에 관련된 기록이 있는 '기근의 비석'이 남아 있을 뿐이지만 도시에서 맛볼 수 없는 누비아 옛 마을의 정취를 느낄 수 있는 곳이다. 아스완에서 남서쪽으로 5km 정도 떨어져 있다.

▶ 아스완 댐 Aswan Dam

아스완 시에서 남쪽으로 약 8km 정도 떨어진 곳에 1902년 영국인들이 화강암으로 건설한 옛 댐이다. 댐의 길이는 2,400m 정도이며 높이는 45m 정도인데, 원래 30m였던 것을 두 차례 보수공사를 해 현재의 높이로 건설했다. 건설 당시는 담수량 10억m^3에 달하는 세계에서 가장 큰 댐이었지만 갈수록 그 정도의 수량으로는 이집트의 농업용 관개가 부족하다는 것이 드러났다.
이런 이유로 기존 수량의 5배를 저장할 수 있도록 재공사가 이루어졌다. 하지만 관개용이나 전력 생산 등 모든 면에서 불충분했기 때문에 흔히 아스완 하이 댐으로 불리는 신(新) 댐을 건설하게 되었고 이로 인해 큰 쓸모가 없는 댐이 되어버렸다. 보안 관계로 인근에서는 사진 촬영이 금지된다.

▶ 아스완 하이 댐 Aswan High Dam

구 소련의 협조를 받아 1960년에 시작해 11년 후인 1971년에 완공된 다목적 댐이다. 전체 국토 면적이 100만km^2에 달하는 이집트이지만 농사를 지을 수 있는 땅은 5만km^2에 지나지 않는다. 인구 증가로 식량 위기가 도래하자 새로운 해결책을 모색하는 과정에서 댐을 건설해 농경지를 늘리기로 했다.
1950년대 초부터 설계가 시작되고 자금 확보에 나섰으나 여의치 않게 되자 나세르 대통령은 1956년 7월 수에즈 운하 국유화를 선언해 버렸다. 수에즈 위기라는 사건이 터진 것인데, 서방 국가들 대신 소련이 자금을 제공했고 세계 최대 규모의 인공 호수와 댐이 건설되기 시작했다. 댐의 길이 3.6km, 높이 110m, 댐의 밑변 두께 980m, 상변 두께 40m의 거대한 댐이 완공된 것은 공사 시작 11년만인 1971년이다. 무려 4천만t의 화강암과 점토가 들어갔는데, 이는 거대한 케옵스 피라미드를 17개 지을 수 있는 양이었다. 5,200km²에 달하는 인공 호수에는 1,550억t의 물이 저장된다. 전체 저수량 중 60억t 정도가 수증기로 증발하는 양인데 댐의 엄청난 규모를 짐작할 수 있다. 자연히 인근의 생태계는 물론이고 멀리 카이로의 기후까지 영향을 받아 비가 자주 내리게 되었다. 델타 지역에 비옥한 토사를 실어다 주던 물길이 막히면서 인공 비료 사용이 늘어났고 수량이 줄면서 나일 강 하류의 염도도 높아졌다. 전체 저수량 중 이집트가 2/3 정도를 쓰고 나머지는 수단이 사용한다.
하이 댐 남쪽에 형성된 나세르 호수의 물길은 500km 정도나 된다. 가장 깊은 곳의 수심은 180m에 달한다. 공사로 인해 많은 고대 유적지들이 이전되었고 누비아 인이 이주를 해야만 했다.

- 위치 　아스완 시내에서 남쪽으로 15km 정도 떨어진 곳에 있다.
- 개관시간 　06:00~17:00(여름에는 ~18:00)
- 입장료 　10이집트파운드
- 유의사항 　비디오 촬영은 금지하지만 망원렌즈를 장착하지 않으면 사진은 찍을 수 있다.

감사의 표시로 나누어 준 고대 이집트 유물들

아스완 하이 댐을 건설하면서 수몰 위기에 처한 유적지들을 이전하는데 서구의 여러 나라들이 재정적, 기술적 지원을 아끼지 않았다. 이에 감사하기 위해 이집트 정부는 이들 나라에 유적을 선물했다. 스페인에게는 다보드 유적을 기증해 마드리드에 가면 볼 수 있고, 덴두르 유적은 미국 뉴욕에 가 있으며, 신왕국 첫 번째 석굴사원은 이탈리아 토리노에 가 있다. 루브르 박물관에 있는 아메노피스 4세의 거상 역시 당시 선물로 받은 것이고 아스완 인근의 칼랍샤 유적지에서 발굴된 프톨레마이오스 시대의 문은 베를린에 가 있다. 이외에도 이집트는 19세기에 프랑스, 영국 등의 왕들이 대관식을 할 때 고대 이집트 유물들을 축하 선물로 보내기도 했다. 그만큼 고대 이집트 유물들이 많았다는 반증이다.

| 아스완 인근 |

Around Aswan

Sights

▶ 필레 Philae

아스완에서 남쪽으로 약 7km 정도 떨어진 아질키아 섬에 있는 필레 유적지는 이시스 여신에게 바쳐진 신전이 있는 곳으로 하이 댐 건설로 수몰 위험에 처해 있었으나 유네스코의 지원을 받아 1972~1980년에 걸쳐 필레 섬에서 북서쪽으로 약 20m 위에 있는 아질리카 섬으로 이전되었다. 아질리카 섬에 필레 섬과 동일한 지형을 만들기 위해 약 30만m³에 달하는 화강암을 폭파해 제거했고, 그런 다음 유적 전체를 덩어리로 잘라 분해한 후 재조립했다. 비용은 약 3천만 달러가 소요되었으며, 이 중 반 정도를 유네스코에서 지원했다.

- 교통편 구 아스완 댐 남동쪽에 있는 선착장 셀랄Shellal에서 배를 이용하거나 택시를 이용한다. 배는 왕복 20이집트파운드, 택시의 경우는 35이집트파운드 정도 든다. 택시를 이용할 경우, 선착장에 내리면 배를 이용

[필레 유적지 다주식 회랑의 복원도]

해 5분 정도 가야 한다. 배 요금은 20이집트파운드 정도를 별도로 내야 한다.

- 개관시간 07:00~16:00(여름에는 ~17:00)
- 입장료 40이집트파운드
- 유의사항 사진과 비디오 촬영권은 셀랄 선착장에서 구입

관람 안내 하이 댐 건설 이전에도 필레 유적지는 아스완 구 댐 건설 당시인 20세기 초에 이미 신전 기둥 밑까지 물이 차곤 했었다. 당시 그림엽서를 보면 신전의 기둥 사이를 배를 타고 오가는 장면을 볼 수 있다.

필레 유적지는 고대 이집트 유적지 중에서는 비교적 최근에 지어진 신전으로 기원전 4세기에 이시스 여신을 위해 지어져 기원후 4세기경에도 계속해서 예배를 드렸었다. 로마 황제로 그리스에서 전해진 올림픽 경기도 금지시킨 바 있는 테오도시우스 1세(346~395) 치하에서 이러한 이교적 경배를 금하기 위해 신전을 폐쇄시켰고, 이후 이집트 기독교인 콥트 교 신자들이 교회로 사용하기도 했다.

제30왕조의 파라오 넥타네보 1세(기원전 380~362)의 정자를 지나면 멋진 장식이

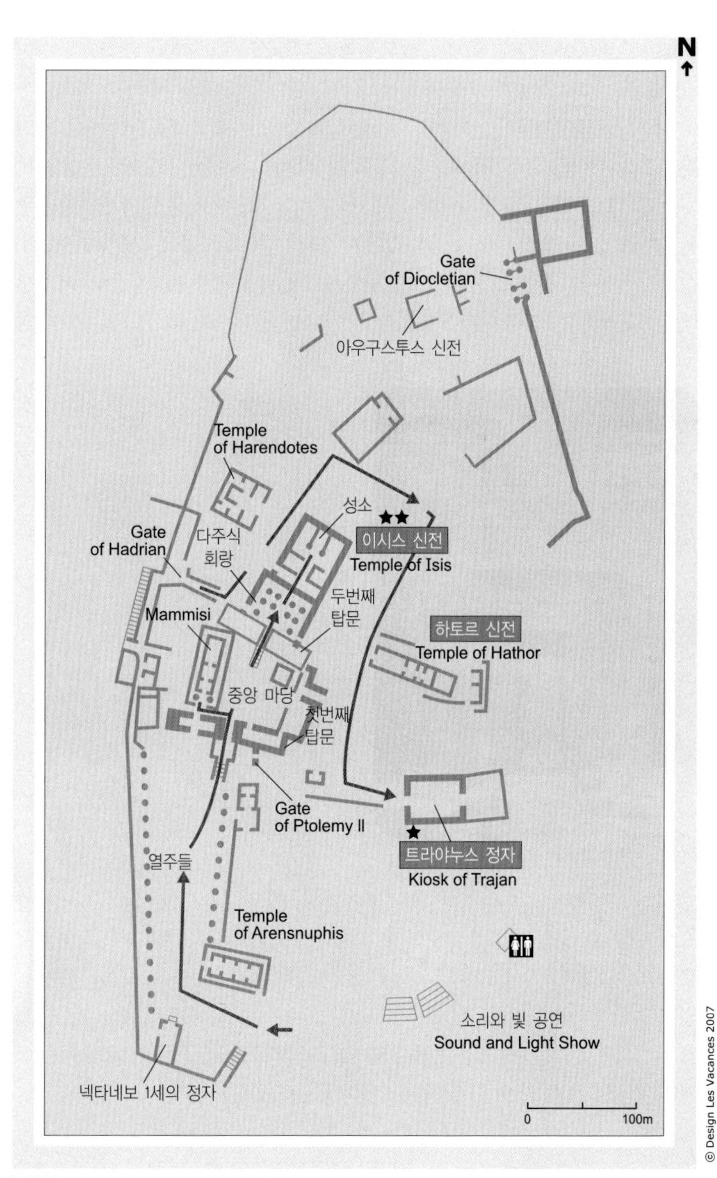

[필레]

달린 이집트 건축의 다양한 기둥들을 보게 된다. 이 기둥들에는 파라오의 이름을 기록할 때 사용하는 타원형 속에 아우구스투스, 티베리우스, 칼리굴라, 네로 등 로마 황제들의 이름이 새겨져 있다. 기둥들을 지나면 이시스 신전★★의 첫 번째 탑문(塔門)인 폭 45m, 높이 18m의 필론이 나오고 필론 벽에 묘사된 빼어난 부조 조각을 볼 수 있다. 원래 이 탑문 앞에는 2개의 오벨리스크가 있었다. 프톨레마이오스

12세의 포로 살해 장면과 이시스, 호루스, 하토르 등의 신을 묘사한 조각이다. 이어 마당을 지나 다주식(多柱式) 회랑에 들어서면 나폴레옹 군대의 병사들과 1923년에 이곳을 찾은 관광객들이 남겨놓은 낙서들을 볼 수 있는 벽과 기둥들이 나온다. 다주식 회랑은 아름다운 기둥머리 장식들을 보여주는데, 벽에는 신들에게 공물을 바치는 장면들과 어린 호루스 신에게 젖을 먹이는 이시스 여신 등 신의 탄생에 관련된 장면들이 묘사되어 있다. 하지만 많은 부조들이 콥트 교도들에 의해 파괴되었다. 성소로 들어가기 전에 첫 번째 것보다 규모가 작은 두 번째 탑문이 나온다. 이 탑문에도 프톨레마이오스 12세를 묘사한 부조가 있다. 이시스 여신의 성소는 12개의 방

[이시스 신전의 탑문]

으로 구성되어 있다. 성소를 나오면 로마 황제 하드리아누스가 세우기 시작해 마르쿠스 아우렐리우스 때 완공된 문이 나온다. 원래 이 문은 인근의 비가 섬에 있는 나일 강의 신인 하피 여신을 향하도록 세워져 있었다. 이외에 하토르 여신 신전과 필레 유적지에서 가장 아름다운 건물인 종려나무, 파피루스 등을 문양으로 이용한 14개의 기둥들이 받치고 있는 트라야누스 정자★ 등이 인근에 있다.

이시스와 오시리스 Isis & Osiris

이집트 신화에서 가장 널리 알려진 이 두 신은 그리스와 로마로 전파되어 곡물의 신인 데메테르와 케레스가 될 정도로 고대 지중해 인근에 큰 영향력을 미친 신들이다. 원래 이시스 여신은 나일 강 하류의 델타 삼각주에서 태어난 신이었지만 세월이 흐르면서 상 이집트의 신으로 특히 추앙을 받았다. 전설에 의하면 이시스와 오시리스 그리고 세트는 모두 형제지간이었다. 어느 날 세트가 오시리스와 같은 크기의 상자를 만들어 그 상자를 가득 채우는 자에게 상자를 선물로 주겠다고 하자 오시리스가 그 상자에 들어갔다. 그러자 세트는 이 상자를 나일 강에 버려 바다로 흘러가도록 했다. 하지만 누이이자 부인이기도 했던 이시스는 이 상자를 찾아내어 하이집트에 숨겼다. 그러자 세트는 이번에는 그 상자

를 찾아내 상자 안에 있는 오시리스의 시신을 14개의 조각으로 찢어 온 천하에 뿌렸다. 그러나 이시스는 이 시신을 모두 찾아내 아누비스로 하여금 장사를 지내게 한 다음 자신이 스스로 새로 변해 날갯짓을 해서 죽은 오시리스에게 생명의 입김을 불어넣어 소생시켰다. 이때부터 오시리스는 죽음의 신이자 부활의 신이 되었다. 새가 된 이시스 여신은 오시리스와 사랑을 나누어 호루스를 낳았고 호루스는 아버지의 원수를 갚았다.
이 신화는 부분적으로 조류를 중심으로 한 난생설화, 상자에 들어가 버림받았다가 신분이 드러나는 영웅 탄생 설화 등의 구조를 갖고 있는데, 후일 그리스 신화에 다시 나타나는 구조들이다.

▶ 칼랍샤 Kalâbsha

상이집트 상부, 현재의 수단과의 국경 지대에 살던 누비아 인들이 이집트의 호루스 신에 해당하는 만둘리스 신에게 바친 신전이다. 아스완 하이 댐 건설 당시 독일이 재정적으로 지원해 원래의 위치에서 40km 남쪽에 있는 현재의 위치로 옮겨졌다. 아부 심벨 신전과 함께 나세르 호수 크루즈를 하지 않아도 가볼 수 있는 곳이지만 고고학적 관심이 없는 일반인들은 거의 가지 않는 곳이다. 칼랍샤 신전, 케르타시 신전, 베이트 왈리 신전 등이 있다.

- 입장료 25이집트파운드

▶ 와디 알 세부아 Wadi al-Sebua

하이 댐 건설 당시 미국의 기부금으로 원래 위치에서 2km 정도 위로 이전된 신전으로 아몬 신과 레 하르마키스 신에게 바쳐진 신전인 와디 알 세부아 신전과 토트 신에게 바쳐진 다카 신전 2개의 유적이 있다. 와디 알 세부아 신전의 2개의 탑문과 12개의 기둥들이 받치고 있는 다주식 회랑 등이 볼 만하다. 오직 나세르 호수 크루즈 코스를 택해야만 볼 수 있는 유적지이다. 신전 앞 마당에는 10개의 스핑크스들이 도열해 있는데, 이 때문에 흔히 '사자들의 계곡'이라는 별명으로 불리곤 한다. 다카 신전은 프톨레마이오스 8세 때 공사를 시작해 아우구스투스 황제 때 완공되었는데 로마 황제들이 모두 파라오의 모습으로 묘사되어 있다.

▶ 아마다 Amada

무게 900t이 나가는 이 작은 신전은 프랑스 팀에 의해 원래의 위치에서 2.5km 떨어지고 원래 고도보다 65m 더 높은 곳으로 통째로 이동된 신전이다. 특수 레일을 깔아 이동시켰다. 신왕조(기원전 1550~1075) 때의 유적들로 투트모시스 3세와 아메노피스 2세 때의 것인 16개의 기둥과 아메노피스 3세 때의 비석 등 신전 구성물들을 볼 수 있다.

▶ 아부 심벨 Abu Simbel ★★★

거대한 바위산을 직접 파서 만든 거대한 신전, 그것이 아부 심벨 신전이다. 고대 이집트 파라오 중 가장 강력했던 람세스 2세가 신으로 추앙받은 곳이 이곳이다. 대신전과 하토르 신전 2개의 신전으로 구성되어 있다. 유네스코의 주관 하에 1963년부터 작업에 들어간 아부 심벨 이전 공사는 인류 역사상 유례를 찾아볼 수 없는 전무후무한 사건이었고 이 일로 인해 아부 심벨의 이름은 전 세계에 알려지게 되었다. 신전 중의 신전이 바로 아부 심벨이며, 고대 이집트가 이집트 인들만의 문화유산이

[바위산이자 신전 자체인 아부 심벨]

아니라 인류 전체의 문화유산임을 선언한 곳도 이곳 아부 심벨이다.

아부 심벨 구조 작전

신왕국 제19왕조(기원전 1291~1185) 때 건설된 아부 심벨은 1960년부터 공사가 시작되어 1971년에 끝난 아스완 댐 공사로 인해 수단과의 국경 지대까지 물이 차게 되는 바람에 인근의 다른 유적지와 함께 수몰될 위기에 처했었다. 1963년 댐이 건설되면서 물이 차오르자 이집트와 유네스코는 독일, 프랑스, 이탈리아, 스웨덴 등 유럽 국가에 구조를 요청했고 논란 끝에 2개의 암벽 신전을 덩어리로 잘라 원래 위치에서 60m 정도 높고 210m 정도 내륙으로 들어간 곳으로 이전하기로 결정했다. 이 방법이 가장 효과적이었으며 경비도 최소한도로 줄일 수 있었다. 구조 작업이 있기 전까지 아부 심벨 신전은 그 웅장한 규모와 사료적 가치에도 불구하고 일반인들에게 거의 알려지지 않은 곳이었다. 전 세계 매체들이 앞다투어 보도하는 바람에 그 이후 아부 심벨은 국제적인 관광 명소가 되었으며 아울러 전 세계에 문화유산 보호의 중요성을 일깨우는 계기가 되었다. 아부 심벨 신전이 유네스코의 도움을 받아 구조되는 데에는 프랑스의 이집트 학자인 크리스티느 데로슈 노블쿠르가 결정적인 역할을 했다. 그녀가 없었다면 아부 심벨은 물에 잠겼을 것이고 산소통과 물안경을 쓰고 들어가서야 볼 수 있었을 것이다.

우선 350m 길이의 임시 제방을 쌓아 물을 막은 다음, 신전을 덮고 있던 언덕의 흙을 깎아내 약 30

만t에 달하는 흙을 퍼냈다. 그 다음 내부로 들어갈 수 있는 작은 통로를 만든 후 모든 충격에 견딜 수 있도록 하기 위해 모래로 신전 입구 전체를 덮었다. 신전을 형성하고 있는 누비아 사암은 오랜 세월을 견디며 약해진 상태여서 신전 전체를 천여 개의 덩어리로 잘라내는 도중 자칫 진동으로 인해 입구가 붕괴될 우려가 제기되었기 때문이다. 이렇게 잘려진 덩어리들은 에폭시 수지로 받침대에 접착된 다음 기중기로 들어올려 절벽 위로 이동을 했다. 전체 무게는 약 15,000t이었고 대신전의 무게만 11,500t으로 대부분을 차지했다.
이렇게 이동된 덩어리들을 신전의 원래 방향을 유지한 채 다시 원상태로 조립하기 위해 기술자들은 시멘트로 만든 인공 암벽을 만든 다음 차례대로 조립했다. 공사는 세심한 주의를 기울여가며 진행되었기 때문에 신전 기둥이나 신상에는 긁힌 자국 하나 나지 않았다. 이렇게 해서 공사 시작 5년만인 1968년 9월, 모든 공사가 완료되었다.

[아부 심벨 구조 작업]

숫자로 보는 아부 심벨 구조 작업

전 세계 50개 국가가 직간접으로 참여했고, 전체 소요 경비는 4천만 달러가 들어갔다. 평균 기온이 섭씨 50℃ 정도 되는 뙤약볕 속에서 천 명 정도가 5년 동안 일을 했다. 그중에는 이탈리아의 유명한 대리석 채석장인 카레라에서 파견된 인원도 들어 있었다.

〈위치〉

이집트 수도 카이로에서 남쪽으로 1,200km 정도 떨어진 수단과의 국경 지대에 있다. 아스완 댐에서는 250km 정도 남쪽인, 나세르 호수 왼쪽 강변에 위치해 있다. 2001년 아스완과 아부 심벨을 연결하는 도로가 개통되었고 선박과 매일 출발하는 항공편도 있다. 비행기를 이용한다면 왼쪽 창가를 이용하는 것이 바람직하다. 착륙 준비를 하기 위해 하강할 때 아부 심벨의 멋진 전경을 하늘에서 조감해 볼 수 있기 때문이다.

〈관람 정보〉

개방 시간은 오전 7시에서 오후 5시까지이고 입장료는 70이집트파운드이다.

〈야간 '소리와 빛' 공연〉

야간에는 19시 또는 19시 30분부터, 세 차례에 걸쳐 조명이 들어온 상태에서 음악 공연을 한다. 입장료는 60이집트파운드 선이며 미리 예약을 하거나 유람선 승선 때 함께 구입을 해야 한다. 수천 년 된 거대한 신전 앞에서 벌어지는 이 '소리와 빛' 공연은 이집트에서 벌어지는 야간 공연 중 가장 볼 만하다.

▶ 아부 심벨 대신전 Great Temple of Abu Simbel

람세스 2세는 정치, 경제적 이유로 신왕국 당시의 수도였던 테베Thebes에서 멀리 떨어진 이곳에 신전을 세웠다. 당시 이집트에서 필요로 하는 많은 물자들은 아프리카 내륙에서 생산되는 것들이어서 현재의 수단과 국경을 이루는 지역이 상당한 중요성을 지니고 있었다. 예를 들면 금은 누비아 사막에서 생산되었고, 석영과 섬록암 등은 현재의 아부 심벨 신전 인근에서 생산되었다. 이러한 교역과 더불어 번성을 구가하던 이곳에 신전을 세움으로써 람세스 2세는 국경을 확고히 할 수 있었다.

신전 외부 아부 심벨 대신전은 19세기 초인 1813년 스위스 인인 장 루이 브르카르트가 오랫동안 모래 속에 파묻혀 있던 것을 발굴해냄으로써 세상에 알려졌다. 신전 자체는 웅장함으로 대표되는 람세스 2세 통치 시기의 특징을 가장 잘 드러내고 있다. 우선 암벽을 파서 세운 신전의 정면은 아름답기도 하지만 무엇보다 엄청난 규모로 보는 이들을 압도한다. 높이 33m, 폭 38m의 암벽을 직접 파서 만든 정면에는 높이 22m에 달하는 4개의 람세스 2세 좌상이 있고 그 가운데 매의 머리를 한 호루스 신의 작은 상이 서 있는 배치를 보여 준다. 4개의 람세스 2세 상 중 하나는 가슴과 머리 부분이 부서져 있는데, 이는 기원전 27년에 일어난 지진으로 파괴된 것이다. 가장 오른쪽에 있는 상은 고대에 한 번 보수를 한 것이다.

4개의 람세스 2세 상들은 모두 동일한 모습으로 떠오르는 태양을 바라보고 있다. 같은 자세와 형상을 하고 있지만, 그 명칭은 다 다르다. 이는 각각의 상이 숭배하는 신이 다르기 때문인데, "군주들의 태양 람세스", "두 땅의 주인 람세스", "아몬 신이 사랑하는 자, 람세스", "아툰 신이 사랑하는 자"라는 상형문자가 들어가 있다. 람세스 2세가 머리에 쓰고 있는 왕관은 상하 이집트의 통일을 의미하는 이중 관인데, 원래 델타 지역의 하이집트의 파라오는 적색 관을 썼고, 상이집트는 백색 관을 썼다.

조각상의 두 발 사이와 좌우에는 각각 람세스 2세의 어머니, 부인, 딸들이 작은 크기로 묘사되어 있다. 입구 위의 벽감에는 정오의 태양신인 레 호라크티가 호루스 형상을 한 채 묘사되어 있고, 그 양옆으로는 람세스 2세가 신전의 주인인 태양신 레에게 봉헌을 하는 장면이 들어가 있다. 그 위의 돌림 장식에는 떠오르는 태양을 맞이하는 비비 원숭이들이 묘사되어 있다.

입구에 가까이 다가가면 여러 나라의 언어로 기록을 새겨 넣은 것을 볼 수 있는데, 고대 그리스 인의 것에서부터 19세기와 20세기 들어 신전을 찾은 이들이 남겨 놓은 것까지 다양하다.

람세스 2세 좌상의 부위별 크기

• 이마 : 59cm • 코 : 98cm • 눈 : 84cm • 입 : 110cm • 손 : 264cm

신전 내부 아부 심벨 대신전은 람세스 2세가 숭배했던 주요 도시를 수호하는

[람세스 2세 상. 코의 길이만 98cm에 이른다.]

신들에게 바친 신전으로, 테베의 아몬, 멤피스의 프타, 그리고 무엇보다 람세스 2세가 가장 숭상했던 헬리오폴리스의 레 호라크티를 모신 곳이다. 암벽을 62m 깊이로 파서 내부에 다주식(多柱式) 복도, 봉헌물 보관창고, 나오스Naos라고 하는 성소 등을 만들어 놓았다.
다주식 복도에서는 높이 10m에 달하는 8개의 람세스 거상 기둥이 천장을 받치고 있다. 이 거상들은 모두 오시리스의 자세를 취하고 있지만, 얼굴은 람세스 2세다. 천장에는 하늘을 상징하는 날개를 펼친 독수리들이 그려져 있다. 벽에 묘사된 부조는 기원전 1275년 히타이트 족을 상대로 치른 전쟁 등 람세스 2세가 치른 전쟁 장면들이다.
신전 가장 깊은 곳에 있는 나오스 즉, 성소에는 프타, 아몬 레, 람세스 2세, 레 호라크티 등 4개의 좌상이 위치해 있다. 신들과 똑같은 크기로 제작된 람세스 2세의 상은 그가 신이 되었음을 의미한다. 이 성소에는 1년에 2번 춘분과 추분 때 햇빛이 들어 신상들을 비춘다. 2월 20일과 10월 20일인데, 각각 람세스 2세가 태어난 날과 파라오에 등극한 날이다. 하지만 아스완 댐 공사로 이전한 다음부터 성소에 햇빛이 드는

하토르 신전

날이 하루씩 늦추어졌다. 그 정도로 이전 공사가 정확하게 이루어졌음을 의미한다.

▶ 하토르 신전 Temple of Hathor

신전 외부 하토르 여신의 신전은 람세스 2세가 왕비 네페르타리를 위해 지은 신전이다. 암소 형상을 하고 있는 하토르 여신은 매일 태양을 낳는 여신으로 간주되었다. 두 뿔 사이에 태양을 상징하는 원반이 들어가 있다. 신전 외부는 람세스 2세의 대신전보다 규모는 작지만 아름다움은 그에 못지않으며, 람세스 2세의 거상

© Photo Les Vacances 2007

[아부 심벨 소신전인 하토르 신전. 람세스 2세가 왕비 네페르타리를 위해 지은 것이다.]

사이에 왕비 네페르타리의 거상이 서 있는 배치를 보여 준다. 높이가 9.5m에 달하는 각 거상은 왼발을 앞으로 내민 형상을 하고 있는데, 이는 인물들이 살아 있다는 것을 나타내기 위한 것이었다. 신전 입구 위에는 왕권을 상징하는 코브라인 우라에우스가 신전을 지키고 있다.

신전 내부 21m 깊이로 암벽을 파서 만든 신전 내부에서는 6개의 기둥이 받치고 있는 다주식 복도, 하토르 여신에게 봉헌물을 받치고 있는 람세스 2세와 왕비, 하토르 여신을 경배할 때 연주했던 타악기인 시스트럼 등이 묘사된 부조들을 볼 수 있다.

Delta and Mediterranean Coast

델타와 지중해 연안

[알렉산드리아]

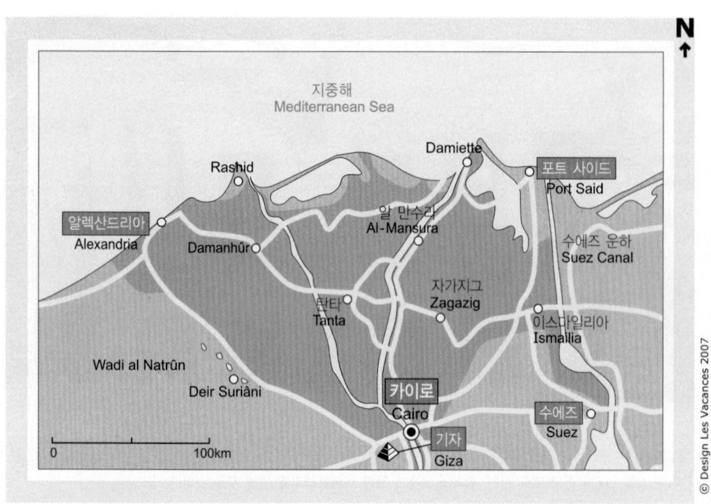

[델타와 지중해 연안]

| 알렉산드리아 |

Alexandria ★

이집트 제2의 도시로 인구 375만 명을 헤아리는 항구 도시 알렉산드리아는 도시 이름에서 알 수 있듯이, 기원전 331년 마케도니아의 알렉산드로스 대제가 세운 도시다. 이집트의 수도 카이로에서 북서쪽으로 약 225km 정도 떨어져 있다. 지중해 해안을 따라 형성되어 있는 알렉산드리아는 델타 지역은 물론이고 카이로 시민들과 유럽 관광객들이 즐겨 찾는 유명 해수욕장들이 많은 곳이기도 하다. 해안을 따라 약 20km 정도 길게 형성되어 있는 도시로 폭은 평균 3km 정도밖에 되지 않는다.

나일 강의 범람과 2차 세계대전에 이르기까지 끊이지 않았던 전쟁 그리고 그 유명한 알렉산드리아 등대를 무너뜨린 지진 등으로 인해 고대 이집트, 그리스 로마 유적들은 거의 사라졌다. 하지만 몇몇 남아 있는 유적지만으로도 고대 이집트, 프톨레마이오스 왕조, 그리고 로마 점령기로 이어지는 고대의 찬란했던 영광과 초기 기독교 문명은 물론이고 근대 이후 서구 열강들의 문화가 뒤섞여 발전했던 국제 도시로서의 면모를 짐작할 수 있다.

Information

가는 방법

카이로에서 하루 1~2회 정도 알렉산드리아로 출발하는 정기 항공노선이 있다. 그 밖에도 런던, 프랑크푸르트, 두바이 등 유럽과 중동 지역의 몇몇 도시에서 직항편이 운항하고 있다. 알렉산드리아 공항은 시내에서 서쪽으로 60km떨어진 곳에 위치해 있다. 카이로를 비롯해 시와, 시나이, 수에즈 등 기타 지역과도 기차나 버스로 연결된다.

관광안내소

지점 1

- 사아드 자글룰 광장Midan Saad Zaghlul과 사아드 자글룰 가가 만나는 모퉁이
- ☎ (03)485-1556 • 08:30~18:00 • 간단한 안내서와 시티가이드 지도 등을 얻을 수 있다. 2층에는 관광 경찰이 있어 문제가 발생했을 시 도움을 받을 수 있다. 관광 경찰들은 영어를 구사할 줄 안다.

지점 2

- Masr 역 • ☎ (03)492-5985 • 08:00~18:00

Special

알렉산드리아 역사

알렉산드로스 대왕으로 알려진 마케도니아의 알렉산드로스 3세가 기원전 331년에 도시 건설을 결정한 이후 프톨레마이오스 2세 때 완공된 계획도시이다. 기원전 323년 숨을 거둔 알렉산드로스 대왕은 자신이 건립을 명령한 도시를 볼 수 없었다. 완공 이후 알렉산드리아는 멤피스를 제치고 이집트의 수도가 되어 헬레니즘 시대 지중해 문화, 학술, 경제의 중심으로 발전했다. 그 이전에는 고대 이집트 인들이 세운 성벽을 중심으로 페니키아 인들이 무역을 하며 드나들던 작은 어항이자 무역항에 지나지 않았다. 폭이 30m에 이르는 2개의 대로를 중심으로 작은 길들이 수직으로 겹쳐 지나가는 형태를 띤 알렉산드리아에는 2개의 항구가 건설되었고, 두 항구는

1,200m에 달하는 긴 방파제로 연결되어 있었다.

알렉산드리아는 이후 계속 확장되면서 지중해에서 가장 융성한 도시로 성장했고 무역과 학문의 중심지가 되어갔다. 특히, 프톨레마이오스 1, 2세 치세 당시 그리스의 유명한 학자들을 초청해 무세이온 안에 알렉산드리아 도서관 등을 지어 학문에 정진하도록 했다. 당시 알렉산드리아에 온 학자들의 면면을 보면 그 권위를 짐작할 수 있는데, 수학자 유클리드, 해부학의 창시자인 그리스 의사 헤로필로스, 화가 안티필로스, 그리고 지리와 역사학의 에라토스테네스 등이 그들이다. 알렉산드리아 도서관에는 당시 이미 70만 권의 필사본이 소장되어 있었다. 이러한 전통은 서기 3세

[항구 도시 알렉산드리아]

기까지 이어져 알렉산드리아는 신 플라톤주의 철학의 중심지가 되었으며, 클레멘스, 오리게네스 등의 신학자의 탄생을 보게 된다.

무역항으로서는 인도, 아라비아, 아프리카와 무역이 이루어지는 지중해 최대의 수출항이었다. 로마 제국 당시에는 식민지로 다시 번영을 구가했으나 동시에 유대인, 기독교도, 아프리카 인, 아랍 인, 그리스 인들이 섞여 살면서 잦은 충돌과 분쟁이 끊이지 않았다. 게다가 프톨레마이오스 왕조 말기에 들어서면서 내부의 권력투쟁에 더해 강권 정치가 행해지면서 민족적 갈등은 더 강하게 일어났다. 로마 황제 카이사르가 점령한 후부터 이러한 번영기는 종말을 고한다. 그 때가 바로 유명한 안토니우스와 클레오파트라의 역사가 시작되는 때인데, 두 사람은 알렉산드리아를 제국의 중심 도시로 만들 웅대한 계획을 갖고 있었으나 기원전 31년 악티움 해전의 패배로 프톨레마이오스 왕국이 멸망하자 모든 것이 수포로 돌아가고 만다. 클레오파트라가 정장을 한 채 독사에 물려 스스로 목숨을 끊은 곳도 이곳 알렉산드리아이다.

이 모든 영광은 640년, 아랍 인들의 침공으로 막을 내리게 된다. 그렇지만 서기 642년 오마르가 알렉산드리아에 입성했을 때만 해도 그의 입에서 "놀랍다"는 말이

흘러나올 정도로 알렉산드리아는 수많은 성과 건물로 가득했었다. 알렉산드리아의 도서관은 로마 점령기 때 화재로 소실되어 복구되었지만 오마르가 침공을 하면서 다시 불태워졌다. 당시 도서관을 불태운 그 열로 180일 동안 무려 4천 가구에 더운 물을 공급할 수 있었다고 한다. 알렉산드리아가 거의 완전히 폐허가 된 것은 200여 년 후인 서기 875년 아메드 이븐 툴룬이 시의 성곽을 무너뜨리며 도시를 파괴했을 때이다. 1303년에는 파로스 등대마저 지진으로 완전히 파괴되어 자취를 감추고 말았다. 오스만투르크가 지중해 일대를 장악하던 16세기 초엽인 1517년부터 알렉산드리아 역시 오스만투르크의 지배 하에 들어가 1798년 시작된 나폴레옹 1세 점령 때까지 그 지배를 받게 된다. 15세기에 포르투갈 인들에 의해 남아프리카 항로가 발견되면서 인도와의 향신료 교역 등에서 우위를 지키지 못한 것도 알렉산드리아가 쇠퇴하게 된 원인 중 하나다.

이 모든 불리한 여건들은 19세기 중엽인 1869년 수에즈 운하가 개통되고 무하마드 알리가 통치를 하면서 다시 부흥하기 시작했고 특히 목화 수출의 중요한 항구가 된다. 수만 명의 유럽 인들이 이주해 와 많은 서구식 건물들이 들어서기도 했다. 19세기 말의 알렉산드리아는 국제적 도시로 다양한 문화가 혼재해 있던 곳이었다. 하지만 1952년 나세르 혁명 당시 이들 외국인들은 모두 쫓겨가고 거리 이름도 바뀌는 등 새롭게 이집트 제2의 도시로 태어나게 된다.

Sights

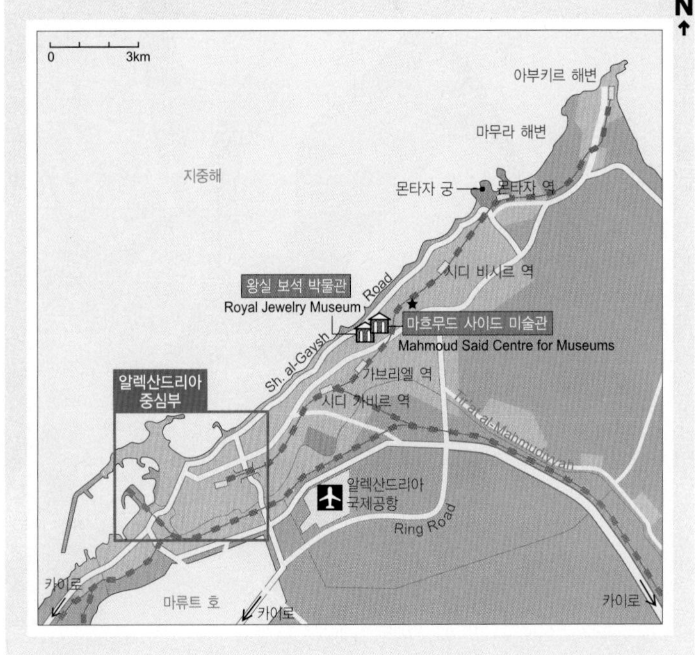

[알렉산드리아]

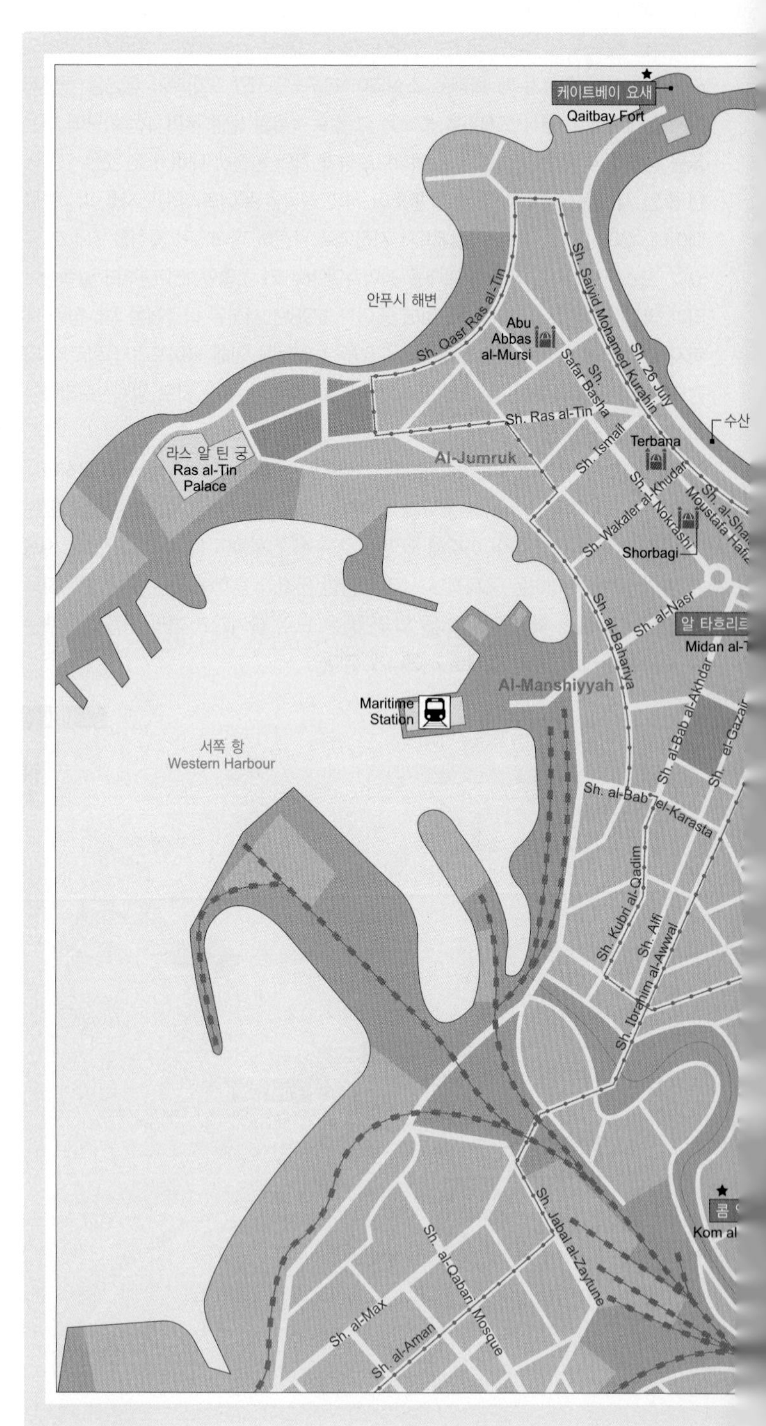

케이트베이 요새
Qaitbay Fort
안푸시 해변
Sh. Qasr Ras al-Tin
Abu Abbas al-Mursi
Sh. Saiyid Mohamed Kurahin
Sh. 26 July
Sh. Safar Basha
Sh. Ras al-Tin
수산
라스 알 틴 궁
Ras al-Tin Palace
Al-Jumruk
Sh. Ismail
Terbana
Sh. Wakaler al-Khudar
Sh. Nokrashi
Moustafa Hafiz
Shorbagi
Sh. al-Nasr
Sh. al-Bahariya
Midan al-
Al-Manshiyyah
Maritime Station
서쪽 항
Western Harbour
Sh. al-Bab al-Akhdar
Sh. al-Bab el-Karasta
Sh. Kubri al-Qadim
Sh. Alfi
Sh. Ibrahim al-Awwal
Kom al
Sh. Jabal al-Zaytune
Sh. al-Qabari Mosque
Sh. al-Max
Sh. al-Aman

[알렉산드리아 중심부]

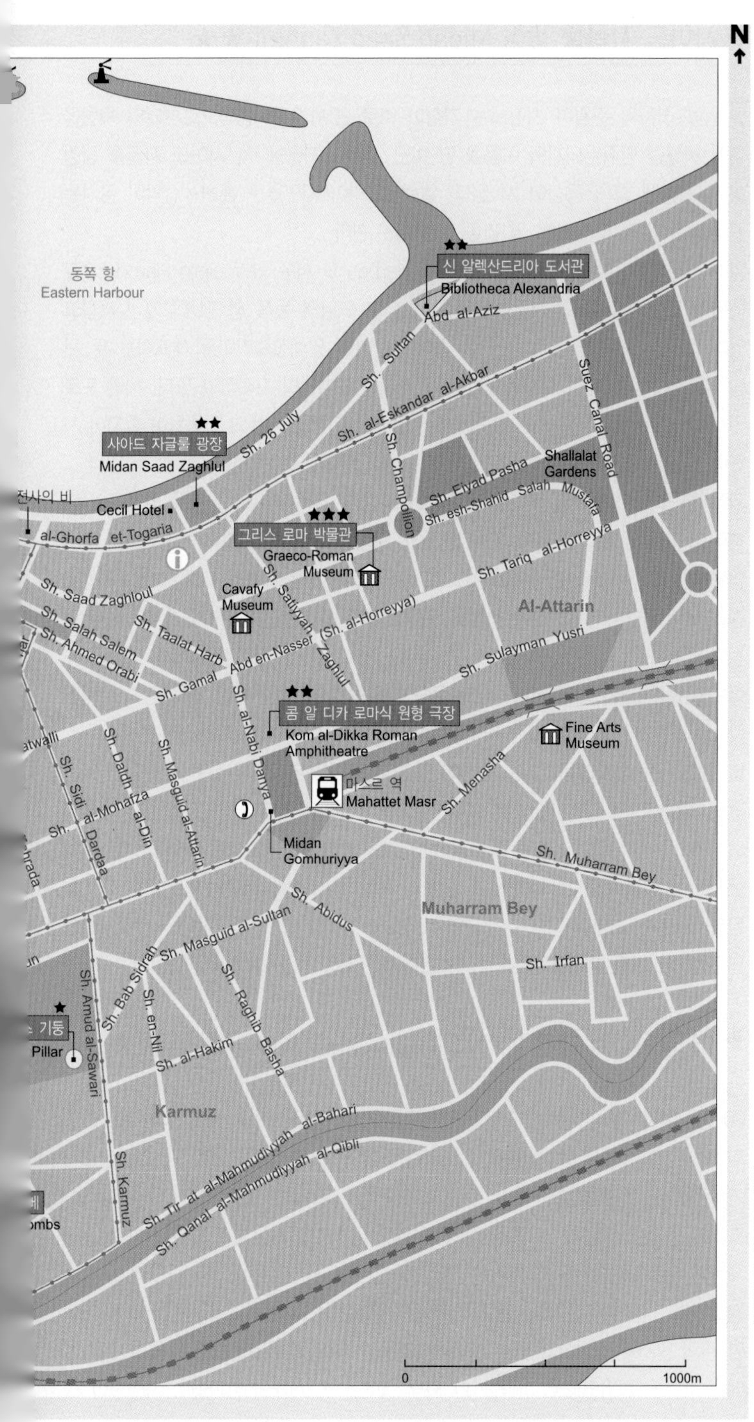
N
동쪽 항
Eastern Harbour
신 알렉산드리아 도서관
Bibliotheca Alexandria
Abd al-Aziz
Sh. Sultan
Sh. al-Eskandar al-Akbar
Suez Canal Road
사아드 자글룰 광장
Midan Saad Zaghlul
Sh. 26 July
Sh. Champollion
Sh. Eiyad Pasha
Shallalat Gardens
Sh. esh-Shahid Salah Mustafa
Cecil Hotel
al-Ghorfa et-Togaria
그리스 로마 박물관
Graeco-Roman Museum
Sh. Tariq al-Horreyya
Sh. Saad Zaghloul
Cavafy Museum
Sh. Safiyyah Zaghlul
Al-Attarin
Sh. Salah Salem
Sh. Taalat Harb
Abd en-Nasser (Sh. al-Horreyya)
Sh. Ahmed Orabi
Sh. Gamal
Sh. Sulayman Yusri
콤 알 디카 로마식 원형 극장
Kom al-Dikka Roman Amphitheatre
Sh. al-Nabi Danya
Fine Arts Museum
Sh. Daldh al-Din
Sh. Masguid al-Attarin
Sh. Sidi Dardaa
Sh. al-Mohafza
마스르 역
Mahattet Masr
Sh. Menasha
Midan Gomhuriyya
Sh. Muharram Bey
Sh. Abidus
Muharram Bey
Sh. Masguid al-Sultan
Sh. Irfan
Sh. Bab Sidrah
Sh. Amud al-Sawari
Sh. en-Nil
Sh. Raghib Basha
Pillar
Sh. al-Hakim
Karmuz
Sh. Tir at al-Mahmudiyyah al-Bahari
Sh. Qanal al-Mahmudiyyah al-Qibli
Sh. Karmuz
mbs
0
1000m

▶ 사아드 자글룰 광장 Midan Saad Zaghlul ★★

알렉산드리아의 관광이 시작되는 기점이 바로 20세기 초 영국으로부터의 독립을 위해 싸웠던 민족주의자의 이름을 딴 미단 사아드 자글룰 즉, 사아드 자글룰 광장이다. 광장에 그의 동상이 서 있다. 알렉산드리아 시민들은 흔히 '사막이 끝나는 곳'이라는 뜻의 '마하테트 알 라믈'로 부르곤 한다.

알렉산드리아의 항구는 동쪽 항Eastern Harbour과 서쪽 항Western Harbour으로 나뉘어 있는데, 사아드 자글룰 광장은 초승달 모양의 동쪽 항 정중앙에 자리잡고 있다. 초승달 모양의 동쪽 항 양쪽 끝에는 현재의 알렉산드리아를 대표하는 두 관광 명소인 케이트베이 요새와 신 알렉산드리아 도서관이 자리잡고 있다. 해안 도로인 코니스Cornice 남쪽에는 최근에 수리를 끝낸 아르데코 풍의 건물들이 줄지어 서 있어 이곳이 국제도시로서 수많은 유럽 인들이 거주했던 곳임을 쉽게 알 수 있다.

광장 인근에는 호텔, 바, 카페들이 줄지어 서 있고 골목마다 크고 작은 상점들이 빽빽이 들어서 있다. 1929년에 문을 연 무어 양식으로 지어진 호텔 세실Cecil은 옛날 영국 첩보부가 사용하던 건물이었고 또 프랑스 화가 폴 고갱을 다룬 소설 〈달과 6펜스〉로 유명한 영국 소설가 서머싯 모옴이 자주 드나들던 곳이기도 하다. 전차 종점인 라믈라 광장이 인근에 있어 1년 내내 인파로 붐비는 곳이지만 특히, 아이드 알 아드하 축제 때가 되면 남녀노소 불문하고 모여 발을 디딜 틈이 없을 정도로 붐빈다. 원래 현재의 광장이 있던 자리에는 기원전 30년경, 클레오파트라가 안토니우스를 위해 세운 세자레움이라는 신전이 있었다. 서기 912년경 무너진 이 신전 터에는 흔히 '클레오파트라의 바늘'로 불리던 2개의 오벨리스크가 남아 있었는데, 19세기에 이마저 각각 런던과 뉴욕으로 옮겨졌다. 이 신전은 클레오파트라가 건설을 지시했지만, 악티움 해전에서 패한 후 승자인 옥타비아누스가 자신의 신전으로 개조해 완성시키면서 고대 이집트 신왕국의 파라오인 투트모시스 3세(기원전 1479~1425)의 오벨리스크를 헬리오폴리스와 카이로에서 가져다 정문 앞에 세워 놓았다.

▶ 신 알렉산드리아 도서관 Bibliotheca Alexandria ★★

2002년 문을 연 신 알렉산드리아 도서관은 기원전 3세기에 지어졌다. 화재로 소실되어버린 그 유명한 알렉산드리아 도서관을 현대적으로 재현한 곳이다. 기원전 3세기, 무세이온이 문을 열면서 그 안에 들어선 비블리오테카 알렉산드리아 즉, 알렉산드리아 도서관은 당시 약 70만 권에 달하는 필사본을 소장하고 있을 정도로 고대 세계에서는 가장 큰 도서관이었다. 지중해 인근의 지식인들이 모두 이곳에 모여들 정도였다. 원통형의 현대식 건물로 지어진 신 알렉산드리아 도서관은 현재 약 8백만 권의 장서를 소장하고 있고 플라네타리움과 과학 박물관도 갖추고 있다. 아스완에서 채굴된 화강암으로 마감을 한 외부 벽에는 전 세계의 알파벳이 각인되어 있다. 천장이 바다 쪽으로 경사지게 설계되어 있어 자연 채광을 통해 열람실에 조명을 제공하도록 되어 있다. 전체 열람석은 약 2천 석에 달한다.

- 위치 Shatbi
- ☎ (03)483-999 / F (03)487-6024, 6028
- 개관시간 화~목, 일, 월 10:00~19:00, 금, 토 15:00~19:00, 라마단 기간 11:00~14:00
- 입장료 10이집트파운드

▶그리스 로마 박물관 Graeco-Roman Museum ★★★

19세기 말 이탈리아 고고학자인 주제페 보티가 알렉산드리아 인근에서 펼친 고고학 발굴 작업의 결과 출토된 유물들을 중심으로 1892년 문을 연 박물관이다. 고고학 발굴은 박물관이 문을 연 이후인 20세기 초까지 계속되었다. 이후 발굴된 유물들과 기증품 등이 추가되었다. 유물의 대부분이 그리스 로마 시대의 것으로 네오클래식 양식의 박물관 건물에 소장되어 있다. 기원전 331년 알렉산드로스 대왕 이후의 프톨레마이오스 1세에서 서기 640년, 아랍의 정복으로 로마 시대가 종말을 고할 때까지의 그리스 로마 유물 이외에 나일 강 하류 델타 지역, 파이윰, 중이집트 등지에서 출토된 유물 등 총 약 40만 점에 달하는 유물을 소장하고 있다.
주화와 공예품을 제외한 대부분의 다른 유물은 파라오 시대, 프톨레마이오스 시대, 그리스 로마 시대, 콥트 유물 등 시대별로 구분되어 전시되고 있다.

- 위치 5 Sharia al-Mathaf ar-Romani
- ☎ (03)483-6434
- 개관시간 토~목 09:00~17:00, 금 11:30~13:30
- 입장료 30이집트파운드

▶ 소조각상

소조각상 중에서는 알렉산드로스 대왕의 대리석상이 볼 만하다(제6, 16a전시실). 이외에 파라오 시대의 전통이 지속되고 있었음을 보여주는 아피스 황소 상(제6전시장), 세라피스 흉상(제6, 7전시실), 람세스 2세의 거상(제7전시실), 카이사르 두상(제14전시실), 아프로디테 상(제16a전시실), 하드리아누스 황제 상(제23전시실) 등이 볼 만하다. 제17전시실에는 콘스탄티누스 황제 상과 예수 상으로 일컬어지는 조각도 볼 수 있다.

▶ 모자이크

소조각상 다음으로 볼 만한 전시실은 모자이크 실이다. 프톨레마이오스 3세의 부인이었던 베레니스가 뱃머리를 머리 위에 이고 있는 형상으로 묘사된 모자이크가 압권이다. 제8전시실에 가면 대리석으로 제작된 로마 시대의 석관을 볼 수 있다. 석관에는 그리스 신화에 등장하는 디오니소스와 무녀들이 잠이 든 아리아드네를 발견하는 장면 등 아리아드네의 일생이 묘사되어 있다.

제9전시실에는 프톨레마이오스 왕조 당시 알렉산드리아 이외의 다른 도시였던 테아델피아에서 출토된 유물들이 전시되어 있고 당시 신전은 박물관 정원에 거의 원래 모습대로 복원되어 있다.

▶ 주화

그리스 로마 박물관의 가장 중요한 소장품 중 하나인 주화는 제24전시실에 특수 제작한 225개의 전시 판넬을 통해 진열되어 있다. 이들 주화는 그리스, 로마, 비잔틴, 이슬람 등의 것으로 희귀성도 희귀성이지만 시대별, 지역별로 다양성을 갖추고 있어 귀중한 역사적 자료로 간주된다. 알렉산드로스 대왕의 얼굴을 새긴 주화, 매부리코를 한 클레오파트라의 얼굴이 들어가 있는 주화, 마르쿠스 아우렐리우스 황제와 이면에 파로스 등대를 새긴 주화 등이 가장 값진 유물들이다.
이외에 그리스 로마 박물관에서 빼놓지 말고 보아야 할 것으로는 제19전시실에 전시 중인 벽화가 있다. 시대 미상의 이 벽화는 알렉산드리아의 한 묘지에서 출토되었다. 수레를 돌리는 소들과 피리를 불고 있는 소년을 묘사한 장면이 사실적으로 묘사되어 있다.

▶ 콤 알 디카 로마식 원형 극장
Kom al-Dikka Roman Amphitheatre ★★

1960년대 초 주택 건설 작업 도중 우연히 발견되어 폴란드 고고학 팀이 발굴해 낸 로마 시대의 계단식 원형 극장이다. 원래 그 자리에는 폐허가 된 채 방치되어 있던 나폴레옹 군대의 성벽이 남아 있었다. 콤 알 디카라는 말은 폐허 더미라는 뜻이다. 서기 2세기에서 3세기 경의 것으로 추정되며 800명 정도의 관객을 수용할 수 있는 12계단으로 된 대리석 계단 좌석과 높이 8m의 벽을 지탱하고 있던 몇 개의 기둥들이 남아 있다. 많은 기록들을 통해 알렉산드리아에 연극을 공연하는 여러 개의 극단이 있었음을 알 수 있는데, 이들 극단의 공연장이었다. 함께 출토된 모자이크 장식, 벽돌로 지은 목욕탕 유적과 물길 흔적들이 남아 있다. 동쪽에는 서기 1세기 당시의 주거지 유적이 있으며 현재 발굴 작업 중이기 때문에 폐쇄되어 있다. 인근에 해저에서 발굴해 낸 세티 1세의 오벨리스크와 스핑크스 조각들이 전시되어 있다.
인근에 있는 카페 파스투리디Pastourdis(39, Sharia al-Horreya)의 테라스에 가면 로마 원형 극장의 전경을 즐기며 잠시 쉬어갈 수 있다. 이 카페는 맛있는 과자로 유명하며 특히 20세기 전반기 알렉산드리아가 국제 도시로 명성을 날릴 때 많은 시인과 작가들이 즐겨 찾던 곳이기도 하다.

- 위치 Sharia Yousef
- 개관시간 09:00~17:00(연중무휴)
- 입장료 15이집트파운드

▶ 알 타흐리르 광장 Midan al-Tahrir ★

알렉산드리아의 중심가 중 하나인 알 타흐리르 광장은 1830년 조성된 광장이다. 그 후 여러 차례 이름이 바뀌어 오다가 1952년 이후 현재의 이름을 갖게 되었다. 19세기 말인 1882년에는 영국군의 포격을 받아 폐허가 되기도 했었다. 북쪽 인근에 있는 오라비 광장과 함께 알렉산드리아의 중심가이며 근현대 알렉산드리아를 대표하는 곳이기도 하다. 바로 이곳에서 나세르 대통령이 암살을 당할 뻔 하기도 했고 수에즈 운하의 국유화를 선언한 곳도 이곳이었다.

▶ 케이트베이 요새 Qaitbay Fort ★

케이트베이 요새는 15세기 말, 술탄 케이트베이(1468~1496)가 유명한 파로스 등대의 폐허 위에 등대를 지을 때 사용했던 석재를 다시 사용해 지은 성이다. 바닷가 끝에 서 있기 때문에 멀리서 보면 햇빛을 받아 황금색을 띤 모습이 마치 행복한 임금님이 사는 성처럼 보이지만 전형적인 방어용 요새다. 안에는 해양 박물관이 마련되어 있고 무엇보다 테라스에 올라가서 보는 알렉산드리아 전경과 바다 풍경이 멋진 곳이다.

- 위치 해변 도로인 Corniche 끝
- 교통편 전차 15번 바하리Bahary 역
- 개관시간 매일 09:00~17:00
- 입장료 20이집트파운드

알렉산드리아 등대와 클레오파트라 궁전

■ 알렉산드리아 등대

고대 세계 7대 불가사의 중 하나로 일명 파로스 등대라고도 불리는 알렉산드리아 등대는 기원전 279년, 프톨레마이오스 2세가 현재의 동쪽 항구에 있던 파로스 섬에 세운, 높이 180m에 달하는 백색 대리석의 거대한 등대였다. 육지까지는 1,300m에 달하는 방파제로 연결되어 있었다. 부분적으로 여러 차례 파손되어 오다가 1302년 대지진으로 무너져 사라졌다. 등대를 뜻하는 프랑스 어 단어 파르Phare가 이 파로스 섬의 등대 이름에서 유래했을 정도로 전설적인 등대였다. 3층 건물이었고 3층 위에는 바다의 신 포세이돈의 거대한 청동 상이 올라가 있었다. 인근 30km까지 빛을 보냈다고 한다. 최근 인근 해저에서 고고학 탐사를 진행해 무너진 등대의 잔해들을 인양하고 있다. 12개의 스핑크스와 무게가 50~70t까지 나가는 육중한 각종 선물 장식 수천 점이 인양되었다. 이 인양 작업은 철근 콘크리트 속에 매몰될 뻔했던 귀중한 고고학 유물들을 되살려낸 의미 있는 작업이었다. 인양 작업을 계속하여 등대를 복원할 것인지 아니면 해저 그대로 놓아두고 관람할 수 있도록 해저 박물관을 건립할 것인지를 두고 논란이 일고 있다고 한다. 인양된 석물들 일부는 콤 알 디카 로마식 원형 극장 인근에 전시되어 있다.

■ 클레오파트라 궁전

정치적 야욕을 위해 2번씩이나 자신의 남동생들과 근친결혼을 하기도 했고 카이사르, 안토니우스 등과도 관계를 맺었던 희대의 요부이자 냉혈 여왕이었던 클레오파트라Cleopatra Ⅶ(기원전 69~30)는 알렉산드리아 동쪽 항구의 바다에 있던 안티로도스 섬에 자신의 궁전을 짓고 살았다. 이 궁전은 현재는 수차례에 걸친 지진으로 완전히 물속에 가라앉아 사라져버렸지만, 최근 프랑스 고고학자이자 모험가인 프랑크 고디오의 노력으로 단지 궁전만이 아니라 인근에 형성되어 있었던 거리 전체의 윤곽이 드러나 많은 이들을 놀라게 했다. 클레오파트라라는 이름은 마케도니아 장군 출신으로 이집트를 지배한 마지막 파라오 가문인 프톨레마이오스 가문이 이집트에서 애용한 여성의 이름이다. 기원전 34년 안토니우스는 그녀와 그녀의 아이들에게 로마의 지배를 받고 있던 지방을 선물로 주었고 그 안에는 알렉산드리아도 들어 있었다. 기원전 31년, 악티움 해전에서 안토니우스와 클레오파트라가 패해 독사에게 물려 죽기까지 그녀가 머물렀던 궁이 현재 수많은 조각과 건물 잔해와 함께 알렉산드리아 해안의 바다 밑에 묻혀 있다.

© Photo Les Vacances 2007

[1700년경 제작된 동판화에 나타난 알렉산드리아 등대]

▶ 폼페이우스 기둥 Pompeius Pillar ★

중심가를 벗어나 시 남서쪽의 가난한 동네인 카르무스에 우뚝 서 있는 높이 30m의 코린트 양식의 기둥이다. 인근에 람세스 2세의 화강암 석상과 스핑크스, 신성갑충 조각 등이 있다. 고대 세계에서 가장 높은 기둥인 이 폼페이우스 기둥은 고대 자료에 의하면 카이사르가 자신과 크라수스와 함께 기원전 60년 제1회 3두 정치를 편 폼페이우스를 위해 세웠다고 하지만 기둥 받침대의 기록을 보면 훨씬 후의 로마 황제였던 디오클레티아누스(재위 284~305)가 세운 것으로 되어있다. 양식이나 여러 가지 정황으로 보아 디오클레티아누스가 세운 것이 정확하지만 예전부터 불려왔던 대로 폼페이우스 기둥으로 불리고 있다.

기둥은 배들에게 항해지점을 일러주는 표지판 역할을 했다고 한다. 옛날에는 기둥 주위에 그리스와 이집트의 신을 종합한 세라피스라는 새로운 신을 위해 지은 세라페움Serapeum이라는 신전이 있었으나 391년 기독교도들이 허물어 버렸다. 기둥 인근에 있는 2개의 스핑크스는 20세기 초 인근에서 출토된 것들이다. 세리피스 신은 프톨레마이오스 1세가 만들어낸 새로운 신이고 세라페움은 그 신의 신전이었다. 알렉산드리아 도서관이 화재로 불타버렸을 때는 알렉산드리아 도서관의 부속 건물로 수십 만 권에 달하는 책들과 문서들이 이곳으로 옮겨지기도 했다.

- 입장료　　15이집트파운드

▶콤 알 슈가파 카타콤베 Kom al-Shugafa Catacombs ★

지하 35m까지 파 들어간 고대 로마의 공동묘지이다. 고대 이집트의 장례 문화와 그리스 로마의 문화가 뒤섞여 있는 흥미로운 곳이다. 1900년 우연히 나귀가 넘어지는 바람에 발견된 후 본격적으로 발굴되었다. 건립 연대는 서기 1세기에서 2세기경으로 추정된다. 3층으로 되어있고 6개의 현실로 구성되어 있다. 망자의 가족들이 식사를 하는 곳, 대기실, 현실 등이 있으며 특히 석관에는 그리스 양식의 문양과 고대 이집트의 〈사자(死者)의 서(書)〉에 등장하는 아누비스, 오시리스, 아피스, 호루스 등의 신들이 그려져 있어 로마 점령 이후에도 이집트 인들이 고대 이집트 신앙 체계를 간직하고 있었음을 알 수 있다. 묘지 입구에는 그리스 스핑크스가 하나 있는데, 일명 스팽즈로 불리는 여자 스핑크스이다. 이런 종류의 스핑크스는 이집트에는 없었던 것으로, 이곳에 최초로 나타났다.

- 위치　　시 외곽 남서쪽에 위치. 폼페이우스 기둥에서 도보로 이동 가능
- 교통편　　황색 전차 16번
- 개관시간　　매일 08:00~17:00
- 입장료　　25이집트파운드

▶마흐무드 사이드 미술관 Mahmoud Said Centre for Museums ★

명성이 자자한 이집트 현대 화가 중 한 사람인 마흐무드 사이드(1897~1964)의 회화 작품들을 소장하고 있는 곳이다. 2000년에 개관했다. 원래 법학을 전공하고 법관 생활을 하다가 미술을 택한 예술가로 파리에서 미술 공부를 한 후 유럽 각지를 여행하고 돌아와 알렉산드리아의 풍경과 인물 초상화를 많이 그렸다. 인상주의 풍의 풍경화나 사실적인 인물화 모두 상당히 감각적인 터치들을 보여주고 있다. 이 외에 미술관에는 알렉산드리아 현대 화가들의 작품들이 함께 소장되어 있다.

- 위치　　6 Sharia Mahmoud Said, Gianaclis
- 교통편　　청색 전차 1번 Gianaclis
- 개관시간　　화~일 10:00~17:30
- 입장료　　15이집트파운드(사진 및 비디오 촬영 금지)

샤름 엘 셰이크의 리조트

▶ 왕실 보석 박물관 Royal Jewelry Museum

1919년 파티마 알 자하라 왕비(1903~1983)를 위해 이탈리아 건축가들이 지은 궁에 마련된 왕실 보석 박물관이다. 1805년 무하마드 알리 국왕 이후 1952년 혁명까지, 약 150년 동안 왕실에서 보유하고 있던 각종 왕관 등 화려한 보석과 장식들을 볼 수 있다. 2,159개의 다이아몬드를 사용한 왕관이 가장 볼 만하며, 그 외에 425개의 다이아몬드와 칠보로 장식된 장기판 등 많은 볼거리를 소장하고 있다. 순금과 다이아몬드를 섞어서 제작한 담배 상자도 있다.

- 위치 Sharia Ahmed Yehia Pacha, Zezenia
- 교통편 청색 전차 2번 Qasr al-Safa
- 개관시간 09:00~16:00
- 휴관일 금요일 11:30~13:30
- 입장료 35이집트파운드

알렉산드리아 인근 가볼 만한 곳

해변에서 휴가를 보내고자 하는 외국 관광객들은 대부분 알렉산드리아보다는 홍해 인근의 여름 휴양지를 택한다. 물론 알렉산드리아의 동쪽 항 인근에서 몬타자Montaza 사이의 해변은 언제든지 수영이 가능하기는 하지만 이슬람 문화로 인해 아이들과 남자들만 물에 들어갈 뿐, 여자들은 볼 수 없다. 알렉산드리아를 방문한 김에 지중해 해변에서 잠시 휴가를 즐기려면 여성 수영객의 입장이 허락되는 몬타자 궁 가까이에 있는 사설 해수욕장인 마무라Mamoura 해수욕장을 이용할 수 있다.
몬타자 궁은 20세기 초에 세워진 궁으로 일반인들은 출입이 금지되어 있어 들어가 볼 수는 없다. 터키와 이탈리아 피렌체 양식을 절충해 지은 궁으로 이집트 왕 파루크의 아버지인 아바스 2세를 위해 지은 궁이다. 마무라 해수욕장은 사설 해수욕장이기 때문에, 얼마 되지는 않지만 인근의 공원과 해수욕장 입장료를 받는다. 이동은 택시를 타는 것이 가장 바람직하다.

EGYPT **SIGHTS**

Red Sea and Sinai Peninsula

홍해와 시나이 반도

[홍해] [시나이 반도]

© Photo Les Vacances 2007 / Egyption Tourist Authority

[각종 비경을 선사하는 홍해의 해저]

1948년 이스라엘 독립에서 시작해 1974년까지 4차례의 전쟁으로 이어진 중동전쟁과 그 후에도 수많은 크고 작은 정치적, 군사적 갈등을 거친 홍해와 시나이 인근 지대는 20세기 후반기의 국제 위기를 상징하는 말 그대로 '국제 화약고' 중 하나였다. 지금도 전운이 사라지지 않은 채 이라크와 레바논 등지에서는 전쟁이 계속되고 있다. 1978년에 체결된 캠프 데이비드 협정을 계기로 중동에 평화 분위기가 다시 찾아오기 시작했지만, 아랍 국가들과 이스라엘 간의 갈등은 아직도 해결되지 않은 채 계속되고 있다. 하지만 그럼에도 불구하고 1980년대 후반부터 이집트의 홍해 해안에는 전 세계에서 수많은 관광객들이 몰려들고 있고 관광 수입이 주 수입원인 이집트에 엄청난 수입을 남겨 주고 있다. 약 1,300km에 달하는 긴 해안선을 따라 형성되어 있는 해안 리조트들 주위에는 수많은 호텔, 빌라, 레스토랑들이 즐비하게 들어서 있다. 이곳이 이렇게 관광객들에게 각광을 받는 이유는 무엇보다 홍해의 해저가 갖고 있는 아름다움 때문인데, 헤아릴 수 없을 정도로 많은 스쿠버다이빙 코스들은 말 그대로 '용궁'의 비경을 선사한다. 수백 종에 이르는 형형색색의 어류들, 온갖 색깔의 기기묘묘한 산호초들 그리고 언제 가라앉았는지 모를 크고 작은 선박

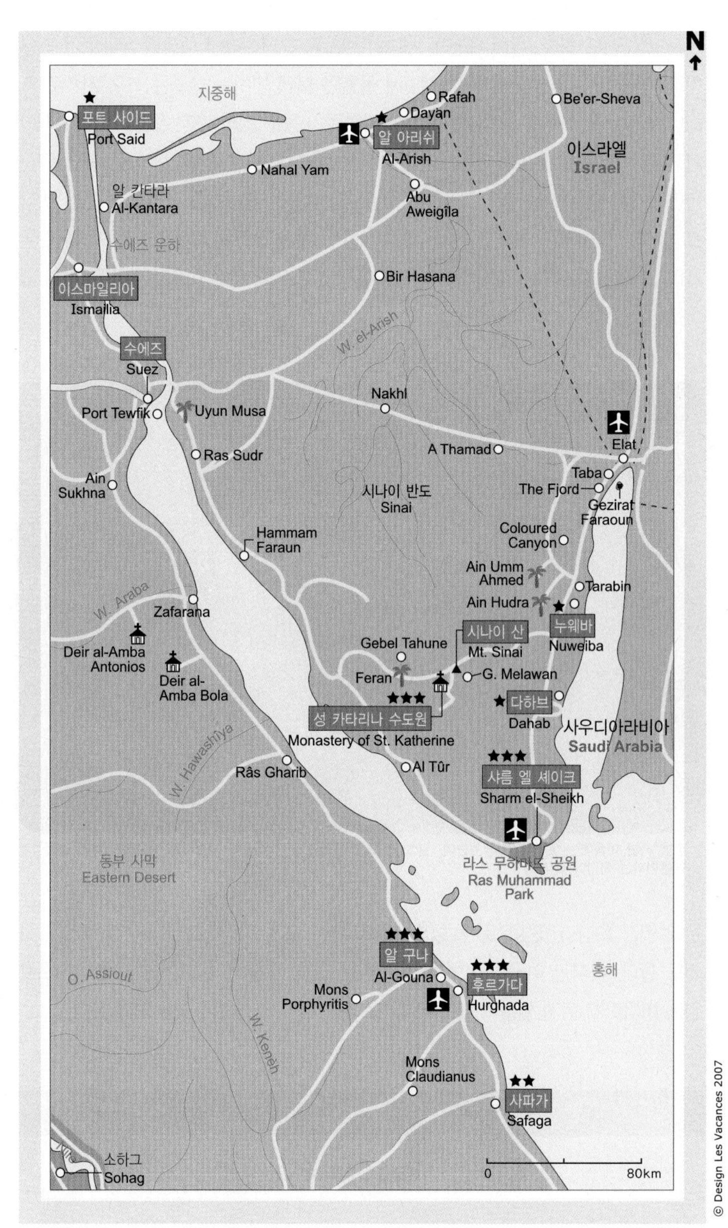

[홍해와 시나이 반도]

의 잔해들은 왜 이곳이 세계에서 스킨스쿠버들이 가장 많이 찾아오는 해안인지를 일러준다.

비경을 선사하는 홍해의 해저와 함께 홍해 해안과 시나이 반도 일대는 기독교, 이슬람 교, 유대교 등의 성지들이 자리잡고 있는 곳으로 성지 순례객들이 1년 내내 찾아오는 곳이기도 하다. 홍해 해안과 시나이 반도는 구약성경의 중요한 무대였기 때문이다. 더불어 이 지역의 사막과 햇빛에 물들면 붉게 변하는 산들은 그것 자체로 또 하나의 장관을 이룬다. 홍해 즉, 붉은 바다라는 이름은 여러 가지 유래가 전해지지만 가장 유력한 것은 인근의 산악에 있는 적색 보크사이트 때문에 해가 뜰 때면 인근 바다에까지 붉은 그림자가 드리워져 옛날부터 이곳을 항해하는 이들에게 붉은 바다로 알려진 데서 유래했다고 한다. 어떤 이들은 붉은 해조류 때문에 바다가 붉게 물들어 그렇게 불렸다고 과학적인 의견을 내기도 했고 또 어떤 이들은 수많은 전쟁 때

['홍해'라는 이름에는 여러 유래가 있는데, 일출 때 붉게 물드는 인근 산악의 그림자가 바다까지 붉게 물들이기 때문이라는 의견이 많다.]

문에 인근 바다가 핏빛으로 물들어 그런 이름이 붙게 되었다고 역사적인 해석을 하기도 한다. 하지만 이곳을 여행해 본 이들은 일출 때 붉게 물드는 인근의 산악으로 인해 바다까지 붉게 물들기 때문에 홍해로 불린다는 의견에 수긍을 하게 된다.

| 홍 해 |

Red Sea ★

Sights

▶ 수에즈 Suez

수에즈라는 이름은 수에즈 시, 수에즈 운하, 수에즈 만 등 3개의 지명에 사용된다. 파라오들이 지배하던 아주 먼 옛날부터 융성했던 도시인 수에즈 시는 19세기 중엽

인 1869년 수에즈 운하 개통과 더불어 전 세계에 알려졌다. 하지만 엄청난 이권이 걸린 운하와 지정학적 위치로 인해 수많은 전쟁에 시달려야만 했고 파괴와 복구를 되풀이하며 현재에 이르렀다. 인구 42만 정도인 수에즈 시 자체는 관광객들에게는 크게 흥미를 끌 것이 없지만 이집트를 방문하며 수에즈 운하에 대해 궁금증을 품지 않을 수는 없다. 홍해와 지중해를 연결하는 길이 173km에 달하는 수에즈 운하는 홍해가 끝나는 수에즈 시에서 시작해 이스마일라를 거쳐 지중해변의 항구인 포트 사이드에서 끝난다.

[홍해와 지중해를 연결하는 길이 173km의 수에즈 운하]

〈위치〉

이집트의 수도 카이로에서 동쪽으로 약 150km 정도 떨어져 있고 남쪽의 이스마일라와는 92km 정도 떨어져 있다. 북아프리카 인들에게는 순례지 메카로 가는 길목에 있는 중요한 경유지이다.

▶ 수에즈 운하

■ 역사

이미 기원전 600년경 이집트를 통치했던 제26왕조의 파라오 네카오가 통치할 당시, 수에즈와 델타 인근의 자가지그Zagazig를 연결하는 운하 공사를 시도한 적이 있었다. 자가지그에서부터 지중해까지는 나일 강을 따라 이동하도록 계획되었었다. 그리스 역사가 헤로도토스에 의하면 약 12만 명의 인원이 동원된 이 대공사는 "이 방의 야만인들에게 혜택을 줄 것이다"라는 부정적인 신탁이 내려와 중단되었다고 한다. 이후 이 파라오 운하는 페르시아 왕 다리우스 1세에 의해 재개되어 완성되었으며, 로마 점령 당시에도 꾸준히 이용되었고, 기독교가 전파된 이후 비잔틴 시대에 들어서서 점차 폐쇄되고 만다. 이를 통해 아주 먼 옛날의 고대인들도 수에즈 운하의 정치, 경제적 효과를 염두에 두고 지중해와 홍해를 연결하는 운하의 필요성을 절감하고 있었음을 알 수 있다. 그 후 베네치아 상인들, 철학자 라이프니츠 그리고 오스만투르크의 술탄 등이 지중해와 홍해를 직접 연결하는 운하의 필요성을 제기했다. 현재의 운하가 지나는 길에 가장 심각하게 운하 개설을 고려했던 사람은 나폴레옹이었다. 이집트 학의 초석을 놓기도 했던 나폴레옹은 대동했던 기술자 르페르에게 지시를 내려 기술적 검토까지 마쳤지만 인도로 통하는 해상 통상로를 봉쇄당할지 모르는 영국이 넬슨 제독을 출정시켜 이집트의 아부키르 만에서 나폴레옹 군을 패퇴시킴으로써 무위로 그치고 말았다. 현재의 수에즈 운하는 19세기 중엽 프랑스 인이었던 페르디낭 드 레셉스(1805~1894)가 없었다면 존재하지 못했을 것이다. 주 이집트 영사의 아들로 그 자신도 외교관으로 이집트에서 살았던 드 레셉스는 자신의 사촌인 프랑스 제2제정의 으제니 황후와 당시 이집트 부왕이었던 무하마드 사이드의 후원을 받아 운하를 개설하게 된다. 1847년부터 시작된 측량 결과 처음에는 갑문식으로 계획되었지만 지중해와 홍해의 표고 차이가 거의 없다는 점이 파악되면서 수로식으로 바뀌었다. 공사는 1854년 드 레셉스가 수에즈 운하 개발 조차권을 따내면서 1859년에 본격적으로 시작되어 10년 후인 1869년, 두 바닷물이 서로 만나면서 수로가 뚫리게 되었다.

수에즈 운하를 둘러싸고 벌어진 프랑스와 영국의 외교전은 한 편의 소설 같다. 드 레셉스의 아버지는 이집트 술탄 무하마드 알리와 친분이 두터웠고 아들인 드 렙세스는 무하마드 알리의 아들인 사이드 파샤의 가정교사였다. 무하마드 알리가 암살을 당하고 아들인 사이드 파샤가 권력을 쥐게 되자 드 렙세스는 이미 나폴레옹 때부터 많은 기술자들이 작성해 놓은 수에즈 운하 보고서를 정리해 대담한 제안을 하기에 이르렀고 그가 가르쳤던 사이드 파샤는 그 자리에서 합의를 해 주었다. 그러자 영국은 터키에 압력을 가해 운하 공사를 여러 차례 제지했다. 그러자 이번에는 나폴레옹 3세가 등장해 국가 차원에서 터키와 합의를 이끌어 내야만 했다. 1863년 드 렙세스를 지지해 주던 사이드 파샤가 숨을 거두었지만 일선에서 일하던 영국 외교관이 숨을 거두는 행운이 따라 마침내 공사는 여러 차례 중단된 드 레셉스의 의도대로 끝내 완공되기에 이르렀다. 건축 기술이 비약적으로 발달한 오늘날의 관점에서 보면 수에즈 운하를 생각해 내고 공사를 한다는 것이 그리 대수롭지 않게 보일 수도 있지만 지금부터 150여 년 전의 상황을 고려하면 사막을 횡단하는 물길을 내서 직접 지중해와 홍해를 연결한다는 생각 자체가 꿈 같은 소리에 지나지 않은 것이었다. 이 모든 것이 과대망상증에 걸린 나폴레옹이라는 영웅의 원대한 꿈이 없었다면 불가능했을 것이다. 하긴 나폴레옹은 현재의 프랑스와 영국을 해저터널로 잇는 유로스타Eurostar 해저터널까지 구상했던 사람이었다.

수에즈 운하가 개통됨으로써 런던과 캘커타의 거리는 11,696km에서 8,000km로 줄어들었고, 마르세유와 사이공 사이의 거리 역시 5,000km가 줄어들어 7,100km

가 되었다. 이러한 엄청난 시간과 물자의 절약은 수에즈 운하를 중동의 여러 국가는 물론이고 서구 열강들의 정치, 경제적 이해관계가 걸려 있는 전략적 요충지로 만들었고 자연히 국제적 분쟁의 원인이 되기도 했다. 원래 조차권 계약에 따르면 완공 시점부터 99년 간 수에즈 운하 회사가 독점적으로 운영하도록 되어 있었으나 계약 만료 시점인 1968년이 되기 12년 전인 1956년 혁명으로 집권을 한 나세르 대통령이 국유화를 선언함으로써 이집트 소유가 되었다. 당시 전 세계를 깜짝 놀라게 한 이 국유화 선언으로 말미암아 4달 동안 수에즈 운하는 불통되었다. 이후 1967년 다시 제1차 중동전쟁이 발발해 1975년까지 장장 8년 동안 다시 폐쇄되었다가 전면적인 보수공사를 거쳐 다시 개통되었다. 이 보수공사는 다름 아닌 국유화 선언 당시 설치되었던 수십만 개에 달하는 지뢰와 기뢰를 제거하는 작업이었다.

■ **규모**

전체 길이는 173km이며 가장 좁은 폭이 200m이다. 최저 수심은 20m이고 물에 잠기는 선체의 깊이를 나타내는 최대 흘수(吃水)는 16.2m이다. 배를 타고 운하 전체를 통과하는 데 걸리는 시간은 15시간이다.

▶ 포트 사이드 Port Said ★

1975년부터 자유무역항으로 지정된 포트 사이드는 면세 정책을 통해 수에즈 운하 인근의 도시들 중 가장 경제적으로 발전한 곳이다. 수에즈 운하와 함께 탄생한 도시인 포트 사이드는 서구식의 격자형 도시계획에 의해 건립된 도시이자 전 세계에서 손꼽히는 무역항으로 고대 이집트와는 전혀 관련이 없는 유럽식 신도시이다. 카이로에서 북동쪽으로 약 180km 정도 떨어져 있다. 19세기 말의 유럽 식 건축물이 들어서 있는 거리와 고대 이집트에서 그리스 로마 시대를 거쳐 근대 유물까지 소장하고 있는 작은 포트 사이드 국립 박물관 등이 볼 만하다. 1956년 수에즈 운하 국유화를 선언해 촉발된 수에즈 위기를 보여 주는 군사 박물관도 이곳에 있다.

▶ 이스마일리아 Ismailia

포트 사이드와 수에즈 사이에 위치한 도시로 포트 사이드와 마찬가지로 수에즈 운하 건립과 함께 탄생한 신흥도시로 식민지에서 볼 수 있는 유럽 식 건물들이 많다. 카이로에서 북동쪽으로 약 120km 정도 떨어져 있고 포트 사이드에서는 남쪽으로 80km 정도의 거리에 있다.

▶ 후르가다 Hurghada ★★★

홍해 인근에 자리잡고 있는 최대 휴양지이다. 개발된 지 20년이 채 안 되는 신흥 해양 리조트로 수많은 호텔과 각종 시설들이 구비되어 있어 특히 해수욕과 용궁을 방불케 하는 홍해의 해저를 즐기려는 스킨스쿠버들이 즐겨 찾는다.
카이로에서 남동쪽으로 530km 정도 떨어져 있고 수에즈에서는 남쪽으로 약 400km 정도의 거리에 있다. 공항이 있어 카이로에서 항공편을 이용할 수 있고 도로도 잘 정비되어 있어 승용차나 버스를 이용할 수도 있다.
다하르Dahar, 세칼라Sekkala 그리고 특급 호텔 단지인 투어리스틱 에어리어 Touristic Area 등 크게 3개의 복합 해양 리조트 즉, 마리나로 구성되어 있다. 투어리스틱 에어리어 호텔 단지는 고급 호텔과 호텔에서 운영하는 레스토랑과 디스코텍

© Photo Les Vacances 2007

[홍해 인근 최대의 휴양지인 후르가다]

등이 밀집되어 있는 곳으로 해양 스포츠와는 무관한 숙박시설이다.
다하르에는 비교적 저렴한 장급 숙박시설이 많고 가까운 곳에 상가와 시장도 있어 이집트에 온 분위기를 느낄 수 있는 서민적인 곳이다. 세칼라는 단체 투숙객들이 많이 묵는 중간급 호텔들이 밀집되어 있는 곳이다. 패스트푸드점, 비교적 저렴한 비용으로 즐길 수 있는 각종 시설들이 자리잡고 있다. 다하르와 세칼라 사이는 마이크로버스로 이동한다.
마이크로버스 이외에 Al-Gouna Transport Co.에서 운영하는 'Yellow Line' 버스를 이용할 수도 있다. 해안 도로를 왕복하는 버스로 요금은 약 15이집트파운드 정도다. 호텔 앞에는 언제나 택시들이 있는데 바가지 요금을 조심해야 한다. 공항에서 시내 호텔까지는 80이집트파운드 선이고 다하르와 세칼라, 세칼라와 호텔 단지 사이는 40~50이집트파운드 정도 예상하면 된다.

▶ 잠수정 해저 관광

2시간 일정으로 40명 정도 탑승하는 잠수정을 타고 홍해 해저를 돌아보는 관광 코

스 등 다양한 코스가 개발되어 있다. 요금은 조금 비싼 편으로 300이집트파운드 정도 한다. Red Sea Dolphin, Sindbad Submarin 등의 회사가 있다.

▶ 스쿠버다이빙

약 150여 개의 스쿠버다이빙 교육 센터가 있다. 이 중 대표적인 것만 골라보면 다음과 같다.

■ Subex

- 다하르의 호텔 Al Amal Three Corners와 Three Corners Empire를 잇는 작은 길에 위치한다. 약국과 호텔을 우회하면 나온다.
- ☎ (065)3547-593 • www.subex.org • hurghada@subex.org
- 후르가다에 있는 가장 오래된 세계수중활동연맹CMAS 소속 스쿠버다이빙 센터로, 스위스 인 부부가 정확하고 꼼꼼하게 운영하고 있다. 성의 있는 강사들이 초보 강습뿐만 아니라 스쿠버 자격증 취득 준비를 해 준다. 마음에 드는 코스를 선택해서 다이빙 투어도 할 수 있다. 처음 시작하는 사람에게 특히 이상적인 곳으로, 거의 모든 호텔까지 픽업 서비스를 제공하며, 대여 장비도 나무랄 데가 없다.

■ UCPA

- Geisum Hotel, Cornish Road, Dahar
- ☎ (065)546-692 • ucpaegy@aol.com
- 세계수중활동연맹CMAS 소속 스쿠버다이빙 센터로, 분위기가 좋고 편안하다. 신뢰할 수 있는 프랑스 인 모니터들이 초보 강습과 교육을 맡아서 한다. 다이버의 수준에 맞춘 멋진 수중 코스도 준비되어 있다. 좋은 장비를 대여해 주고 스쿠버다이빙 연수 가격도 적절한 편이다.

■ Divers Lodge

- 인터콘티넨탈 호텔 내에 위치한 세계수중활동연맹CMAS 소속 스쿠버다이빙 센터
- ☎ (065)346-5100, 5190 • www.divers-lodge.com
- office@divers-lodge.com
- 열정적이고 능력 있는 강사들이 초보 강습과 교육을 제공하고 이 근방에서 가장 아름다운 해저를 보여 준다. 며칠에 걸쳐 크루즈를 하면서 다이빙을 즐길 수도 있다. 완벽한 장비를 갖추고 있으며 후르가다의 거의 모든 호텔에 셔틀버스를 운행한다.

■ Sea World Aquarius Diving Club

- 매리어트Marriott 호텔에 있는 스쿠버다이빙 교육 센터
- ☎ (065)344-6950 • marriott@aquariusredsea.com

• 한나절에 2번 다이빙을 하는 코스가 287이집트파운드 정도 한다. 티켓을 사면 저렴한 가격에 여러 번 이용할 수 있다. 8살 이상 어린이 초보 강습도 실시한다. 스쿠버다이빙 교육전문기관연맹PADI과 세계수중활동연맹CMAS 소속의 주요 스쿠버다이빙 센터이다. 프로그램에는 초보 강습, 스쿠버 자격증 교육, 스노클링 등이 있다. 3척의 배에 승선하여 떠나는 홍해 가이드 투어, 지프차를 타고 가는 수중 수렵 투어, 수일 간 계속되는 스쿠버 크루즈 여행도 할 수 있다.

▶ 알 구나 Al-Gouna ★★★

후르가다에서 북쪽으로 25km 정도 떨어진 곳에 위치한 알 구나는 후르가다 해양 리조트가 개발되어 관광객들이 몰리자 최근에 개발된 곳이다. 흔히 '홍해의 작은 베네치아'로 불릴 정도로 아름답고 시설들이 좋다. 베네치아 같은 찬란한 문화유산은 없지만 해양 스포츠를 즐기기에는 후르가다와 더불어 최상의 시설을 구비하고 있다. 다만, 서민적인 리조트가 아니어서 모든 시설들이 최고급이고 자연히 여행 비용도 비교적 비싼 편이다. 흔히 볼 수 있는 그런 해변이 아니라 건물이나 도로 등 모든 시설들이 최대한 자연을 존중하며 설계되어 있다. 유명 디자이너가 설계한 골프장도 마련되어 있어 이집트 같지 않은 이국적인 분위기를 풍긴다. 후르가다가 대형 마리나라면 규모가 아직은 그리 크지 않은 알 구나는 가까운 친구들이 즐길 수 있은 비교적 호젓한 곳이다. 복합 해양 리조트 단지인 2개의 마리나Marina를 갖고 있다. 북쪽에 있는 마리나가 먼저 건설된 아비도스Abydos이며 남쪽에는 2000년에 개발된 아부 티그Abu Tig가 있다. 특히 아부 티그의 마리나는 이탈리아 건축가 알프레도 프레다가 설계한 마리나로 예멘의 전통 양식을 반영한 초현대식 해양 도시를 만들어 놓았다. 아직도 건설이 진행 중이다. 중심가는 카프르 알 구나인데, 아레나에 가면 각 나라의 음식을 맛볼 수 있는 레스토랑과 디스코텍, 영화관, 재즈 바 등의 시설을 즐길 수 있다. 후르가다에서는 택시로 이동할 수도 있고 아침 8시에서 자정까지 매 15분마다 후르가다와 알 구나를 연결하는 셔틀버스를 이용할 수도 있다. 티켓은 버스 안에서 직접 구입한다. 안내는 인터넷 사이트 www.elgouna.com을 참조한다.

Accommodation

| 호 텔 |

▶ El Khan 엘 칸

• Kafr al-Gouna 중심에 있다.
• ☎ (065)545-060, 062 • sultanbey@swissinn.net

- 아침식사를 포함한 더블룸의 가격은 280이집트파운드다. 객실이 25개뿐이라 좀 더 친밀한 느낌이 드는 이 호텔은 옛날의 카라반들의 숙소처럼 가운데 있는 작은 뜰을 둘러싼 형태로 지어져 있다. 실내는 민속 풍으로 정성스럽게 꾸며져 있고, 나무 침대 위에 놓인 커다랗고 푹신한 매트리스와 침대를 감싼 모기장이 귀족이 된 것 같은 분위기를 내 준다. 이 호텔의 고객은 다와르 엘 오므다 호텔의 수영장을 이용할 수 있다. 호텔 전체에 냉방 시설이 되어 있고 위성 TV 시청이 가능하다.

▶ Dawar el-Omda 다와르 엘 옴다

- 간석지 위의 큰 다리 위에 세워져 있다. • ☎ (065)545-600, 580-063~4
- '시장의 거처'라는 의미의 이 호텔은 아침식사를 포함하지 않은 더블룸이 800이집트파운드 정도 한다. 마을 사람들이 모여서 대화를 나누던 장소인 옴다Omda의 전통적인 저택의 분위기를 되살리기 위해 애를 썼다. 시골 마을 여기저기서 구한 여러 빛깔의 물건들과 가구들로 장식되어 있고 바닥은 모자이크로 처리하였으며 벽에는 이 지역의 예술가들이 그린 그림들이 걸려 있다. 화목하게 어울려 사는 듯한 분위기를 만들어 주는 십여 가지의 실내 장식품들이 있어서 집에 온 것 같은 편안함을 느낄 수 있다. 호텔 레스토랑의 커다란 테라스를 통해 간석지 가장자리에 불쑥 나와 있는 수영장이 보인다. 비슷한 스타일로 꾸며진 객실은 에어컨과 위성 텔레비전, 미니바, 테라스를 갖추고 있다. 이 호텔은 수영장이 있는 클럽 하우스와 Zeitouna 해변까지 가는 셔틀 보트를 마련해 두고 있다.

▶ Sheraton Miramar 쉐라톤 미라마

- 다리로 연결된 여러 개의 작은 섬들 위에 지어져 아름다운 해변을 갖고 있다.
- ☎ (065)545-606
- 아침식사를 포함하지 않은 더블룸의 가격이 1,000이집트파운드 정도 한다. 유로 디즈니랜드 건설에 참여했던 유명한 미국의 건축가 마이클 그레이브스의 작품이다. 기둥이나 둥근 지붕 등을 사용하고 파란색, 적갈색, 오렌지색, 황토색 등 대비되는 색으로 칠해서 건축물들의 전체적인 조화를 이끌어 냈다. 아라비아 양식과 지중해 양식이 뒤섞인 걸작품이다. 내부 장식도 완벽한 조화를 이룬다. 이 호텔의 바는 가장 먼저 보아야 할 곳이다. 이곳을 좋아할 수도, 싫어할 수도 있겠지만 사막 한가운데서 이렇게 과감한 스타일을 시도한 것은 관심을 끌기에 충분하다. 객실들까지도 화려하고 편안하면서도 멋진 스타일로 서로 다르게 꾸며져 있다. 모든 객실은 나무 테라스와 편의시설을 갖추고 있다. 더 팰리스The Palace라고 불리는 호텔의 한쪽 부분은 소수의 부유층을 위해 마련된 곳이다. 한층 화려하고 그만큼 가격도 높은데, 수영장과 개인 해변이 딸린 25개의 VIP룸으로 꾸며져 있다.

▶ 사파가 Safaga ★★

후르가다에서 남쪽으로 약 60km 정도 떨어져 있는 사파가는 홍해에 자리잡고 있는 유일한 상항이자 스쿠버다이빙을 즐길 수 있는 마리나이기도 하다. 사우디아라비아로 향하는 이집트 농산물이 이곳에서 선적되며 특히 메카로 가는 순례객들이 많이 이용하는 곳이기도 하다. 쉐라톤 호텔을 비롯해 많은 호텔이 있고 마리나 시설을 비롯해 18개 홀이 있는 골프장도 있는 대표적인 홍해 해안의 마리나이다. 후르가다에서는 새벽 5시부터 자정까지 한 시간 간격으로 셔틀버스가 운행되며 시간은 45분 정도 소요된다. 셔틀버스 이외에 요금 횡포가 심한 택시보다는 마이크로버스를 이용하면 1이집트파운드 선의 저렴한 후르가다에서 사파가까지 이동이 가능하다.

Accommodation

| 호 텔 |

■■■ 저가

▶ Hotel Ezz 에즈 호텔

- 중심가에 위치한 호텔 • ☎ (065)252-3125
- 아침식사는 제공하지 않는다. 싱글룸들은 청결하고 에어컨은 없는 대신 선풍기가 있다.

▶ Hotel Cleopatra 클레오파트라 호텔

- 중심가에 위치한 호텔 • ☎ (065)451-544
- 욕조가 딸려 있으며 에어컨이 설비되어 있는 방도 있다. 아침식사는 제공하지 않는다. 건물은 아름답지 않지만 깨끗하고 위생적이다.

■■■ 중가

▶ Hotel Pharaohs 파라오 호텔

- 스쿠버다이빙 교육 센터인 Dune에서 100m 떨어진 건물
- ☎ (065)253-350
- 사파가Safaga의 호텔들 중에서 가장 최근에 생긴 호텔이다. 사막에 사는 아랍 인 부족인 베두인 스타일의 호텔이다. 카펫이 깔린 객실 3개는 청결하고 고급 욕실과 에어컨을 갖추고 있지만 다른 방들은 공동 위생 시설을 사용한다. 가격에 아침식사가 포함되어 있다. 스쿠버다이빙 센터 Dune을 이용하면 약간 할인해 준다.

▶ Sand Beach Camp-Village Orca 샌드 비치 캠프빌리지 오르카

- 로터스 베이Lotus Bay 옆 호텔 구역에 있다. • ☎ (065)252-658
- 더블룸에는 아침식사가 포함되어 있고 점심이나 저녁식사 중 한 끼를 신청할 수도 있다. 스쿠버다이빙 클럽인 Orca가 이 호텔의 한 부분을 대여한 이후 최근에 가격이 꽤 올랐다. 욕조가 있는 깨끗한 객실이 몇 개 있고 호텔 레스토랑에서는 아침식사와 저녁뷔페(정확히 19시에)를 제공한다. 아름다운 백사장을 따라 캠프장이 마련되어 있는데 베로 만든 의자와 분위기 좋은 바도 있

다. 주변의 화려함과는 거리가 있는 조용하고 아늑한 곳이다. Toubia 섬으로 배를 타고 나갔다 돌아오는 프로그램도 제공한다.

▶ Three Corner Amira Hotel 쓰리 코너 아미라 호텔

- 바닷가를 따라 난 큰 길 위에 있다. 스쿠버다이빙 센터 Dune에서 200m 떨어진 곳이다. • ☎ (065)253-453
- 더블룸에는 아침식사가 포함되어 있다. 객실 내 장식이 예쁘고 욕실, 에어컨, 위성 텔레비전을 갖추고 있다. 수영장 쪽으로 난 방들에는 작은 테라스까지 있다. 아침식사는 수수하다. Dune을 통해 가격을 미리 흥정할 경우 가격에 비해 더 이상 좋을 수 없는 호텔이다. 호텔 전용 비치는 300m 떨어져 있지만 바, 인터넷 카페, 아랍 식 물담배, 당구대 등의 시설이 잘 갖추어져 있다.

■■■ 고가

▶ Menaville 메나빌 리조트

- 호텔이 많은 만에 위치 • ☎ (065)451-760, 762~4
- Dune 스쿠버다이빙 센터를 가장 좋은 가격에 이용할 수 있는 호텔 중 하나이다. 산호초로 둘러싸인 길고 아름다운 해변과 종합 시설을 갖춘 곳으로 꽃이 핀 정원이 쾌적하다. 냉방이 되는 객실은 편안하면서도 너무 화려하지 않다. 뷔페식으로 풍성하게 제공되는 아침식사와 저녁식사는 기본적으로 포함된다. 호텔 내에는 류머티즘 치료 센터가 있다.

▶ Shams Safaga 샴스 사파가 호텔

- 호텔이 많은 만에 위치 • ☎ (065)326-0044 • www.shamshotels.com
- 저녁식사가 가능하다. 녹음과 꽃에 둘러싸인 쾌적한 호텔로 아름다운 해변과 수영장을 갖추고 있다. 방은 바다가 보이는 전망 좋은 객실과 조금 더 비싼 방갈로로 나뉘는데 모두 쾌적하고 욕실, 에어컨, 미니바, 테라스 혹은 발코니가 있다. 호텔 내 수상 스포츠 센터가 있어 페달 보트, 수상스키 등을 이용할 수 있다.

| 시나이 반도 |

Sinai Peninsula

구약의 창세기 다음 장인 출애굽기 19장을 보면 "이스라엘 자손이 애굽 땅에서 나올 때부터 제 3월 곧 그때에 그들이 시내 광야에 이르니라."라는 대목이 나온다. 애굽은 이집트를 이르는 말이고 시내 광야란 시나이 반도를 가리킨다. 모세가 이집트에서 노예로 살고 있던 히브리 인들을 이끌고 출애굽을 한 것은 기원전 1290년 경의 일이다. 유일신을 섬기는 유대교가 탄생한 이 시나이 광야는 무려 3300년이 흐른 오늘날에도 그 풍경이 거의 바뀌지 않은 채 그대로이다. 풍경만이 아니라 종교적, 민족적 갈등 역시 그대로인데, 잘 알려져 있다시피 시나이 반도는 중동전쟁 당시 이스라엘이 점령했다가 캠프 데이비드 협상에 따라 1982년 이집트에 반환된 땅이다. 모세가 10계명을 받은 시나이 산이 있는 곳이 바로 이곳이며, 그뿐만 아니라 화염에 휩싸인 덤불, 지팡이로 쳐서 물이 솟아나게 한 바위 등 40년 간 히브리 민족을 이끌고 젖과 꿀이 흐르는 가나안 땅을 찾아 방황하던 곳들이 시나이 반도 곳곳에 흩어져 있다.

가파른 산과 사막으로 이루어져 황량하기만 했던 이 시나이 반도는 남부를 중심으로 거대한 관광지로 탈바꿈하고 있다. 1994년에 시작된 개발 프로젝트인 '개발 1994~2017'에 의거해 현재 헤아릴 수도 없이 많은 호텔과 마리나가 남부의 알 튀르Al-Tur, 뉘베바Niweiba, 그리고 나클Nakhl 등지를 중심으로 실행에 옮겨져 환경 훼손을 염려할 정도로 개발 열풍에 휩싸여 있다. 이는 나일 강 계곡을 중심으로 집중되어 있는 과도한 인구를 분산시키기 위한 국가적 차원의 계획인데, 약 300만 명을 이주시킬 계획이라고 한다. 주 산업은 관광산업이며 그 다음이 석유, 석탄, 각종 희귀 광석 등의 지하자원 개발이다. 종합대학도 세워질 것이며 물은 지하터널을 통해 공급될 예정이다. 세 번째로는 이렇게 끌어들인 관개용수를 이용한 농업 역시 중요한 산업이 될 것이다.

시나이 반도의 관광산업은 남부를 중심으로 발달해 있는데, 두 가지 상반된 관광 상품이 집중적으로 개발되어 있다. 하나는 홍해 해저의 용궁을 방불케 하는 비경을 보는 스킨스쿠버 등의 해저 관광이며 다른 하나는 메마른 사막을 사륜구동이나 낙타를 타고 돌아보는 사막 관광이다. 바다와 사막, 전혀 다른 이 관광자원은 시나이 반도만이 갖고 있는 매력이며 주로 봄과 가을에 전세기를 타고 수많은 관광객들이 몰려온다. 특히 중동 위기에도 불구하고 이스라엘 인들이 비자 없이 자유롭게 출입하며 카지노 등지에서 많은 돈을 쓰고 있다. 중동 위기로 거의 금지된 것은 학생들의 수학여행 정도인데, 만일 수학여행 같은 단체 관광이 재개되면 사전에 미리 예약을 해야만 시나이 반도를 관광할 수 있다. 현재는 중동 위기와 예전에 가설된 지뢰들 때문에 외국인들은 별도로 지정된 주요 도로를 이용해야만 한다. 자동차로 여행을 하는 이들은 주의 표지판 경고를 가볍게 생각해서는 안 된다. 또한 남부의 중요한 관광도시만으로도 해저의 비경과 사막의 이국적인 풍경을 즐기기에 충분하기 때문에 절대 불필요한 용기나 호기심을 가질 필요가 없다. 남부에 비해 지중해 인근에 있는 알 아리쉬Al-Arish를 중심으로 하는 시나이 반도 북부는 상대적으로 관광산업이 낙후되어 있다. 물론 종려나무 숲과 붉은색 사막의 둔덕들로 이루어진 멋진 풍경을 즐길 수는 있지만 외국인들보다는 이집트 인들이 즐기는 곳이다. 또 시나이 반도의 터줏대감이라고 할 수 있는 약 7만에 달하는 베두인 족들이 시나이 반도 북부와 중부에 모여 살고 있다.

Information

가는 방법

항공편

카이로에서 시나이 반도 남단의 해양 도시 샤름 엘 셰이크까지는 하루에 여러 편의 정기 항로가 개설되어 있다. 카이로 이외에 룩소르, 후르가다, 알렉산드리아 등지에서도 샤름 엘 셰이크까지 항로가 있다. 유럽 각지에서 시즌 때면 전세기를 운영하기도 하는데, 특히 이탈리아 항공사와 여행사들이 저렴한 항공편을 제공하기로 유명하다.

버스편

버스 이동은 에어컨 설비와 비디오까지 갖춘 고급 관광버스 라인을 이용할 수 있다. 카이로에서 출발하는 모든 버스는 시나이 버스 터미널에서 출발한다. 카이로와 시나이 반도를 매일 여러 번 운행한다. 카이로의 알 타흐리르 광장에서 공항으로 가는 400번 버스를 타고 아바씨아 광장에서 하차하면 터미널에 도착할 수 있다.

카이로 – 성 카타리나 수도원 : 일 1편
카이로 – 샤름 엘 셰이크 : 일 8편
카이로 – 다하브 : 일 5편
카이로 – 누웨바 – 타바 : 일 3편
카이로 – 알 아리쉬 : 일 2편

자동차편

렌터카를 이용할 수도 있는데, 현지 지도를 구입한 다음 일정을 짜서 이동해야 한다. 시나이 반도의 도로 사정은 비교적 양호한 편이다. 카이로에서 교외의 헬리오폴리스를 지나 수에즈 운하를 가로지르는 해저터널인 아흐메드 함디 터널을 지난다. 터널을 나오면, 남쪽의 산타 카타리아 수도원, 샤름 엘 셰이크로 가는 도로와 동쪽의 나클, 누웨바, 타바로 가는 도로로 갈라지는데, 두 쪽 모두 도로 상태는 양호하다.

배편

후르가다와 샤름 엘 셰이크 사이에는 고속 페리가 운행 중이다. 1시간 30분 정도 시간이 소요되며 배도 쾌적한 여행을 보장할 정도로 현대식이다. 요금은 1인 편도에 약 40유로 정도로 비싼 편이다. 그러나 상이집트에서 관광을 마치고 시나이 반도로 이동을 할 사람이라면 추천할 만한 이동 방법이다. 관광 시즌에 따라 조금씩 차이가 나지만 여러 회사에서 운행을 하기 때문에 선편은 매일 서너 편씩 있다. 승용차를 싣고 탈 수 있다.

관광 명소

▶ 알 아리쉬 Al-Arish ★

시나이 반도 가장 북쪽, 지중해 해변에 있는 해양 도시다. 인구는 약 5만 정도이며 이집트 인들이 즐겨 찾는 해수욕장이다. 그러나 무분별한 개발로 인해 환경오염이

© Photo Les Vacances 2007

[시나이 반도 최남단에 있는 샤름 엘 셰이크. 전 세계 관광객들이 몰려드는 해저 관광의 명소이다.]

심하며 백사장과 주변의 종려나무 숲이 있음에도 불구하고 관광지로서의 매력을 크게 상실해 외국 관광객들은 그리 많지 않다. 전형적인 내국인용 해수욕장으로 특히 7, 8월에는 엄청난 인파가 몰리므로 피하는 것이 좋다. 베두인 족들이 많이 살며 팔레스타인 인들도 들어와 있다.

갈수록 천막을 치고 사는 사람들이 줄어들고 있기는 하지만 베두인 족들은 아직도 전통적인 생활을 고집하고 있다. 이들이 만들어내는 수공업 제품들은 정교하고 아름다우며, 특히 양탄자류가 유명한데, 옛날처럼 자연 색소를 사용해서 제작된 상품은 구하기 힘들다. 이외에 자수 제품이 아름답다. 베두인들의 옷도 손으로 직접 짠 자수로 아름답게 장식된 것들인데 짧게는 4개월에서 길게는 2년 이상 공을 들여 한 벌을 제작한다. 젊은 처녀들은 이렇게 직접 신부복을 준비한다. 옷에 넣는 문양은 부족의 정체성을 나타내기 때문에 부족마다 다르다. 여인들은 결혼을 하면 얼굴을 가려야 한다. 얼굴을 가리는 가면은 은과 각종 보석으로 치장되어 있다. 이집트 본토에 사는 사람들보다 보석은 훨씬 덜 착용하지만 베두인 여인들의 폭이 넓은 은팔찌는 유명하다. 시나이 반도 북쪽에는 대략 28부족이 살고 있다.

▶ 샤름 엘 셰이크 Sharm el-Sheikh ★★★

시나이 반도 가장 남쪽에 위치해 있는 해양 리조트로 1990년대 들어 집중적으로 개발된 도시이며 지금도 계속해서 리조트로 꾸며지고 있다. 인근 일대 전체가 라스 무하마드 해상 국립공원으로 지정되어 있을 정도로 해저 관광의 명소다. 약 30km 길이로 펼쳐져 있는 해변을 따라 수많은 호텔과 마리나가 건설되어 있다. 어디서나 스쿠버다이빙을 즐기기 위해 전 세계에서 몰려온 관광객들을 볼 수 있다. 특히 이탈리아 인들이 즐겨 찾는다. 해수욕이나 스쿠버다이빙 이외에 인근의 사막을 둘러보는 관광 상품도 많이 개발되어 있어 쉽게 이국적인 사막 관광도 할 수 있다. 한 가지 흠이라면 이집트에서 가장 물가가 비싼 곳이라는 점인데, 거의 유럽 수준에 육박한다. 샥스 베이Shark's Bay가 그중 가장 저렴하며 아름다운 산호가 우거진 해저도 즐길 수 있다.

Accommodation

| 유스호스텔 |

▶ Youth Hostel

- Naama Bay에서 5km 떨어진 호텔로 Naama Bay에서 오다가 Sharm al-Maya 입구에 도착하면 왼쪽의 언덕길을 따라 올라간다. 언덕 위에서 다시 왼쪽으로 꺾어 회교사원과 경찰서를 돌아 200m 가면 나온다.
- ☎ (069)660-317 / F (069)662-496 • 연중무휴이다. 세 가지 타입의 객실이 있는데 이층침대가 있는 오래된 6인실은 아침식사를 포함해서 하룻밤에 1인당 20이집트파운드다. 회원이 아니면 추가 비용이 든다. 에어컨, 미니바가 딸린 새로 만든 3인실은 70이집트파운드 정도다. 115이집트파운드 정도 하는 '패밀리 룸'도 있다. 여름에는 단체 손님으로 만원일 때가 많다. 입구가 대리석으로 되어 있는 이곳은 별관을 새로 지은 이후로 이집트에서 가장 고급스러운 유스호스텔이지만 해변에서 멀리 떨어져 있는 것이 단점이다.

| 호 텔 |

■■■ 저가

▶ Sandy Beach 샌디 비치

- Sharm al-Maya 중심의 Old Market 가장자리에 위치해 있다.
- ☎ (069)660-251 / F (069)660-253
- 작고 흰 호텔이다. 꽤 깨끗하고 호텔 건물이 수영장을 둘러싸고 있다. 아침식사를 포함한 더블룸 가격은 140이집트파운드이고 저녁식사도 가능하다. 모든

객실에는 욕실과 에어컨이 갖추어져 있다. 호텔 전용 해변은 없지만 10분 정도 걸으면 공공 해변이 나온다.

중가

▶ Amar Sina 아마르 시나

- Ras Umm al-Sid 고원 위에 새로 만들어진 Hadabt라는 구역에 있다.
- ☎ (069)662-222~7 / F (069)662-233
- 저녁식사까지 포함하면 더블룸에 묵는 데 1인당 170이집트파운드 정도 예상해야 한다. 전형적인 이집트 스타일의 이 작고 예쁜 호텔은 주인이 건축가이다. 색유리를 입힌 창이 있는 근사한 객실에는 에어컨, 욕실, 텔레비전, 미니바, 작은 거실이 딸려 있다. 아랍 어로 '시나이의 달'이라는 뜻을 가진 아마르 시나 호텔은 Ras Umm al-Sid의 등대 아래쪽으로 호텔 전용 비치를 소유하고 있다. 예쁜 수영장, 호텔 레스토랑, 여러 개의 베두인 식 카페가 있고 채소밭과 가금 사육장까지 있다.

▶ Oasis Hotel 오아시스 호텔

- ☎ (069)601-602
- 25개의 객실과 25개의 오두막이 있다. 더블룸은 230이집트파운드 선이다. 아침식사 포함된 가격이다. 욕실이 있는 방이든 없는 방이든 깨끗하고 냉방시설이 되어 있다. 공동 위생 시설들도 상태가 좋고 청결하다. 해수욕을 하려면 공공 해변으로 가야 한다.

고가

▶ Camel Dive Club & Hotel 카멜 다이브 클럽 & 호텔

- ☎ (069)360-0700 / F (069)360-0601 • www.cameldive.com
- 더블룸이 277~416이집트파운드 정도 한다. 아침식사는 제공된다. 친근한 느낌의 이 작은 호텔은 38개의 객실을 이용하는 고객들에게 텔레비전, 에어컨, 전화 등 최대한의 편의시설을 제공하기 위해 작은 곳까지 세심한 배려를 했다. 1.2m부터 3.5m까지 다양한 깊이의 수영장이 있어 스쿠버다이빙 수업을 받기에도 좋다. 호텔 비치 중 한 곳에 무료로 입장 가능하다.

▶ Sanafir 사나피르 호텔

- ☎ (069)360-0197 / F (069)360-0196
- 아침식사가 포함된 더블룸이 800이집트파운드 선이다. 여러 층으로 된 예쁜 호텔로, 흰 돔이 대부분의 방을 덮고 있다. 편안한 분위기의 객실에는 에어컨, 욕조, 텔레비전과 전화기가 갖추어져 있는데 굉장히 청결하다. 호텔 안에는 여러 개의 레스토랑과 바가 있다. 폭포가 있는 아름다운 수영장도 있다. Tiran과 Viva 해변에 무료로 입장할 수 있다.

▶ Falcon Hotel 팔콘 호텔

- 맥도날드 맞은편에 있다 • ☎ (069)600-827, 828 / F (069)600-826

• 시즌에 따라 아침식사 포함된 더블룸이 570~900이집트파운드까지 변한다. 꽃이 많은 이 백색의 호텔 건물은 수영장 주위에 지어졌는데 친근하고 가족적인 분위기를 낸다. 객실에는 텔레비전, 에어컨, 미니바, 전화기 등의 편의시설이 갖추어져 있다. Viva 해변을 이용할 수 있다.

▶ Sofitel 소피텔

• 중심 도로에서 방향을 바꾸어 Naama Bay 북쪽 끝까지 가면 있다.
• ☎ (069)600-081 / F (069)600-085 • 아침식사가 포함된 더블룸 가격은 1,200이집트파운드정도이지만 여행사를 통해 예약하면 저렴하다. 나아마 해변Naama Bay 중심에서 예쁜 산책로를 통해 걸으면 호텔까지 10분 정도 걸린다. 모든 편의시설이 갖춰진 객실에는 바다를 바라보는 테라스가 딸려 있다. 아침식사는 화려한 뷔페 식으로 준비된다. 여러 개의 작은 만과 해변이 있고 수상 스포츠 센터와 테니스 코트, 피트니스 센터를 갖추고 있다. 네잎 클로버 모양의 커다란 수영장도 있다. 이 호텔이 가진 최고의 장점은 무엇보다도 나아마 베이의 그림 같은 풍경을 한눈에 조망할 수 있다는 점이다.

샤름 엘 셰이크의 즐길거리들

■ 해변 산책

40분 정도 산책을 할 수 있는 해변이 형성되어 있다. 한 쪽 끝에는 베네치아의 섬 이름을 딴 리도 호텔이 있고 반대편 끝 쪽에는 소피텔이 자리잡고 있다. 어느 쪽에서든 멋진 풍경을 즐길 수 있다. 특히 일몰 풍경이 볼 만하다.

■ 해수욕

힐튼 호텔과 가젤라 호텔 사이에 일반인용 해수욕장이 있는데 관리가 허술해 실망스럽지만 해수욕을 즐기기에 큰 불편은 없다.

■ 해양 스포츠

수상스키, 바나나 보트 등 다양한 스포츠를 즐길 수 있다. 힐튼 호텔과 노보텔 사이에 있는 Sun'n Fun에서 필요한 장비를 임대할 수 있다. 9시부터 밤 11시까지 문을 열며 가격도 그리 비싸지 않다.

■ 골프

나아마 베이Naama Bay에서 5km 정도 떨어진 공항으로 가는 길목에 18홀 골프장이 있다. 산과 바다 사이에 있는 골프장으로 바다는 보이지 않지만 잘 관리되어 있고 18개의 작은 호수가 그린 곳곳에 형성되어 있어 경치도 아름답다.

■ 승마

해안과 사막에서 즐길 수 있는 승마 코스가 있다. 소피텔 승마 클럽과 비르 칸수르Bir Khansour 승마장이 추천할 만하다.

■ 스킨스쿠버

나아마 베이 인근에 약 50여 개의 클럽이 있어 어디서든지 장비 대여가 가능하고 쉽게 즐길 수 있다. 호텔 앞에서 손님과 흥정을 해 데리고 가는 클럽도 있다. 배가 매일 40여 회 출발하는데 보통 한 배에 수백 명씩 탈 수 있다.

▶ 다하브 Dahab ★

샤름 엘 셰이크에서 북쪽으로 100km 정도 떨어져 있다. 아랍 어로 '금'을 뜻하는 말인 다하브는 황금빛에 물든 이곳의 풍경에서 유래한 지명이다. 도시 북부에 있는 베두인 마을, 아쌀라Asslah를 중심으로 발달한 리조트 도시다. 값이 저렴한 숙박시설과 식당이 밀집되어 있어 젊은 사람들이 많이 찾는다. 반면 시 남쪽에는 고가의 호텔, 레스토랑, 스포츠 클럽들이 자리잡고 있다.
다하브 북쪽의 흔히 '블루 홀Blue Hole'로 불리는 해저는 스킨스쿠버들이 즐겨 찾는 명소다. 다하브에서는 사륜구동이나 낙타를 이용한 사막 관광 코스도 있다. 이 방법을 이용하면 베두인들의 단순한 전통 생활 모습을 볼 수 있다.

▶ 누웨바 Nuweiba ★

다하브에서 북쪽으로 85km 정도 떨어져 있다. 아카바 만 가운데 위치한 도시로 시나이 반도와 아라비아 반도 모두를 볼 수 있는 아름다운 해안 도시이다. 3개 지역으로 구분되어 있는데, 북쪽에는 베두인들이 사는 타라빈느 마을이 있고, 이곳에서 1km 정도 떨어진 누웨바시티에는 호텔과 각종 시설들이 밀집되어 있다. 인근의 올랭Olin에서는 훈련을 받은 돌고래와 함께 수영을 즐기는 멋진 경험도 할 수 있다. 누웨바에서도 사륜구동이나 낙타를 이용해 내륙의 사막을 여행하는 프로그램들이 많이 준비되어 있다. 누웨바 남쪽에 있는 아부 갈룸 스킨스쿠버 리조트는 많은 다이버들이 즐겨 찾는 시나이 반도의 명소 중 한 곳이다.

▶ 성 카타리나 수도원 Monatery of St. Katherine ★★★

영어로는 세인트 캐서린으로 불리는 성 카타리나 수도원은 가장 오랜 역사를 자랑하는 그리스 정교 수도원이다. 시나이 반도의 중앙에 있는 모세가 하느님으로부터 십계명의 율법판을 받았다는 모세의 산 밑에 있다. 구약에 모세가 봤다고 기록된 화염에 휩싸인 덤불이 현재의 수도원 자리에 있었다고 한다. 수도원은 527년 로마 황제 유스티니아누스 1세Justinianus I(483~565)에 의해 건립되었다. 그 후 약 50년 후 수도사들의 꿈 속에 천사들이 나타나 성녀의 유골이 있는 장소를 일러 주어 발견하게 되었고 그 때부터 현재와 같이 카타리나 수도원으로 불리게 되었다. 카타리나로 불리는 성녀에는 두 사람이 있다. 초기 기독교 시대인 서기 4세기 초 로마 황제에 의해 순교를 당한 알렉산드리아의 성녀가 있고 이 성녀의 이름을 그대로 딴 14세기 이탈리아 시에나의 성녀가 있다. 시나이 반도에 있는 성 카타리나 수도원은 전자 즉, 서기 4세기 초에 순교한 성녀를 기리는 수도원이다.
이 성 카타리나는 전하는 이야기에 따르면 로마 황제 막센티우스(306~312) 당시 바늘이 꽂혀 있는 수레바퀴에 깔려 죽임을 당하는 고문을 받은 후 참수를 당했다고 한다. 참수 당시 잘려진 목에서는 피 대신 우유 같은 흰 체액이 흘러 나왔다고 한다. 중세의 많은 성화 속에 바늘이 꽂힌 수레바퀴와 함께 묘사되곤 한다. 황제 막센티우스는 당시 50명의 철학자들과 논쟁을 해 철학자들을 압도한 18살의 젊은 성녀만이 아니라 그녀를 옹호했던 황후마저 참수했다. 이렇게 죽임을 당한 성녀의 시신은 천사들에 의해 알렉산드리아에서 시나이 산으로 옮겨졌다고 한다. 이런 이야기는 중세의 유명한 성자전인 〈황금 전설〉에 기록되어 전해져 내려오고 있다.

이곳은 기독교도들의 순례지로 관광지는 아니지만, 적지 않은 일반 관광객과 기독

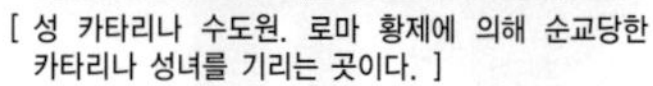
[성 카타리나 수도원. 로마 황제에 의해 순교당한 카타리나 성녀를 기리는 곳이다.]

[카라바조가 그린 성 카타리나]

교도들이 함께 즐겨 찾는다. 수에즈 운하에서 남동쪽으로 약 300km 정도 떨어져 있다. 이 수도원은 단 한 번도 파괴되지 않은 채 지금까지 보존된 유일한 수도원으로 유명하다. 유스티니아누스 황제 때 세워진 성벽도 그대로이며 그 후 계속해서 증축된 부분도 그대로 보존되어 있다. 특이한 것은 내부에 10세기에 세워진 회교사원이 있다는 점이다. 내부에 들어가면 성화들이 벽을 장식하고 있는 예배당을 볼 수 있다. 이 예배당 입구에 모세의 유물이 있다.

- 개관시간 09:00~12:00
- 휴관일 금요일, 일요일, 축일
- 입장료 무료

▶ 시나이 산 Sinai Mountain

시나이 산은 해발고도 2,285m의 상당히 높고 험한 산으로, 4만km²에 달하는 시나

샤름 엘 셰이크

이 반도의 우뚝 솟은 산들 중 하나다. 흔히 모세가 이곳에서 십계명을 받았기 때문에 모세의 산으로 불리기도 한다. 2,500m 이상 되는 더 높은 산들이 많지만 시나이 산만큼 사람들의 가슴 속 깊이 기억되는 산은 없다. 회교도, 유대교도 그리고 기독교인들은 모두 이곳을 성지로 생각하고 있으며 밤에 등정을 시작해 장엄한 풍경을 연출하는 아침의 일출을 보는 것이 순례의 가장 중요한 코스다.
시나이 산에 오르는 방법에는 두 가지가 있다. 첫 번째 방법은 단봉 낙타를 타고 오르는 방법인데, 19세기 중엽에 조성된 길을 따라 올라간다. 물론 낙타를 타지 않고 걸어서 올라갈 수도 있다. 두 번째 방법은 흔히 회개의 계단으로 불리는 3,700 계단을 오르는 것인데, 중간에 비잔틴 성당을 지나게 된다. 옛날에는 이곳 성당에서 회개를 했다는 증명서를 발급해 주었다고 한다.

INDEX

INDEX

INDEX

MEMO

MEMO